吉林省矿产资源潜力评价系列成果,
是所有在白山松水间
辛勤耕耘的几代地质工作者
集体智慧的结晶。

中国地质调查成果 CGS 2021-019
吉林省矿产资源潜力评价系列丛书

吉林省钼矿矿产资源潜力评价

JILIN SHENG MUKUANG KUANGCHAN ZIYUAN QIANLI PINGJIA

薛昊日　松权衡　庄毓敏　李德洪　等编著

中国地质大学出版社

图书在版编目(CIP)数据

吉林省钼矿矿产资源潜力评价/薛昊日等编著. —武汉:中国地质大学出版社,2021.6
(吉林省矿产资源潜力评价系列丛书)
ISBN 978-7-5625-5011-2

Ⅰ.①吉…
Ⅱ.①薛…
Ⅲ.①钼矿床-矿产资源-资源潜力-资源评价-吉林
Ⅳ.①P618.650.623.4

中国版本图书馆 CIP 数据核字(2021)第 070909 号

吉林省钼矿矿产资源潜力评价		薛昊日 等编著
责任编辑:龙昭月	选题策划:毕克成 段 勇 张 旭	责任校对:何澍语
出版发行:中国地质大学出版社(武汉市洪山区鲁磨路388号)		邮编:430074
电 话:(027)67883511	传 真:(027)67883580	E-mail:cbb@cug.edu.cn
经 销:全国新华书店		http://cugp.cug.edu.cn
开本:880 毫米×1230 毫米 1/16		字数:331 千字 印张:11.75
版次:2021 年 6 月第 1 版		印次:2021 年 6 月第 1 次印刷
印刷:武汉中远印务有限公司		
ISBN 978-7-5625-5011-2		定价:218.00 元

如有印装质量问题请与印刷厂联系调换

吉林省矿产资源潜力评价系列丛书编委会

主　任：林绍宇
副主任：李国栋
主　编：松权衡
委　员：赵　志　赵　明　松权衡　邵建波　王永胜
　　　　于　城　周晓东　吴克平　刘颖鑫　闫喜海

《吉林省钼矿矿产资源潜力评价》

编著者：薛昊日　松权衡　庄毓敏　李德洪　于　城
　　　　杨复顶　王　信　张廷秀　李仁时　王立民
　　　　徐　曼　张　敏　苑德生　袁　平　张红红
　　　　王晓志　曲红晔　宋小磊　任　光　马　晶
　　　　崔德荣　刘　爱　王鹤霖　岳宗元　付　涛
　　　　闫　冬　李　楠　李　斌　刘　爱

前　言

吉林省钼矿矿产资源潜力评价是吉林省矿产资源潜力评价的重要矿种潜力评价之一，以成矿地质理论为指导，以吉林省矿区及区域成矿地质构造环境及成矿规律研究为基础，以物探、化探、遥感、自然重砂资料及先进的找矿方法为科学依据，为建立矿床成矿模式、区域成矿模式及区域成矿谱系研究提供信息，为圈定成矿远景区和找矿靶区、评价成矿远景区资源潜力、编制成矿区(带)成矿规律与预测图提供可靠的成果。

吉林省钼矿矿产资源潜力评价的目的：①在现有地质工作程度的基础上，充分利用吉林省基础地质调查和矿产勘查工作成果和资料，充分应用现代矿产资源预测评价的理论方法和 GIS 评价技术，开展吉林省钼矿资源潜力评价，基本摸清钼矿资源潜力及其空间分布；②开展吉林省与钼矿有关的成矿地质背景、成矿规律、物探、化探、遥感、自然重砂、矿产预测等项工作的研究，编制各项工作的基础图件和成果图件，建立全省与钼矿资源潜力评价相关的地质、矿产、物探、化探、遥感、自然重砂空间数据库；③培养一批综合型地质矿产人才。

吉林省钼矿矿产资源潜力评价完成的主要任务：①在钼矿典型矿床研究的基础上，提取典型矿床的成矿要素，建立典型矿床的成矿模式；②研究典型矿床区域内地质、物探、化探、遥感、自然重砂和矿产勘查等综合成矿信息，提取典型矿床的预测要素，建立典型矿床的预测模型；③在典型矿床研究的基础上，结合地质、物探、化探、遥感、自然重砂和矿产勘查等综合成矿信息确定钼矿的区域成矿要素和预测要素，建立区域成矿模式和预测模型；④深入开展全省范围的钼矿区域成矿规律研究，建立钼矿成矿谱系，编制钼矿成矿规律图；⑤按照全国统一划分的成矿区(带)，充分利用地质、物探、化探、遥感、自然重砂和矿产勘查等综合成矿信息，圈定成矿远景区和找矿靶区，逐个评价Ⅴ级成矿远景区资源潜力，并进行分类排序；⑥编制钼矿成矿规律与预测图；⑦以地表至 2000m 以浅为主要预测评价深度范围，进行钼矿资源量估算。

一、吉林省钼矿矿产勘查及成矿规律研究

1. 矿产勘查

20 世纪 50 年代末，相关地质单位勘探了永吉大黑山斑岩型钼矿床(超大型)，其后相继评价了铁汞山、三合屯、天宝山、铜山等小型钼矿床，同时发现一批钼矿(化)点。

2000 年后，吉林省钼矿勘查、评价工作进入到一个新的阶段，发现并勘探了季德屯、大石河大型斑岩型钼矿床，一心屯、刘生店等一大批中型斑岩型钼矿床。

矿床成因类型以斑岩型为主，其次有石英脉型、矽卡岩型。矿床主要受控于燕山期花岗闪长岩、二长花岗岩、钾长花岗岩、碱长花岗岩和碱性花岗岩，花岗岩主体形成于 120～230Ma(吴福元等,2007)，但主成矿期为 166～185Ma，为燕山期。

2. 成矿规律研究

1979 年编写的《吉林省重要矿产总结报告》，系统研究与总结了与中酸性岩有关的矿产；在黑色金

属矿产中重点描述了铁矿;总结了铜、铅、锌、钨、锡、铋、钼、锑8种矿产的多矿种组合、多来源、多种成矿作用叠加的特点;总结了吉林省有色金属矿产的成矿地质背景、成矿条件等;在钼的成因类型划分上,突出了成矿时代、成矿作用、成矿环境、成矿地质背景、成矿特点;确定了钼的成矿期;阐明了成矿的不可逆性;探讨了钼随构造环境演化的成矿规律;首次系统总结了含钼建造与成矿的关系。

1987—1992年,相关地质单位在东部山区开展了金、银、铜、铅、锌、锑和锡7种矿产的1∶20万成矿预测工作,通过地质、物探、化探综合分析,进一步认定和重新确认了与贵金属及有色金属矿产成矿有关的地质体或初始矿源层,"边缘成矿理论"得到了验证。据统计,吉林省东部山区大中型贵金属及有色金属矿床90%以上都分布在大地构造单元和地质体的边缘部位,揭示了基底控矿及成矿物质来源的深源性特征,查明了吉林省的贵金属及有色金属矿床的成因大都为后生成因和叠生成因;通过典型矿床(田)的研究,本区建立了矿床成因模式和区域成矿演化模式,建立了综合找矿模型。

2000—2001年,陈尔臻等完成的"吉林省主要成矿区(带)"对吉林全省钼矿的典型矿床、重要成矿区(带)都进行了成矿规律研究,尤其是对大黑山钼矿典型矿床进行了较翔实、系统的研究工作。

2007年至今,矿产潜力评价研究工作中首先将吉中地区、延边地区等钼矿矿集区作为重点区域考虑,在综合分析前人成果的基础上,借鉴近年来季德屯钼矿、福安堡钼矿、大石河钼矿、刘生店钼矿等典型矿床的地质成果,结合近年来在钼矿勘查中的一些地质认识,以钼矿成因为线索,以构造-岩浆-流体成矿系统理论为指导,研究各矿区的成矿地质因素,阐明矿床成因,总结吉林省钼矿成矿规律。据不完全统计,到目前为止,吉林省已经开展了8处大中型钼矿床的成矿规律研究,在所有钼矿重要成矿带上都开展了不同程度的找矿研究工作,钼矿成矿规律研究提高到一个新的水平。

二、存在的问题

(1)目前发现的大多数大中型矿床(点)的勘探深度浅,小型矿床(点)多停留在地表评价阶段。

(2)2000年以后,钼矿区域扩大研究虽有所进展,但找矿活动仅局限于吉中—延边地区,且大部分钼矿缺少精确的测年、同位素、微量元素、稳定同位素、稀土元素等数据的支撑,对与成矿有关的物理条件、化学条件研究甚少,以至于成因类型研究比较粗浅。

三、取得的主要成果

本研究取得的主要成果如下:

(1)较系统地收集了吉林省各项地质资料,对吉林省岩石地层分区、大地构造分区、构造岩浆岩带、变质地质单元进行了初步的划分和总结,建立了比较完整的区域地质构造格架,编制了成矿地质背景系列图件,为成矿规律研究和矿产预测提供了基础资料。

(2)完成了全省钼矿侵入岩体型和层控内生型2个预测方法类型共7个预测工作区的地质构造专题底图,并编制了7份编图说明书,还附有图件的质量检查记录。图件对相关物探、化探、遥感资料地质解释成果进行了研究和表达,预测方法类型划分正确,预测工作区涵盖了相关含矿建造。

(3)总结了吉林省钼矿勘查研究历史及存在的问题、资源分布;划分了钼矿矿产预测类型;研究了钼矿成矿地质条件及控矿因素,建立了大黑山式、大石河式、天合兴式斑岩型钼矿;研究了四方甸子石英脉型钼矿及临江六道沟矽卡岩型铜、钼矿床的成矿要素和成矿模式,建立了侵入岩体型、层控内生型钼矿床的区域成矿模式和预测模型,总结了预测工作区及吉林省钼矿成矿规律。

(4)利用地质体积法预测了吉林省钼矿不同级别的资源量。

(5)提出了吉林省钼矿勘查工作部署建议,对未来矿产开发基地进行了预测。

目 录

第一章 地质矿产概况 ·· (1)
　第一节 成矿地质背景 ·· (1)
　第二节 区域矿产特征 ·· (6)
　第三节 区域地球物理、地球化学、遥感、自然重砂特征 ····································· (8)

第二章 预测评价技术思路和工作要求 ·· (15)
　第一节 工作思路和工作原则 ··· (15)
　第二节 技术路线和工作流程 ··· (15)
　第三节 项目工作流程 ··· (17)

第三章 成矿地质背景研究 ·· (18)
　第一节 技术流程 ··· (18)
　第二节 建造构造特征 ··· (18)
　第三节 大地构造特征 ··· (23)

第四章 典型矿床与区域成矿规律研究 ·· (25)
　第一节 技术流程 ··· (25)
　第二节 典型矿床研究 ··· (25)
　第三节 预测工作区成矿规律研究 ··· (73)

第五章 物探、化探、遥感、自然重砂应用 ·· (83)
　第一节 重力 ·· (83)
　第二节 磁测 ·· (85)
　第三节 化探 ·· (88)
　第四节 遥感 ·· (94)
　第五节 自然重砂 ··· (100)

第六章 矿产预测 ··· (103)
　第一节 矿产预测方法类型及预测模型区选择 ·· (103)
　第二节 矿产预测模型与预测要素图编制 ·· (106)
　第三节 最小预测区圈定 ·· (148)

第四节　预测要素变量的构置与选择 ……………………………………………………………… (149)
　　第五节　最小预测区优选 …………………………………………………………………………… (151)
　　第六节　资源量定量估算 …………………………………………………………………………… (154)
　　第七节　最小预测区地质评价 ……………………………………………………………………… (161)

第七章　吉林省钼矿成矿规律总结 …………………………………………………………………… (162)
　　第一节　钼矿成矿规律 ……………………………………………………………………………… (162)
　　第二节　成矿区（带）划分 …………………………………………………………………………… (171)
　　第三节　区域成矿规律图编制 ……………………………………………………………………… (171)

第八章　结　论 ………………………………………………………………………………………… (175)
　　第一节　主要成绩 …………………………………………………………………………………… (175)
　　第二节　质量评述 …………………………………………………………………………………… (175)
　　第三节　存在的问题及建议 ………………………………………………………………………… (175)
　　第四节　致谢 ………………………………………………………………………………………… (175)

主要参考文献 …………………………………………………………………………………………… (177)

第一章 地质矿产概况

第一节 成矿地质背景

一、地层

吉林省钼矿主要为斑岩型，只有矽卡岩型钼矿成矿与地层有关，主要为古生代灰岩、大理岩。出露的沉积岩由老至新分别为南华系、震旦系、寒武系、奥陶系，具体岩性如下。

南华系钓鱼台组：灰白色石英砂岩、含海绿石石英砂岩。

南华系南芬组：紫色、灰绿色页岩、粉砂质页岩夹泥灰岩。

震旦系万隆组：碎屑灰岩、藻屑灰岩、泥晶灰岩。

震旦系八道江组：灰白色灰岩、生物屑灰岩。

寒武系馒头组：以暗紫色、猪肝色、黄绿色含云母粉砂岩、粉砂质页岩为主，夹有薄层碎屑灰岩和鲕状灰岩。

寒武系张夏组：青灰色厚层状鲕状生物碎屑灰岩、薄层灰岩，夹少量页岩。

寒武系崮山组：紫色、黄绿色页岩、粉砂岩，夹薄层灰岩、竹叶状灰岩。

寒武系炒米店组：薄板状泥晶灰岩、泥晶粒屑灰岩、泥晶—亮晶生物屑灰岩，夹黄绿色页岩。

奥陶系冶里组：灰岩。

奥陶系亮甲山组：灰色含燧石结核灰岩、白云岩，夹少量粒屑灰岩。

奥陶系马家沟组：白云质灰岩、灰岩，夹豹皮状灰岩、燧石结核灰岩。

其中，寒武纪、奥陶纪碎屑岩-碳酸盐岩与钼矿成矿关系密切。

二、火山岩

吉林省火山活动频繁，火山建造比较发育，钼矿区火山岩有石炭系余富屯组、窝瓜地组，二叠系大河深组，三叠系四合屯组、长白组、托盘沟组，侏罗系玉兴屯组、南楼山组、果松组、林子头组，白垩系金沟岭组、那尔轰组、营城组、金家屯组、安民组，新近系老爷岭组、船底山组、军舰山组。火山岩与钼矿成矿关系密切。

三、侵入岩

吉林省自太古宙至新生代岩浆活动强烈，尤以海西期、印支期、燕山期岩浆活动最为强烈，大面积地形成了以花岗岩类为主的侵入岩，见图 1-1-1。与钼矿成矿有关的岩浆岩为燕山期中酸性侵入岩，主要岩性为石英闪长斑岩、花岗斑岩、花岗闪长岩、二长花岗岩等。其时空分布及演化特点见表 1-1-1。

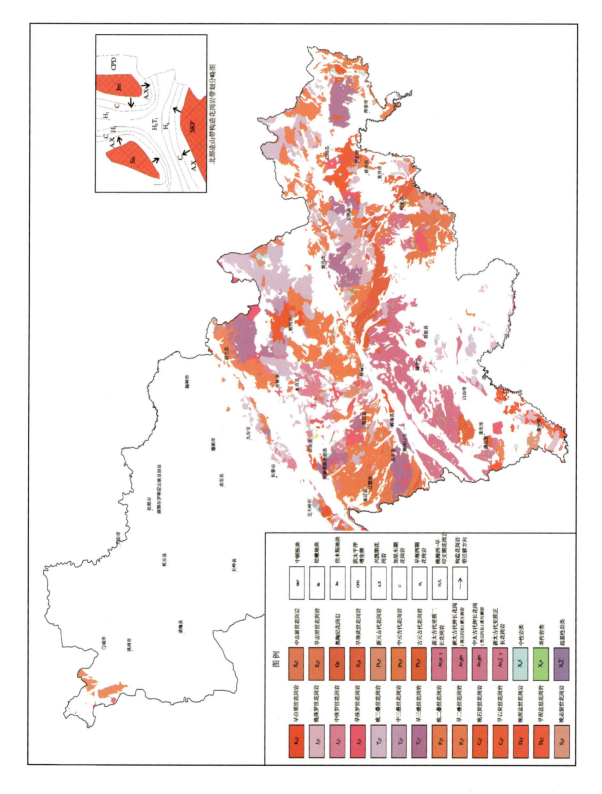

图 1-1-1 吉林省花岗岩类岩石系列及重要构造岩石组合划分简图

表1-1-1 吉林省新生代、中生代侵入岩划分对比简表

侵入旋回	地质年代	地质事件	构造分区					
			白城西万宝-黄花山	大黑山条垒区	伊舒盆地	张广才岭-吉林哈达岭	敦密盆地	太平岭-鸭绿江
喜马拉雅期旋回	Q	新构造运动			后团山次粗面岩(13.5±0.45)Ma			
	N							
	E	晚喜马拉雅运动					霞石正长岩(31.7±0.47)Ma、辉长岩脉	饮安山岩
	K₂	早喜马拉雅运动						
燕山期旋回	K₁	晚燕山运动 67~70Ma		钾长花岗岩109.8Ma、闪长岩(98.1±2)Ma		晶洞碱长花岗岩(129±1)Ma(白石砬子岩体)	钾长花岗岩、二长花岗岩	花岗斑岩、石英闪长岩(129±2)Ma
	J₃			花岗斑岩148Ma、二长花岗岩150Ma		二长花岗岩		二长花岗岩155Ma
	J₂			钾长花岗岩170.39Ma、二长花岗岩162.5Ma、闪长岩162.6Ma		二长花岗岩(166±2)Ma、花岗闪长岩175Ma(天岗岩体)		
	J₁	早燕山运动 约180Ma		二长花岗岩180.5Ma、花岗闪长岩186.9Ma		钾长花岗岩(190±2)Ma、花岗闪长岩(182±3)Ma(天桥岩体)		二长花岗岩(186±1)Ma、花岗闪长岩(187±1)Ma
印支期旋回	T₃	晚印支运动 205Ma		钾长花岗岩209.4Ma、二长花岗岩189.6Ma、石英闪长岩218.5Ma		二长花岗岩、花岗闪长岩		二长花岗岩(205±5)Ma、花岗闪长岩(203±2)Ma、闪长岩(201±1)Ma
	T₂			二长花岗岩239.6Ma、石英闪长岩248.3Ma				

燕山期花岗岩类岩浆的侵入活动不但强烈且遍及全省，其形成的构造环境多样，构造岩石组合亦各具特色。每期活动基本上都可划出反映3种不同构造环境的3类岩石组合：①在拉张作用下产生的"裂谷型"构造岩石组合；②在走滑断裂强烈走滑时期所形成的"走滑型"花岗岩构造岩石组合；③在陆内（缘）造山过程中所出现的"板片俯冲型"构造岩石组合。

燕山期花岗岩类岩浆的侵入活动属于滨太平洋构造域岩浆活动期，形成的北东—北北东向侵入岩带钼矿床主要受控于燕山期花岗闪长岩、二长花岗岩、钾长花岗岩、碱长花岗岩和碱性花岗岩。

四、变质岩

根据省内存在的几期重要地壳运动及其所产生的变质作用特征，吉林省6个主要变质作用时期为迁西期、阜平期、五台期、兴凯期、加里东期、海西期，与钼矿成矿关系不密切。

五、大型变形构造

自太古宙以来，吉林省经历了多次地壳运动，在各地质历史阶段都形成了一套相应的断裂系统，包括地体拼贴带、走滑断裂、大断裂、推覆-滑脱构造-韧性剪切带等。其中对钼矿产成矿起控制作用的主要为伊通-舒兰断裂带、敦化-密山走滑断裂带、鸭绿江走滑断裂带大型变形构造。

1. 伊通-舒兰断裂带

伊通-舒兰断裂带是一条地体拼贴带，即在早志留世末，由华北板块与吉林古生代增生褶皱带相拼贴而成。在吉林省内，它由南东、北西两条相互平行的北东向断裂带组成，具左行扭动性质。该断裂带两侧地质构造性质明显不同：南东侧重力高，航磁为北东向正负交替异常；北西侧重力低，航磁为稀疏负异常。两侧的地层发育特征、岩性、含矿性等截然不同。从辽北到吉林，该断裂两侧晚期断层方向明显不一致，南东侧以北东向断层为主，北东向断裂与库拉、太平洋板块向北俯冲有关，说明在吉林省内，早古生代伊通-舒兰断裂带两侧属于性质不同的两个大地构造单元，西部属于华北板块，东部总体上为被动大陆边缘；北西侧以北北东向断层为主，北北东向断裂与华北板块和西伯利亚板块间的缝合线展布方向一致，反映继承古生代基底构造线特征。它经历了早志留世末华北板块与吉黑古生代增生褶皱带发生对接的走滑拼贴阶段、新生代库拉-太平洋板块向亚洲大陆俯冲的活化阶段，古近纪—第四纪初亚洲大陆应力场转向使伊通-舒兰断裂带接受了强烈的挤压作用，导致了两侧基底向槽地推覆并形成了外倾对冲式冲断层构造带的挤压阶段。

2. 敦化-密山走滑断裂带

敦化-密山走滑断裂带是我国东部一条重要的走滑构造带，对大地构造单元划分及金、有色金属成矿具有重要意义。它经辉南、桦甸、敦化等地进入黑龙江省，省内长达360km，宽10～20km，习惯称之为辉发河断裂带。该断裂带活动时间较长，沿该断裂带岩浆活动强烈。

3. 鸭绿江走滑断裂带

鸭绿江走滑断裂带是吉林省规模较大的北东向断裂之一，由辽宁省沿鸭绿江进入吉林省集安经安图两江至王清天桥岭进入黑龙江省，省内长达510km，断裂带宽30～50km，纵贯辽吉台块和吉黑古生代陆缘增生褶皱带两大构造单元，对吉林省地质构造格局及贵金属、有色金属矿床成矿均有重要意义。断裂带总体表现为压剪性，沿断面发生逆时针滑动，相对位移为10～20km。断裂切割中生代及早期侵入岩体，并控制侏罗系、白垩系的分布。

六、大地构造

吉林省大地构造位置处于华北古陆块（龙岗地块）和西伯利亚古陆块（佳木斯-兴凯地块）及其陆缘增生构造带内。由于多次裂解、碰撞、拼贴、增生，岩浆活动、火山作用、沉积作用、变形变质作用异常强烈，形成若干稳定地球化学块体和地球物理异常区，相对应出现若干大型—巨型成矿区（带），它们共同控制着吉林省钼矿产的成矿、矿床规模和矿床分布。吉林省钼矿主要分布在晚三叠世—新生代构造分区（张广才岭-哈达岭火山盆地区、太平岭-英额岭火山盆地区），具体构造特征见表1-1-2。

表1-1-2 吉林省晚三叠世—新生代大地构造分区表

大地构造单元级别及名称				构造阶段	主要建造
Ⅰ级	Ⅱ级	Ⅲ级	Ⅳ级		
东北叠加造山-裂谷系	大兴安岭叠加岩浆弧	大兴安岭东坡火山盆地区	万宝黄花火山盆地群	滨太平洋构造域陆缘火山发展阶段	陆相中酸性火山含煤碎屑岩建造
	松嫩火山盆地带			滨太平洋构造域陆缘盆岭阶段	含油页岩深水—半深水相湖泊黑色泥岩，大陆玄武岩建造
	小兴安岭-张广才岭叠加岩浆弧	张广才岭-哈达岭火山盆地区	大黑山条垒火山盆地群	滨太平洋构造域陆缘火山弧发展阶段	燕山期中酸性侵入岩、火山岩建造
			伊通-舒兰走滑-伸展复合地堑	滨太平洋构造域陆缘盆岭阶段	燕山期中酸性侵入岩、火山岩建造
			南楼山-辽源火山盆地群	滨太平洋构造域陆缘火山弧	燕山期中酸性侵入岩、火山岩建造
		太平岭-英额岭火山盆地区	敦化-密山走滑-伸展复合地堑	滨太平洋构造域陆缘盆岭	燕山期中酸性侵入岩、火山岩建造
			老爷岭火山盆地群	滨太平洋构造域陆缘火山弧发展阶段	燕山期中酸性侵入岩、火山岩建造
			罗子沟-延吉火山盆地群		
华北叠加造山-裂谷系	胶辽吉叠加岩浆弧	吉南-辽东火山盆地区	柳河-二密火山盆地区	滨太平洋构造域陆缘火山弧发展阶段	陆相中酸性火山岩；含煤（火山）碎屑岩建造；大陆玄武岩安粗岩-碱性流纹岩建造
			抚松-集安火山盆地区		
			长白火山盆地区		

第二节 区域矿产特征

一、成矿特征

根据成矿作用,全省钼矿成因类型划分为斑岩型、矽卡岩型、石英脉型矿床(表 1-2-1)。总体来看,钼矿成矿主要与中酸性小岩体密切相关。

已知的钼矿资源分布于:①张广才岭-哈达岭火山盆地区,代表性矿床为永吉大黑山钼矿床、舒兰季德屯钼矿床;②太平岭-英额岭火山盆地区,代表性矿床为大石河钼矿床、刘生店钼矿床。

1. 斑岩型钼矿床

斑岩型钼矿床是吉林省钼矿床的主要成因类型。这类矿床主要分布于吉中—延边地区。典型矿床为永吉大黑山钼矿床、舒兰季德屯钼矿床、安图刘生店钼矿床、敦化大石河钼矿床、舒兰福安堡钼矿床。成矿与中酸性浅层—超浅层岩浆活动有关,岩性主要为花岗斑岩、花岗闪长岩、二长花岗岩等。成矿时代主要为燕山期。

2. 矽卡岩型钼矿床

典型矿床为临江六道沟铜山铜、钼矿床。矿床主要受控于燕山期中酸性花岗岩及古生代灰岩、大理岩。成矿时代集中在燕山期。

3. 石英脉型钼矿床

典型矿床为四方甸子钼矿床。矿床主要受控于燕山期中—酸性花岗岩。成矿时代为燕山期。

二、钼矿预测类型划分及其预测工作区圈定

矿产预测类型:为了进行矿产预测,根据相同的矿产预测要素及成矿地质条件对矿产划分的类型。

矿产预测类型划分原则:凡是由同一地质作用形成的、成矿要素和预测要素基本一致的、可以在同一预测底图上完成预测工作的矿床(点)和矿化线索可以归为同一个预测类型。具体依据包括与矿床成矿有关的时代、赋存空间、物质基础,以及沉积、火山、侵入岩浆、变质、大型变形构造 5 类成矿的地质作用、组合成矿地质作用等。

需要注意的是同一矿种存在多种矿床预测类型,不同矿种可能为同一预测类型;同一成因类型可能有多种预测类型,不同成因类型组合可能为同一预测类型。

矿产预测类型的命名按照 6 个大区研讨会上提出的统一命名原则,××矿床式××类型(成因类型或工业类型)××矿(矿种或矿组)。

1. 钼矿产预测类型划分

吉林省钼矿按成因划分为斑岩型、石英脉型、矽卡岩型 3 种类型。

(1)斑岩型:分布在前撮落-火龙岭、西苇、刘生店-天宝山、季德屯-福安堡、天合兴、大石河-尔站 6 个预测工作区。

(2)石英脉型:分布在前撮落-火龙岭预测工作区的四方甸子地区。

表1-2-1 吉林省钼矿产地成矿特征一览表

编号	矿床名称	矿床规模	成矿时代	矿种	勘查程度	矿床成因类型
1	大黑山钼矿	超大型	燕山早期[(168.2±3.2)Ma]	钼矿	详查	斑岩型
2	双河镇长岗钼矿	矿点	燕山期	钼矿	普查	斑岩型
3	头道沟多金属硫铁矿	小型	燕山期	硫铁矿、钼矿、铁矿	勘查	砂卡岩型
4	铁秉山钨钼矿	小型	燕山期	钨矿、钼矿、铁矿	普查	砂卡岩型
5	四方甸子钼矿	小型	燕山期	钼矿	详查	石英脉型
6	火龙岭钼矿床	小型	燕山期	钼矿	详查	砂卡岩型
7	兴隆钼矿	小型	燕山期	钼矿	普查	石英脉型
8	福安堡钼矿床	小型	燕山早期	钼矿	详查	斑岩型
9	秋皮沟铜钼矿	矿化点	燕山期	铜矿、钼矿		斑岩型
10	六道沟铜山铜钼矿	小型	燕山期	铜矿、钼矿、铁矿	普查	砂卡岩型
11	临江铜山镇铜钼矿	小型	燕山早期	铜矿、钼矿、铁矿	普查	砂卡岩型
12	官瞎沟铜钼矿	小型	燕山期	铜矿、钼矿	普查	斑岩型
13	三岔子钼矿	矿点	燕山期	钼矿	普查	斑岩型
14	东风北山钼矿	小型	中侏罗世(K-Ar年龄,185Ma)	钼矿	普查	斑岩型
15	石人沟钼矿	小型	燕山期	钼矿	普查	石英脉型
16	石人沟钼矿Ⅰ号矿体	小型	燕山期	钼矿		石英脉型
17	刘生店钼矿	中型	燕山期	钼矿	详查	斑岩型
18	双山多金属矿	小型	燕山期	钼矿、铜矿	详查	斑岩型
19	季德屯铜矿	大型	燕山早期	铜矿、钼矿	详查	斑岩型
20	大石河钼矿	大型	燕山期[(185.6±2.7)Ma]	钼矿	详查	斑岩型
21	天合兴铜矿	小型	燕山期	铜矿、钼矿	详查	斑岩型
22	伊通西苇钼矿	矿点	燕山期	钼矿、铜矿		斑岩型
23	一心屯钼矿	中型	燕山期	钼矿	勘探	斑岩型

(3)矽卡岩型：分布在六道沟-八道沟预测工作区。

吉林省钼矿产预测类型划分了大黑山式斑岩型、大石河式斑岩型、天合兴式斑岩型、四方甸子式石英脉型、铜山式矽卡岩型 5 种预测类型。预测类型分布详见图 1-2-1。

吉林省钼矿预测方法类型划分为 2 种，分别为侵入岩体型和层控内生型。

2. 典型矿床优选及预测工作区圈定

吉林省钼矿矿床均属与燕山期花岗岩有关的中高温型热液矿床，主要分布于吉中-延边中生代造山带上。在该区域优选的吉林省较典型钼矿床有：永吉大黑山钼矿床、桦甸四方甸子钼矿床、安图刘生店钼矿床、龙井天宝山多金属矿床、舒兰季德屯钼矿床、敦化大石河钼矿床。另外，在华北陆块北缘分布有靖宇天合兴铜、钼矿床和临江六道沟铜、钼矿床。

预测工作区圈定以含矿建造和矿床成因系列理论为指导，以物探、化探、遥感、自然重砂等综合信息为依据，圈定钼矿前撮落-火龙岭预测工作区、西苇预测工作区、刘生店-天宝山预测工作区、季德屯-福安堡预测工作区、天合兴预测工作区、大石河-尔站预测工作区、六道沟-八道沟预测工作区 7 个预测工作区，详见表 1-2-2～表 1-2-5。

第三节 区域地球物理、地球化学、遥感、自然重砂特征

一、区域地球物理特征

（一）区域重力场基本特征

钼矿床所在区域布格重力场多位于由环形重力梯级带所围成的似圆状形态复杂的负重力异常区内，呈现出诸多强度、形态、走向及规模各异的正、负剩余重力异常，其外围被连续的串珠状正剩余重力高异常带所环绕，这一宏观场态与布格重力场态势极为相似，都以似圆形场态为基本特征，钼矿大多分布于场区或异常突变部位。

（二）区域航磁特征

1. 区域岩（矿）石磁性参数特征

与钼矿成矿关系密切的为燕山期中酸性岩体，磁性变化范围较大，可由无磁性变化到有磁性。其中吉林地区的花岗岩具有中等程度的磁性，而其他地区花岗岩类多为弱磁性，延边地区的部分酸性岩表现为无磁性。

2. 吉林省区域磁场特征

相对比较复杂的磁场区主要分布于延边地区，吉中地区次之，呈现由东向西磁场由复杂向简单过渡，总体走向以北东向为主，这主要是受到古生代以来华夏运动、新华夏运动的影响。在延边和吉中两区内，磁异常强、梯度大、形态较复杂、规模较小但异常数量却很多的磁异常分布区，多数为中新生代火山岩分布区；规模大、强度中等、梯度缓的磁异常，主要是晚古生代以来的花岗岩、花岗闪长岩磁性的反映。

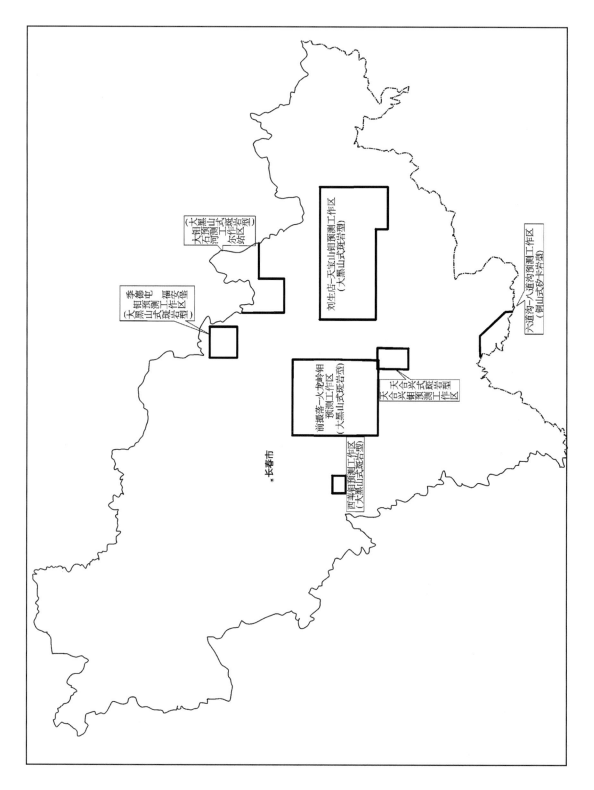

图 1-2-1 吉林省钼矿产预测类型及预测工作区分布示意图

表 1-2-2　吉林省钼矿产预测信息一览表

典型矿床	成矿时代	矿产预测类型	矿种	预测方法类型	预测工作区 1:5万构造专题底图类型	预测工作区名称	重要（建造）地质要素
永吉大黑山钼矿床	燕山期	大黑山式斑岩型	钼	侵入岩体型	侵入岩建造构造图	前嘎落-火龙岭预测工作区	燕山期中酸性侵入岩+矿化信息
桦甸四方甸子钼矿床		四方甸子石英脉型		侵入岩体型	侵入岩建造构造图	西苇预测工作区	燕山期中酸性侵入岩+矿化信息
（参考永吉大黑山钼矿床、龙井天宝山多金属矿床）		大黑山式斑岩型		侵入岩体型	侵入岩建造构造图	刘生店-天宝山预测工作区	燕山期中酸性侵入岩+矿化信息
安图刘生店钼矿床		大黑山式斑岩型		侵入岩体型	侵入岩建造构造图	季德屯-福安堡预测工作区	燕山期中酸性侵入岩+矿化信息
舒兰季德屯钼矿床		大黑山式斑岩型		侵入岩体型	侵入岩建造构造图	天合兴预测工作区	燕山期中酸性侵入岩+矿化信息
靖宇天合兴铜钼矿床		天合兴式斑岩型		侵入岩体型	侵入岩建造构造图	大石河-尔站预测工作区	二合屯组+燕山期中酸性侵入岩+构造+矿化信息
敦化大石河钼矿床		大石河式斑岩型		侵入岩体型	综合建造构造图	六道沟-八道沟预测工作区	古生代灰岩，大理岩+燕山期中酸性侵入岩+矿化信息
临江六道沟铜钼矿床		铜山式矽卡岩型		层控内生型			

表1-2-3 吉林省钼矿预测类型及预测工作区代码表

序号	预测矿种	预测工作区名称	矿床成因类型	预测工作区代码	矿产成因类型	预测工作区编码	预测工作区顺序码
1	钼	前撮落-火龙岭预测工作区	斑岩型、石英脉型	2210201001	斑岩型、石英脉型	QCLM	001
2		西苇预测工作区	斑岩型	2210201002	斑岩型	XWMK	002
3		刘生店-天宝山预测工作区	斑岩型	2210201003	斑岩型	LSDM	003
4		季德屯-福安堡预测工作区	斑岩型	2210201004	斑岩型	JDTM	004
5		天合兴预测工作区	斑岩型	2210202005	斑岩型	THXM	005
6		大石河-尔站预测工作区	斑岩型	2210201006	斑岩型	DSHM	006
7		六道沟-八道沟预测工作区	矽卡岩型	2210501007	矽卡岩型	LDBD	007

表1-2-4 吉林省钼矿预测工作区信息一览表

矿种	预测工作区名称	矿床成因类型	矿产预测类型	预测方法类型	编图区面积/km²	预测工作区1:5万地质构造底图编图类型	预测工作区1:5万地质构造图	重要（建造）地质要素
钼	前撮落-火龙岭预测工作区	斑岩型、石英脉型	大黑山式斑岩型、四方甸子式石英脉型	侵入岩型	8 107.5	侵入岩建造构造图	侵入岩建造构造图	燕山期中酸性侵入岩+矿化信息（含辉钼矿石英脉及蚀变岩+矿化信息）
	西苇预测工作区	斑岩型	大黑山式斑岩型	侵入岩型	289.2	侵入岩建造构造图	侵入岩建造构造图	燕山期中酸性侵入岩+矿化信息
	刘生店-天宝山预测工作区	斑岩型	大黑山式斑岩型	侵入岩型	9 877.6	侵入岩建造构造图	侵入岩建造构造图	燕山期中酸性侵入岩+矿化信息
	季德屯-福安堡预测工作区	斑岩型	大黑山式斑岩型	侵入岩型	1 075.5	侵入岩建造构造图	侵入岩建造构造图	燕山期中酸性侵入岩+矿化信息
	天合兴预测工作区	斑岩型	天合兴式斑岩型	侵入岩型	248.5	侵入岩建造构造图	侵入岩建造构造图	燕山期中酸性侵入岩+矿化信息
	大石河-尔站预测工作区	斑岩型	大石河式斑岩型	侵入岩型	2 711.3	侵入岩建造构造图	侵入岩建造构造图	燕山期中酸性侵入岩+矿化信息
	六道沟-八道沟预测工作区	矽卡岩型	铜山式矽卡岩型	层控内生型	898.6	综合建造构造图	综合建造构造图	古生代灰岩、大理岩+燕山期中酸性侵入岩+矿化信息

表 1-2-5 吉林省钼矿典型矿床信息一览表

矿种	典型矿床	典型矿床四位编码	典型矿床顺序码	全国矿床式	矿产预测类型	矿产预测类型代码	预测方法类型	预测工作区名称	预测工作区编码	比例尺
钼	永吉大黑山钼矿床	DHSM	1001	大黑山式	大黑山式斑岩型	2210201	侵入岩体型	前嘉落-火龙岭预测工作区	QCLM	1:1万
	桦甸四方甸子钼矿床	SFDM	1002	四方甸子式	四方甸子式石英脉型	2210202				1:5000
	(参考永吉大黑山钼矿床)		1003	大黑山式	大黑山式斑岩型	2210201	侵入岩体型	西苇预测工作区	XWMK	1:1万
	安图刘生店钼矿床	LSDM	1004	大黑山式	大黑山式斑岩型	2210201	侵入岩体型	刘生店-天宝山预测工作区	LSDM	1:1万
	龙井天宝山多金属矿床	TBXM	1005	大黑山式	大黑山式斑岩型	2210201	侵入岩体型	季德屯-福安堡预测工作区	JDTM	1:1万
	舒兰季德屯钼矿床	JDTM	1006	天合兴式	天合兴式斑岩型	2210203	侵入岩体型	天合兴预测工作区	THXM	1:5000
	靖宇天合兴铜钼矿床	THXM	1007	大石河式	大石河式斑岩型	2210204	侵入岩体型	大石河-尔站预测工作区	DSHM	1:1万
	敦化大石河钼矿床	DSHM	1008	铜山式	铜山式矽卡岩型	2210501	层控内生型	六道沟-八道沟预测工作区	LDBD	1:2000
	临江六道沟铜钼矿床	TSMK								

二、区域地球化学特征

Mo 属于离子电位较大的碱性元素（$\pi>8$），亲硫性强，与 Cu、W 紧密共生。在热水溶液中形成 $[MoS_2]^{2-}$ 络合物迁移。吉林省 Mo 主要在滨太平洋构造域发展阶段富集，以亲石、稀有、稀土分散元素同生地球化学场为基础，异常主要分布在吉中山河-榆木桥子成矿带（大黑山钼矿）、上营-蛟河成矿带（季德屯钼矿、福安堡钼矿）、天宝山-开山屯成矿带（刘生店钼矿）、春化-小西南岔成矿带（小西南岔金铜矿）、吉南柳河-那尔轰成矿带（天合兴铜、钼矿）、集安-长白成矿带（郭家岭铅锌矿、铜山铜、钼矿）。Mo 的综合异常场内燕山期的成矿岩浆系统和控岩控矿构造十分发育，含矿围岩蚀变强烈，显示良好的成矿地质背景和条件。热液组分 Cu、Pb、Zn、Mo、W、Sn、Bi、As、Sb 在燕山期强烈的酸性岩浆活动作用下，沿岩浆系统能量核心（花岗斑岩体）呈环状做径向迁移，呈现同心型-离心型的韵律异常结构，具有异常强度高、浓集明显的基本特征，并最终在成矿构造空间充分充填，形成空间叠加紧密的复杂组分地球化学场。因此，后期叠加地球化学场对古老基底的同生地球化学场进行了继承以及强烈的改造作用。

白头山碱性火山岩分布区显示大面积的 Mo 异常，是由超高背景火山岩体引起的成岩异常，见图 1-3-1。

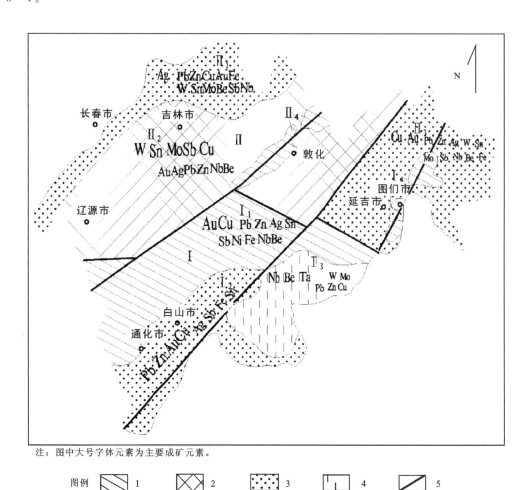

注：图中大号字体元素为主要成矿元素。

图例　⟋⟋ 1　⟋⟋ 2　⋯ 3　⊓ 4　／ 5

图 1-3-1　吉林省中东部地区同生地球化学场分布图（据金丕兴等，1992）

1.亲铁元素区；2.亲石、稀有、稀土分散元素区；3.亲石、碱土金属元素区；4.亲石、亲铁、稀有元素区；5.地球化学特征线

三、区域遥感影像特征

1. 区域遥感特征

吉林省钼矿分布区在遥感图像上显示为红色及粉红色，丘陵地貌多以浑圆状山包显示，冲沟极浅，水系不甚发育。

2. 区域遥感地质构造特征

断裂主要有北东向、北西向、近东西向和近南北向。它们以成带分布为特点，单条断裂长十几千米至几十千米，断裂带长度几十千米至百余千米，遥感影像特征主要表现为冲沟、山鞍、洼地等，控制二、三级水系。小型断裂遍布吉林省的低山丘陵区，规模小、分布规律不明显，断裂长几千米至十几千米或数十千米，遥感图像上主要表现为小型冲沟、山鞍或洼地。

钼矿区环形构造比较发育，遥感图像上多表现为色线、环状冲沟、环状山脊，偶尔可见环形色块，规模从几千米至几十千米，大者可达数百千米，其分布具有较强的规律性，主要分布于北东向线性构造带上，尤其是该方向线性构造带与其他方向线性构造带交会部位，环形构造成群分布；块状影像主要为北东向相邻线性构造形成的挤压透镜体，以及北东向线性构造带与其他方向线性构造带交会，形成菱形块状或眼球状块体，其分布明显受北东向线性构造带控制。

四、区域自然重砂特点

吉林省钼矿主要分布于那丹伯-山河-上营-红旗岭自然重砂异常区（带）与大蒲柴河-白草沟-天宝山-春化自然重砂异常区（带）中。在钼矿分布的汇水区域（季德屯、大黑山），白钨矿、锡石异常分布较好，对典型矿床明显支持，是优良的矿致异常。辉钼矿、铅族、铜族矿物异常出现在大黑山外围汇水区域，对预测斑岩型钼矿有直接指示意义。

在大蒲柴河-白草沟-天宝山-春化自然重砂异常区（带），在钼矿分布区域，白钨矿异常大面积出现，矿物含量分级较高，是预测钼矿的重要指示矿物。自然金、毒砂异常围绕矿床呈分散状态。值得重视的是，矿床的汇水区有辉钼矿异常存在，可直接指示该汇水盆地钼矿的寻找。

第二章 预测评价技术思路和工作要求

第一节 工作思路和工作原则

一、指导思想

本次工作以科学发展观为指导,以提高吉林省钼矿矿产资源对经济社会发展的保障能力为目标,以先进的成矿理论为依托,以全国矿产资源潜力评价项目总体设计书为总纲,以 GIS 技术平台规范而有效的资源评价方法为支撑,以地质矿产调查、勘查及科研成果等多元资料为基础,在中国地质调查局及全国项目组的统一领导下,采取专家主导、产学研相结合的工作方式,全面、准确、客观地评价吉林省钼矿矿产资源潜力,提高对吉林省区域成矿规律的认识水平,为吉林省及国家编制中长期发展规划、部署矿产资源勘查工作提供科学依据及基础资料;同时,本次工作可完善资源评价理论与方法,并培养一批科技骨干及综合研究队伍。

二、工作原则

坚持尊重地质客观规律、实事求是的原则;坚持一切从国家整体利益和地区实际情况出发、立足当前、着眼长远、统筹全局、兼顾各方的原则;坚持全国矿产资源潜力评价"五统一"的原则;坚持由表及里的原则,由定性到定量的原则;充分发挥各方面优势尤其是专家的积极性和产学研相结合的原则;坚持既要自主创新,符合地区地质情况,又可进行地区对比和交流的原则;坚持全面覆盖、突出重点的原则。

第二节 技术路线和工作流程

充分搜集以往的地质矿产调查、勘查、物探、化探、自然重砂、遥感及科研成果等多元资料;以成矿理论为指导,开展区域成矿地质背景、成矿规律、物探、化探、自然重砂、遥感多元信息研究,编制相应的基础图件,以Ⅳ级成矿区(带)为单位,深入全面总结钼矿的成矿类型,研究以成矿系列为核心内容的区域成矿规律;全面利用物探、化探、遥感所显示的地质找矿信息;运用体现地质成矿规律的预测技术,全过程应用 GIS 技术,在Ⅳ级、Ⅴ级成矿区(带)内圈定预测工作区的基础上,实现全省资源潜力评价,详见图 2-2-1。

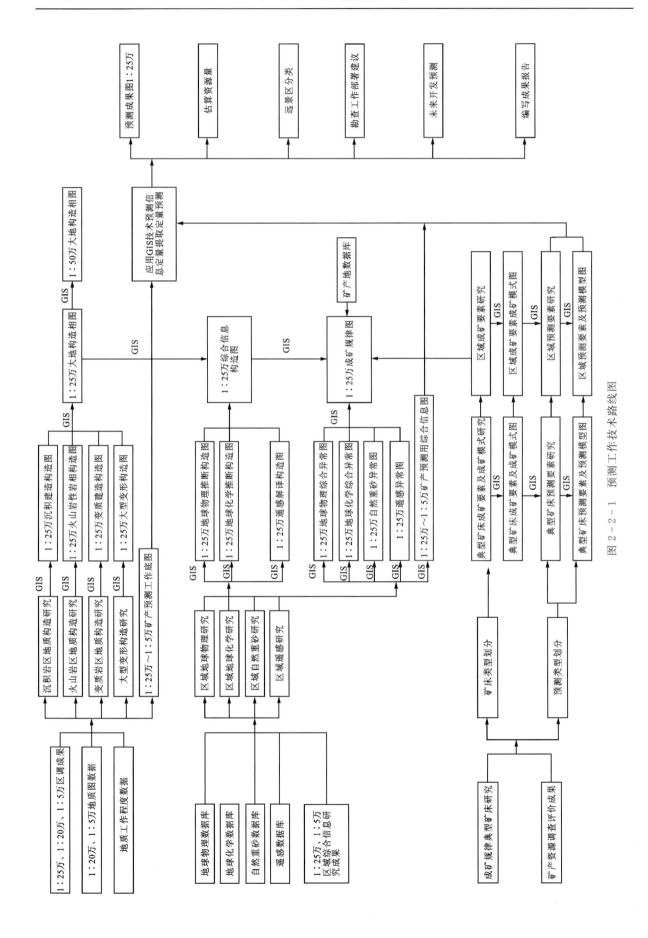

图 2-2-1 预测工作技术路线图

第三节　项目工作流程

(1)设计编制工作。

(2)划分矿床类型并编制全省钼矿预测类型分布图(1∶150万~1∶50万)。

(3)基础数据库维护。

(4)研究成矿地质背景,编制大地构造相图(1∶25万、1∶50万)并建立数据库。

(5)进行典型矿床成矿要素研究,编制典型矿床成矿要素图及成矿模式图(1∶2.5万~1∶1000)并建立数据库。

(6)进行典型矿床预测要素研究,编制典型矿床预测要素图及预测模型图(1∶2.5万~1∶1000)并建立数据库。

(7)按照钼矿预测方法类型,编制区域矿产预测底图(1∶5万)并建立数据库。

(8)进行区域成矿作用研究,编制区域成矿要素图及成矿模式图(大于1∶5万)并建立数据库。

(9)进行区域矿产预测要素研究,编制区域钼矿预测要素图及区域矿产预测模型图(大于1∶5万)并建立数据库。

(10)进行定量预测,编制钼矿预测类型预测成果图(大于1∶5万)并建立数据库。

(11)全省钼矿产预测成果汇总,编制全省钼矿预测成果图(1∶50万)并建立数据库。

(12)总结区域成矿规律,编制全省钼矿区域成矿规律图(1∶50万)并建立数据库。

(13)研究钼矿勘查工作部署,编制钼矿勘查工作部署建议图(1∶50万)并建立数据库。

(14)进行未来勘查工作成果预测,编制钼矿未来勘查工作成果预测图(1∶50万)并建立数据库。

(15)进行未来矿产开发预测,编制钼矿未来矿产开发基地预测图(1∶50万)并建立数据库。

第三章 成矿地质背景研究

第一节 技术流程

(1)明确任务,学习全国矿产资源潜力评价项目地质构造研究工作技术要求等有关文件。

(2)搜集有关的地质、矿产资料,特别注意搜集最新的有关资料,编绘实际材料图。

(3)在编绘过程中,以1:25万综合建造构造图为底图,再以预测工作区1:5万区域地质图的地质资料加以补充,将搜集到的与侵入岩体型、层控内生型有关的资料编绘于图中。

(4)明确目标地质单元,划分图层,以明确的目标地质单元为研究重点,同时研究控矿构造、矿化、蚀变等内容。借助物探、化探、遥感手段推断地质构造及岩体信息完善测区内容。

(5)图面整饰,按统一要求,制作图示、图例。

(6)遵照沉积、变质、岩浆岩研究工作要求进行编图。将与相应类型钼矿形成有关的地质矿产信息较全面地标绘在图中,形成预测底图。

(7)编写说明书,按照要求的统一格式编写。

(8)建立数据库,按照规范要求建库。

第二节 建造构造特征

一、前撮落-火龙岭预测工作区

(一)区域建造构造特征

该预测工作区位于盘桦裂陷槽的东缘,南楼山-辽源中生代火山盆地群、吉林中东部火山岩浆岩段的叠合部位。区内主要出露上三叠统四合屯组,侏罗系南楼山组和玉兴屯组火山岩、火山碎屑岩,侏罗纪石英闪长岩、花岗闪长岩、二长花岗岩。寒武系头道岩组变质岩构造残片和二叠系范家屯组碎屑岩。区内钼、砷、铜及多金属矿床(点)与侵入岩有关,如大黑山钼矿床(特大型)、四方甸子钼矿床等。

(二)预测工作区建造构造特征

1. 侵入岩建造

区内燕山期侵入岩近东西—北东向分布,呈岩基状产出,构成吉林东部火山-岩浆岩带的组成部分,岩性有早侏罗世二长花岗岩、碱长花岗岩;中侏罗世石英闪长岩、花岗闪长岩、二长花岗岩、碱长花岗岩;

晚侏罗世二长花岗岩;早白垩世二长花岗岩、碱长花岗岩、晶洞花岗岩、闪长玢岩、花岗斑岩。

在空间上与钼矿关系密切的岩体为燕山期二长花岗岩及花岗闪长岩。此外,燕山晚期花岗斑岩(朝阳沟小岩体)、闪长玢岩(长岗岭村小岩体)也见硫化物矿化。侵入岩主要受北东-南西向大型断裂带控制。

2. 沉积岩建造

区内沉积岩地层较为发育,地层由老至新为中泥盆世王家街组(D_2w),下石炭统鹿圈屯组(C_1l),上中石炭统磨盘山组(C_2m)、石嘴子组(C_2s),中二叠统寿山沟组(P_2s),上二叠统范家屯组(P_3f)、杨家沟组(P_3y),上三叠统大酱缸组(T_3d),下—中侏罗统太阳岭组($J_{1-2}t$),下白垩统小南沟组(K_1x)、泉头组(K_1q),古近系桦甸组($E_{1-2}h$),古近系—新近系土门子组(E_3N_1t),新近系水曲柳组(N_1s),中更新统黄山组(Qp_2h),上更新统顾乡屯组(Qp_3g),全新统(Qh^{al})。

3. 变质岩建造

区内变质岩建造出露有寒武系头道岩组变质岩构造残片和二叠系范家屯组碎屑岩。头道岩组斜长阳起石岩夹变质砂岩建造的原岩建造为中、基性火山岩夹粉砂质泥岩、泥岩建造,在斜长阳起石岩中常见硫铁矿化、磁铁矿化,并有多处铜、铅、锌及金属硫化物矿点(矿化点),因此,头道岩组斜长阳起石岩夹变质砂岩建造很可能是与洋底火山喷发有关的块状硫化矿床的载体。

4. 火山岩建造

区内火山岩建造主要出露有上三叠统四合屯组,下侏罗统玉兴屯组和中侏罗统南楼山组火山岩、火山碎屑岩。

二、西苇预测工作区

(一)区域建造构造特征

该预测工作区位于伊泉岩浆弧和中生代南楼山-辽源火山盆地群的叠合部位。区内出露的变质岩有古元古界西保安岩组和中志留统石缝组、上志留统椅山组;岩浆岩有晚志留世花岗闪长岩,中三叠世花岗闪长岩,中侏罗世花岗闪长岩、二长花岗岩等。区内钼、砷、铜及多金属矿产与中侏罗世花岗闪长岩有关。

(二)预测工作区建造构造特征

1. 侵入岩建造

区内侵入岩分布面积较广,有晚志留世花岗闪长岩,中三叠世花岗闪长岩,中侏罗世花岗闪长岩、二长花岗岩、闪长玢岩和花岗斑岩。其中侏罗纪花岗闪长岩和二长花岗岩分布较广,在空间上与钼矿化关系密切。侵入岩受北东-南西向大型断裂带控制,呈近东西-北东向分布、岩基状产出,构成吉林东部火山-岩浆岩带的组成部分。

2. 沉积岩建造

区内沉积岩地层仅第四纪全新世河漫滩相砂砾石松散堆积砂、砾石层。

3. 变质岩建造

区内变质岩建造有古元古界西保安岩组和中志留统石缝组、上志留统椅山组。

三、刘生店-天宝山预测工作区

(一)区域建造构造特征

区内钼、砷、铜及多金属矿床(点)与燕山期中酸性侵入岩有关,如天宝山东风北山钼矿床、刘生店钼矿床。因区内断裂构造比较发育,其中有由敦化-密山(地堑)断裂大型变形构造、中—浅层次的北西—北北西向夹皮沟北西向韧性剪切带,也有表浅层次的脆性断裂。北西向断裂是区内重要的控矿断裂,北西向断裂与东西向断裂的交会部位是成矿的有利地段。

(二)预测工作区建造构造特征

1. 火山岩建造

区内火山岩建造有上三叠统托盘沟组,中侏罗统—下白垩统屯田营组,下白垩统金沟岭组,新近系船底山组、老爷岭组玄武岩。

2. 侵入岩建造

区内侵入岩建造有泥盆纪侵入岩、晚二叠世侵入岩、晚三叠世侵入岩、早侏罗世侵入岩和早白垩世侵入岩,始新世次安山岩。燕山期侵入岩构成吉林东部火山岩浆岩带,与侵入岩浆型钼多金属矿产有一定的成生联系。其中,早侏罗世二长花岗岩、花岗闪长岩分布广泛,在空间上与钼及多金属矿床关系密切。

3. 沉积岩建造

区内沉积岩建造有上石炭统天宝山组,中二叠统庙岭组,上二叠统红山屯组、开山屯组,上三叠统小河口组,白垩系长财组、大拉子组、龙井组,古近系珲春组。

4. 变质岩建造

区内变质岩建造有新太古代英云闪长质片麻岩、变二长花岗岩,以及新太古界老牛沟岩组、鸡南岩组、官地岩组;古元古代变质辉长-辉绿岩、变质石英闪长岩;新元古代变花岗闪长质片麻岩,新元古界新东村岩组、万宝岩组、长仁大理岩;上寒武统马滴达组。

四、季德屯-福安堡预测工作区

(一)区域建造构造特征

该预测工作区位于南楼山-辽源中生代火山盆地群、吉林中东部火山岩浆岩段的叠合部位。其变质岩出露有新元古界新兴岩组、机房沟岩组,侵入岩有侏罗纪花岗闪长岩、二长花岗岩、碱长花岗岩等。区内钼及多金属矿床(点)与侵入岩有关,如季德屯钼矿、福安堡钼矿床。

(二)预测工作区建造构造特征

1. 侵入岩建造

区内侵入岩建造有燕山早期早侏罗世闪长岩、花岗闪长岩、二长花岗岩、碱长花岗岩,中侏罗世花岗闪长岩、二长花岗岩、碱长花岗岩。脉岩有花岗细晶岩、花岗斑岩、流纹斑岩、石英脉。燕山期花岗闪长岩和二长花岗岩分布广泛,在空间上与钼及多金属矿床关系密切。

2. 沉积岩建造

区内沉积岩建造有白垩系泉头组、嫩江组,第三系(古近系+新近系)棒槌沟组、荒山组等。

3. 变质岩建造

区内变质岩建造有新元古界新兴岩组片岩、大理岩,机房沟岩组变质砂岩和黑云片岩、变粒岩。

五、天合兴预测工作区

(一)区域建造构造特征

该预测工作区分布大面积太古宙深成变质侵入岩英云闪长质片麻岩、变二长花岗岩、变钾长花岗岩和紫苏花岗岩,太古宇龙岗岩群四道砬子河岩组和杨家店岩组。那尔轰中生代火山-沉积盆地出露有下白垩统石人组和那尔轰组。燕山晚期花岗岩类主要有早白垩世花岗斑岩,天合兴铜、钼矿床产在该类岩区内。

(二)预测工作区建造构造特征

1. 火山岩建造

区内火山岩建造有下白垩统那尔轰组流纹岩夹流纹质凝灰角砾岩,新近系上新统军舰山组橄榄玄武岩、致密块状玄武岩。

2. 侵入岩建造

区内侵入岩建造有晚侏罗世花岗闪长岩,仅在预测工作区北部有小面积出露,呈岩株产出;早白垩世花岗斑岩呈岩株产出,天合兴铜、钼矿产于其中。

3. 沉积岩建造

区内沉积岩建造有上侏罗统—下白垩统石人组砾岩、砂岩、凝灰质砂岩、碳质页岩夹煤。

4. 变质岩建造

区内变质岩建造有四道砬子河岩组斜长角闪岩、黑云变粒岩、石榴二云片岩夹磁铁石英岩,局部有石榴二辉麻粒岩或紫苏粒岩;杨家店岩组斜长角闪岩、黑云斜长片麻岩、黑云二长变粒岩夹磁铁石英岩。

六、大石河-尔站预测工作区

（一）区域建造构造特征

区内主要出露岩石为新元古界拉拉沟（岩）组和朱敦店（岩）组变质岩、二叠系红山屯组沉积岩。侵入岩有早—中侏罗世石英闪长岩、花岗闪长岩和晚侏罗世二长花岗岩等。区内钼及多金属矿床（点）与燕山期侵入岩浆有关，如大石河钼矿床等。

（二）预测工作区建造构造特征

1. 火山岩建造

区内火山岩建造有老爷岭组、军舰山组，岩石类型为橄榄玄武岩、玄武岩。

2. 侵入岩建造

区内侵入岩建造具有多期多阶段性：早石炭世二长花岗岩，印支期中三叠世白云母二长花岗岩、花岗闪长岩、石英闪长岩，燕山期早—中侏罗世辉长岩、石英闪长岩、花岗闪长岩、二长花岗岩、正长花岗岩，晚侏罗世二长花岗岩、正长花岗岩，早白垩世花岗斑岩。燕山期花岗闪长岩和二长花岗岩分布广泛，在空间上与钼及多金属矿床关系密切。

3. 变质岩建造

区内变质岩建造有新元古界新兴岩组变质砂岩、石英片岩。

七、六道沟-八道沟预测工作区

（一）区域建造构造特征

元古宙侵入（裂谷）-沉积岩经历变质改造，在早古生代经历海碎屑岩-碳酸盐岩沉积，在中生代叠加了中酸性火山-侵入岩浆作用，新生代玄武岩分布较广。其中，碎屑岩-碳酸盐岩、中生代中酸性侵入岩与钼矿产关系密切。

（二）预测工作区建造构造特征

1. 火山岩建造

区内火山岩建造有上三叠统长白组、侏罗系果松组和林子头组、新近系军舰山组。

2. 侵入岩建造

区内侵入岩建造有古元古代花岗岩，晚侏罗世闪长岩、二长花岗岩，早白垩世花岗斑岩。脉岩不发育，仅见有闪长玢岩，呈脉状产出。侏罗纪中酸性侵入岩与钼矿产关系密切。

3. 沉积岩建造

区内沉积岩建造由老至新分别为南华系钓鱼台组、南芬组，震旦系万隆组、八道江组，下古生界寒武系馒头组、张夏组、崮山组、炒米店组，奥陶系冶里组、亮甲山组、马家沟组。碎屑岩-碳酸盐岩与成矿关系密切。

4. 变质岩建造

区内变质岩建造仅见有古元古界老岭（岩）群大栗子（岩）组，岩石组合为千枚岩、大理岩、千枚岩夹大理岩及石英岩。

第三节 大地构造特征

一、前撮落-火龙岭预测工作区

该预测工作区位于东北叠加造山-裂谷系、小兴安岭-张广才岭叠加岩浆弧、张广才岭-哈达岭火山盆地区、南楼山-辽源火山盆地群。伊通-舒兰断裂带、辉发河断裂带分别于预测工作区北西侧和南东侧通过，两条中生代大型断裂构造以压扭性为特征，控制区内中生代南楼山火山构造盆地中岩石形成与展布。

二、西苇预测工作区

该预测工作区位于东北叠加造山-裂谷系、小兴安岭-张广才岭叠加岩浆弧、张广才岭-哈达岭火山盆地区、南楼山-辽源火山盆地群。区内断裂构造展布方向主要为北东向，北西向次之。区内主要矿产均赋存于北东向构造带内。

三、刘生店-天宝山预测工作区

该预测工作区位于东北叠加造山-裂谷系、小兴安岭-张广才岭叠加岩浆弧、张广才岭-哈达岭火山盆地区、太平岭-英额岭火山盆地区、老爷岭火山盆地群。区内断裂构造比较发育，有大型变形构造、中—浅层次的北西—北北西向韧性剪切带，也有表—浅层次的脆性断裂。

四、季德屯-福安堡预测工作区

该预测工作区位于东北叠加造山-裂谷系、小兴安岭-张广才岭叠加岩浆弧、张广才岭-哈达岭火山盆地区、南楼山-辽源火山盆地群。区内断裂构造展布方向主要为北东向，北西向次之。区内局部发育糜棱状岩（具韧性剪切带特征），主要矿产均赋存于北东向构造带内。

五、天合兴预测工作区

该预测工作区位于华北叠加造山-裂谷系、胶辽吉叠加岩浆弧、吉南-辽东火山盆地区、柳河-二密火山盆地区。区内出露表—浅层次变形构造，表—浅层次构造比较发育，主要为东西向断裂、南北向断裂、北东向断裂和北西向断裂。

六、大石河-尔站预测工作区

该预测工作区位于东北叠加造山-裂谷系、小兴安岭-张广才岭叠加岩浆弧、张广才岭-哈达岭火山盆地区、南楼山-辽源火山盆地群。区内的构造较为复杂,断裂构造很发育。其中以北东向大型断裂最为发育,是区内钼矿产最重要的控矿构造和容矿构造。

七、六道沟-八道沟预测工作区

该预测工作区位于华北叠加造山-裂谷系、胶辽吉叠加岩浆弧、吉南-辽东火山盆地区、长白火山盆地群。区内构造较发育,主要为北东向断裂、北北东向断裂和北西向断裂。

第四章 典型矿床与区域成矿规律研究

第一节 技术流程

一、典型矿床研究技术流程

(1)选取具有一定规模、代表性较强、未来资源潜力较大、在现有经济或选冶技术条件下能够开发利用或技术改进后能够开发利用的矿床作为典型矿床。

(2)从成矿地质条件、矿体空间分布特征、矿石物质组分及结构构造、矿石类型、成矿期次、成矿时代、成矿物质来源、控矿因素及找矿标志、矿床的形成及就位演化机制9个方面系统地研究典型矿床。

(3)从岩石类型、成矿时代、成矿环境、构造背景、矿物组合、结构构造、蚀变特征、控矿条件8个方面总结典型矿床的成矿要素,建立典型矿床的成矿模式。

(4)在典型矿床成矿要素研究的基础上叠加地球化学、地球物理、自然重砂、遥感及找矿标志,形成典型矿床预测要素,建立典型矿床预测模型。

(5)以典型矿床综合地质图(≥1∶1万)为底图,编制典型矿床成矿要素图、预测要素图。

二、区域成矿规律研究技术流程

广泛搜集区域上与钼矿有关的矿床、矿点、矿化点的勘查、科研成果,按如下技术流程开展区域成矿规律研究。

(1)确定矿床的成因类型。
(2)研究成矿构造背景。
(3)研究控矿因素。
(4)研究成矿物质来源。
(5)研究成矿时代。
(6)研究区域所属成矿区(带)及成矿系列。
(7)编制区域成矿要素及成矿模式图件。

第二节 典型矿床研究

吉林省钼矿共选取永吉大黑山钼矿床,桦甸四方甸子钼矿床,靖宇天合兴铜、钼矿床,舒兰季德屯钼矿床,敦化大石河钼矿床,安图刘生店钼矿床,临江六道沟铜、钼矿床7个典型矿床,按成因类型分为斑岩型、石英脉型、矽卡岩型。

一、典型矿床特征

(一)永吉大黑山斑岩型钼矿床

1. 矿床特征

1)成矿地质背景及成矿地质条件

大地构造位置位于北叠加造山-裂谷系、小兴安岭-张广才岭叠加岩浆弧、张广才岭-哈达岭火山盆地区、南楼山-辽源火山盆地群、南楼山火山盆地内。

(1)地层。区内出露的地层主要有古生界头道岩组变质岩、中侏罗统南楼山组火山岩。头道岩组($\in t$)由一套浅中变质的斜长角闪岩、阳起石岩、黑云母硅质岩、透辉石角岩、黑色板岩及透镜状大理岩组成,岩石受构造破坏强烈,普遍具有蚀变现象。南楼山组($J_2 n$)为一套中酸性火山角砾岩、安山岩、英安岩及少量流纹岩等,见图4-2-1。

(2)构造特征。

a.褶皱构造:矿区头道岩组变质岩系构成一个北东东向倒转背斜,前撮落含矿复式岩体出露于背斜核部,在空间上受背斜控制。

b.成矿构造:矿区断裂构造主要有两组,一组为近东西向,是伴随早古生代褶皱生成的,晚三叠世以来再次活动,呈张性或张扭性特征;另一组为北北东向压扭性断裂带,在两组断裂交会处控制岩体产出部位,如长岗岭花岗闪长岩和前撮落不等粒花岗闪长岩岩体等。同时,两组断裂构造区控制角砾岩筒分布。

c.控矿构造:东西向断裂构造为控岩构造,也是控矿构造。矿体呈东宽西窄的"楔"形产出,在花岗闪长岩中东西向构造破碎带中形成角砾状钼矿石。北东向和北西向两组剪切面组成裂隙带,控制黄铁绢英岩化带和各种矿脉(体)形成。

d.成矿后构造:主要见有北西向、北东向两组扭裂面和近东西的张裂面,成矿后断裂虽然错断了矿体,但对整个斑岩矿床并无明显破坏作用。

e.侵入岩特征:区内出露的岩浆岩主要为燕山期花岗闪长斑岩与花岗闪长岩,花岗闪长斑岩呈不规则状侵入到花岗闪长岩中。有少量超基性岩及脉岩,产状较陡,分布较为广泛,呈北东向展布。

矿体主要赋存在花岗闪长岩及花岗闪长斑岩中,在矿区北侧花岗闪长斑岩与花岗闪长岩接触部位见隐爆角砾岩筒,其中花岗闪长岩及花岗闪长斑岩应为大黑山含矿复式岩体的一部分,见表4-2-1。

大黑山复式岩体与钼矿化,无论时间上、空间上还是成因上的关系都很密切,是斑岩矿床的寄生岩体。含矿岩体是多次侵入的复式岩体,呈椭圆形的北东东向展布。

2)矿体三度空间分布特征

大黑山钼矿是一个规模巨大的单一矿体。形态较简单,顶部被剥蚀。出露地表的矿体呈不规则的椭圆形,富矿部分居中,呈带状东西向展布。在空间上,富矿部分悬于矿体的中上部。矿体主要赋存于花岗闪长斑岩体及不等粒花岗闪长岩体中,斑岩体中上部花岗闪长斑岩几乎囊括了全部富矿,部分矿体已达斑岩体顶部围岩内。矿体的东南部延伸到下古生界头道岩组的变质基性火山岩中,但范围狭小。

主矿体长2000m,宽1600m,面积213km²,厚300~700m,呈带状东西向展布,倾向北西,倾角70°~80°。根据前人勘探资料中钼含量由高到低的指标,在含矿岩体中圈出3个环形等值线,其中内环钼含量大于0.08%,东西长约160m,南北宽140~320m,呈"哑铃"形;中环东西长约800m,南北宽约700m,呈"梨"形;外环呈直径1000m左右的圆形,剖面上呈柱状,矿体整体形态颇似"锅"形。矿体300m以上完全控制,500m达到基本控制,仅有3个钻孔达到600~700m,但均未控制矿体底部。自矿体中心

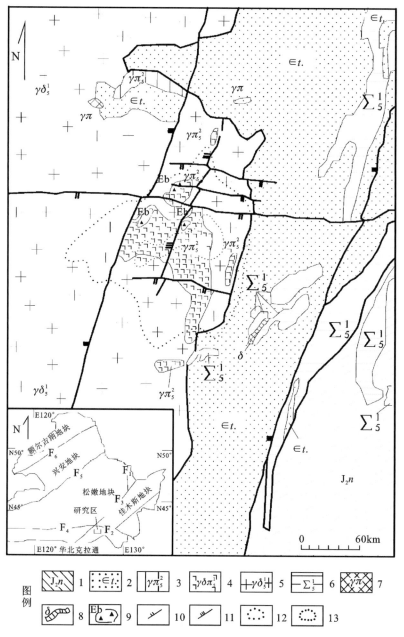

图 4-2-1 吉林大黑山钼矿矿区地质图

1.侏罗系南楼山组;2.下古生界头道岩组;3.晚侏罗世花岗斑岩;4.花岗闪长斑岩;5.花岗闪长岩;6.晚三叠世超基性岩;7.花岗斑岩脉;8.闪长岩;9.隐爆角砾岩;10.张性断层;11.压性断层;12.钼矿体;13.富钼矿体;F_1.牡丹江断裂;F_2.敦化-密山断裂;F_3.伊通-依兰断裂;F_4.两拉木轮-长春断裂;F_5.嫩江断裂;F_6.塔源-喜桂图断裂

向四周,矿化强度逐渐减弱。矿体与围岩、贫矿与富矿之间无明显界线,完全依靠工业指标来圈定。矿体主要产于石英钾长石化、石英绢云母化、黄铁绢英岩化等强蚀变带中,富矿分布在黄铁绢英岩化带及其附近的钾质带中。

在矿体顶部,尤其在富矿的顶部,常见有不等粒花岗闪长岩和少量头道岩组围岩角砾或捕虏体,表明矿化富集部位已超出斑岩体顶部,并伸入到围岩之中。Cu、Pb、Zn、Ag 等有益伴生元素多在矿体边部相对富集。

表 4-2-1 大黑山含矿复式岩体特征

特征	大黑山含钼花岗岩体			
	长岗岭黑云母花岗闪长岩	前撮落不等粒黑云母花岗闪长岩	前撮落花岗闪长斑岩	前撮落霏细状花岗闪长斑岩
地表形态	椭圆形	椭圆形	不规则状	新月形
规模	长 8km，宽 3.5km，面积 28km²	长 2.25km，宽 1.65km，面积 3.7km²	长 0.9km，宽 0.35km，面积 0.46km²	长 0.275km，宽 0.14km，面积 0.04km²
产状	南东侧伏,长轴方向：北东	倾向北西，倾角 80°，长轴方向:北东	倾向南，倾角 70°～80°，长轴方向:东西	倾向南，倾角 70°～80°，长轴方向:东西
岩石特征	斜长石（55%～70%）、石英（20%～25%）、钾长石（10%）及少量黑云母。半自形粒状结构、似斑状结构、局部斑状结构。块状构造	斜长石（40%～60%）、石英（20%～30%）、钾长石（5%～20%）、黑云母（3%）。具半自形粒状结构、不等粒似斑状结构。块状构造、局部碎裂角砾状构造	斑晶组成：斜长石（60%～70%）、石英（20%～25%）、钾长石（5%～25%）、黑云母（5%）。斑晶斑状结构、碎斑结构；基质半自形粒状结构、显微他形粒状结构、霏细结构。块状构造、角砾斑杂状构造	斑晶组成:主要成分是斜长石（60%～70%），其次是石英（20%～25%），钾长石（5%）、黑云母（5%）。斑晶斑状结构，局部碎斑结构；基质霏细结构。块状构造
副矿物组合	榍石-磷灰石-锆石-金红石-磁铁矿-黄铁矿	磷灰石-锆石-金红石-磁铁矿-黄铁矿组合	磷灰石-锆石-榍石-黄铁矿-金红石-磁铁矿	磷灰石-锆石-金红石-黄铁矿

石英钾长石化在地表出露范围较大,并与石英绢云母化带、青磐岩化带一起由中心向四周依次呈同心环状分布。综合以上这些现象,矿床剥蚀程度为中等。

3) 矿石物质成分及矿石类型

(1) 矿石物质成分。主要有用成分是钼,伴生的有益组分为铜、镓、铼、金。有害元素 P、S。

(2) 矿石矿物组合。金属矿物主要有黄铁矿、辉钼矿、硫铁矿,次有闪锌矿、黄铜矿、黝铜矿、白钨矿、方铅矿,微量的有磁黄铁矿、磁铁矿、钛铁矿、毒砂、硫铋铅矿、白铁矿、硒铅矿。氧化矿物有褐铁矿、孔雀石、白铅矿、钼铅矿、钼华。脉石矿物有石英、方解石、斜长石等。

(3) 矿石类型。自然类型:按矿石成分分为不等粒花岗闪长岩矿石、花岗闪长斑岩矿石,霏细状花岗闪长岩矿石和变质中基性火山岩矿石;按结构构造可分为浸染型矿石、细脉浸染型矿石、细脉型矿石和角砾状矿石。工业类型:氧化矿石和原生矿石。

(4) 矿石结构构造。矿石结构:叶片状结构、鳞片状结构、半自形粒状结构、他形粒状结构交代残余结构、揉皱结构、压碎结构。矿石构造:渗滤、扩散交代作用形成的构造为稀疏浸染状构造,充填作用所形成的构造为细脉状构造、微细脉状构造。

4) 蚀变特征

(1) 围岩蚀变。由于构造-岩浆-热液成矿体系发展演化的多期多阶段性及热液蚀变、矿化的叠加,造成了空间分布广泛、重叠范围大等十分复杂的蚀变和矿化。蚀变在空间上只有强度之别,而无质的差异。矿区内岩石普遍发育硅化、高岭土化、绢云母化蚀变,钾化、碳酸盐化蚀变不发育。蚀变与矿化关系密切,富矿体主要赋存在强蚀变带中。

(2)蚀变分带。主要可划分为以下 6 条蚀变带。

a. 石英核石英网脉带:以密集石英网脉和规模较大的石英似伟晶岩脉为特征,带中有数条长 150～300m 的、由石英似伟晶岩脉构成的、近东西向展布的石英核。

b. 石英绢云母化带:围绕石英钾长石化带和石英核-石英网脉呈环状分布。

c. 石英钾长石化带:由钾长石化、石英钾长石化、黑云母石英钾长石化组成,蚀变岩主要分布于花岗闪长斑岩体及外接触带不等粒花岗闪长岩中,在平面呈以花岗闪长斑岩为中心的近圆形分布,垂向上向花岗闪长斑岩中心的深部逐渐收缩。

d. 黄铁绢英岩化带:主要形成花岗斑岩体上部,呈近东西向展布,分布范围与富钼矿体出露范围相近。

e. 青磐岩化带:该带为矿床外侧蚀变带,环绕花岗闪长斑岩分布。

f. 氧化带:氧化作用显著,见有褐铁矿、孔雀石、钼华等,深度一般 20～30m,最深达 50m。

综上所述,花岗闪长斑岩为矿床主要成矿母岩,蚀变水平分带特征显示了斑岩型矿床成矿特点。矿体主要产于石英钾长石化、石英绢云母化、黄铁绢英岩化等蚀变叠加的强蚀变岩中,富矿分布在黄铁绢英岩化带及其附近的钾质带中。

5)成矿阶段

成矿阶段共分 3 期,为岩浆晚期、热液期(高—中温热液成矿阶段、中—低温热液成矿阶段)、表生期,见表 4-2-2。

6)成矿时代

前人测试黑云母花岗岩中的黑云母 K-Ar 同位素年龄为 354Ma。矿石中不同产状的辉钼矿 Re-Os 同位素等时线年龄为 (168.2 ± 3.2) Ma(李立兴等,2009),确定矿床的成矿时代为燕山早期。

7)成矿地球化学特征

(1)岩体岩石化学成分及岩石化学指数。表 4-2-3、表 4-2-4 反映出大黑山复式岩体随岩体侵入先后 SiO_2、K_2O 有逐步增高趋势,而 CaO 则趋于减少,中晚期两种斑岩中的 K_2O 明显高于国内同类岩石,表明随侵入活动时间推移、岩浆向酸碱方向演化。FeO 含量则随侵入时间推移逐渐降低,氧化系数(Ox)值在 0.5~0.6 之间变化,均高于黎彤值(0.43)和戴里值(0.40),说明岩浆侵位较浅,弱氧化环境中固结成岩的"DI"值递增表明岩浆深源分异作用强。各岩体在 AFM 三角图中的投点均落在钙碱性岩区,属钙碱性岩石组合。

(2)微量元素特征。区域上除范家屯组之外,其他地层的 Mo、W 等元素含量偏高,浓集克拉克值分别为 1.15～5.01、1.15～6.36。

大黑山含钼岩体围岩为下古生界头道岩组,富集元素有 Cr、Ni、Co(铁族)和 W、Mo(钨钼族)及 As、Sn、Mn 等,其中 Mo 为弱度富集,浓集克拉克值为 1.15～2.52,贫化元素有 Ba、Pb、Rb、Au 等。

矿区周围南楼山组富集元素有 W、Mo,As,其中 Mo 为强度富集,浓集克拉克值达 5.06,略高于长岗岭花岗闪长岩体。最老基底岩石(头道岩组变质岩)中 Mo 已有初步富集,其后,晚三叠世火山岩中 Mo 又有进一步浓集。矿区主成矿元素 Mo 和伴生元素 W、Cu、Pb、Ag、Sn、As、Te、U、Hf、Bi 十一种元素在含钼岩体中普遍得到富集,其中,W、Ag 与钼成矿关系密切。

(3)稀土元素特征。各期岩体稀土总量低于同类岩石(83.51×10^{-6}～135.42×10^{-6},均值为 112×10^{-6}),相当国内同类岩石的 45%。稀土模式曲线平行,按侵入岩体侵入时代推移其曲线依次下移,均无铕异常,明显向重稀土一侧倾斜,属轻稀土富集型,见图 4-2-2。

表 4-2-2 大黑山钼矿床成矿阶段表

矿物	岩浆晚期	热液期				表生期
	黑云母-钾长石-硫化物亚阶段	石英-钾长石-硫化物亚阶段	石英-水白云母-硫化物亚阶段	石英-碳酸盐-硫化物亚阶段	碳酸盐-萤石-硫酸盐,硫化物亚阶段	氧化阶段
黑云母	━━━━━					
钾长石	━━━	━ ━				
钠长石	━ ━ ━			━ ━		
磷灰石	━━━━━					
金红石		━━━━━━━━━				
石英	━ ━ ━ ━ ━ ━ ━ ━ ━ ━ ━ ━					
绢云母-水白云母		━ ━ ━	━ ━ ━			
水云母(伊利石)	━ ━ ━ ━ ━ ━ ━ ━ ━ ━ ━ ━					
蒙脱石		━ ━ ━				
绿泥石		━ ━ ━ ━ ━ ━				
绿帘石		━ ━	━ ━	━ ━		
钛铁矿	━ ━ ━					
磁铁矿	━━━					
黄铁矿	━━━━━━━━━━━				━	
磁黄铁矿	━━ ━━					
黄铜矿	━ ━ ━		━ ━			
斑铜矿	━ ━ ━		━ ━			
白钨矿		━				
辉钼矿	━━━ ━━━ ━━━					
闪锌矿			━ ━ ━ ━ ━			
方铅矿				━ ━		
白铁矿						
辉铋矿				━ ━		
自然金		━ ━ ━				
方解石		━		━ ━ ━ ━ ━ ━		
萤石					━ ━ ━	
重晶石					━ ━	
石膏					━	
沸石					━ ━ ━	
褐铁矿						━ ━
孔雀石						━ ━
钼铅矿						━ ━
钼华						━ ━

表 4-2-3 大黑山复式岩体化学成分表

地名	岩性	平均样数/个	化学成分含量/%											
			SiO_2	TiO_2	Al_2O_3	Fe_2O_3	FeO	MnO	MgO	CaO	Na_2O	K_2O	H_2O	P_2O_5
长岗岭	黑云母花岗闪长岩	7	68.09	0.52	15.62	1.93	1.90	0.06	0.63	2.73	4.54	2.48	1.30	0.31
前撮落	不等粒黑云母花岗闪长岩	22	68.78	0.52	15.55	1.99	1.67	0.03	0.78	2.21	3.99	2.84	1.59	0.12
前撮落	花岗闪长斑岩	7	68.25	0.59	15.48	1.69	1.60	0.04	0.90	1.75	3.55	3.26	1.83	0.12
前撮落	霏细状花岗闪长斑岩	2	71.41	0.45	14.50	1.59	0.88	0.02	0.66	0.75	4.46	3.45	1.07	0.05

表 4-2-4 大黑山复式岩体岩石化学指数表

地名	岩性	平均样数/个	岩石化学指数											
			δ/‰	TAO	Ox	FI	SI	DI	K/Na	K+Na/%	MF	LI	AR	ANKC	K/Si
长岗岭	黑云母花岗闪长岩	7	1.96	21.31	0.50	72.00	5.49	78.66	0.55	7.02	85.27	18.14	2.24	1.03	0.04
前撮落	不等粒黑云母花岗闪长岩	22	1.69	22.65	0.54	75.72	7.05	79.11	0.75	6.61	82.43	19.37	2.20	1.06	0.04
前撮落	花岗闪长斑岩	7	1.83	20.22	0.51	79.56	8.18	79.57	0.92	6.81	78.52	20.2	2.30	1.30	0.05
前撮落	霏细状花岗闪长斑岩	2	1.60	22.31	0.64	90.01	6.61	85.46	0.52	7.91	78.97	23.53	2.59	1.24	0.03

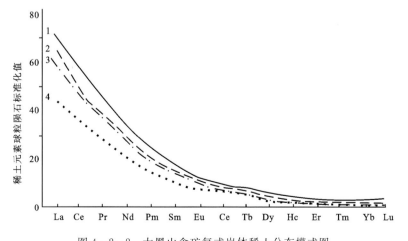

图 4-2-2 大黑山含矿复式岩体稀土分布模式图

1.长岗岭黑云母花岗闪长岩;2.前撮落不等粒黑云母花岗闪长岩;3.前撮落花岗闪长斑岩;4.前撮落霏细状花岗闪长斑岩

(4)硫同位素组成。矿床硫同位素 $\delta^{34}S$ 值变化于 1.0‰~2.5‰ 之间,平均值 1.33‰,变化范围很小,仅 1.5‰。这说明在成岩过程中没有引起硫同位素分馏,仍保持高温均一化特征。

根据硫同位素组成及变化特征,结合地质情况分析,$\delta^{34}S$ 值变化范围很小,仅 1.5‰,平均值 1.9‰。这说明硫来源于上地幔或地壳深部,与陨石硫很接近,在硫同位素组成频率图上呈"塔"形分布(图 4-2-3)。

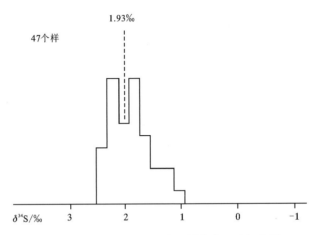

图 4-2-3 大黑山钼矿床硫同位素组成频率图

(5)氧同位素。在花岗闪长斑岩中采取两个全岩样品,在矿床不同蚀变、矿化阶段岩石中,采取 18 个单矿物样品,矿区的 $\delta^{18}O$ 均为正值(5.14‰~16.997‰),花岗闪长斑岩全岩 $\delta^{18}O$ 值为 8.44‰ 和 8.24‰。

各蚀变矿化阶段的氧同位素组成相对稳定,变化范围小。石英-钾长石化阶段,钾长石的 $\delta^{18}O$ 值为 9.49‰~9.92‰,极差 0.43‰,石英 $\delta^{18}O$ 值为 9.19‰~9.36‰,极差 0.17‰。黄铁绢英岩化阶段,石英 $\delta^{18}O$ 值 9.07‰~10.46‰,极差 0.69‰,绢云母 $\delta^{18}O$ 值为 7.77‰~5.14‰,极差 2.63‰。

经计算表明,在石英-钾长石化阶段,流体 $\delta^{18}O_w$ 平均值 5.5‰,接近岩浆水,但已偏离岩浆水,开始有地下水影响。黄铁绢英岩化阶段流体 $\delta^{18}O_w$ 平均值 2.69‰,进一步偏离岩浆水,地下水作用明显。主成矿阶段晚期流体 $\delta^{18}O_w$ 平均值 0.67‰,已有大量地下水掺入,而到晚期碳酸盐化阶段,流体 $\delta^{18}O_w$ 平均值 -4.85‰,地下水已占主导地位。

综上所述,在石英绢云母化阶段,有大量地下水加入,热流体对长石类矿物的水解作用明显增强,呈弱酸性的含矿热液中,钼离子开始从络合物中分离出来,并与 SO_2 水解出来的硫离子相结合,以 MoS_2 形式大量沉淀下来。以上物理化学条件为成矿提供必要因素。

8)成矿物理化学条件

(1)成矿温度。据包裹体测温资料,矿床的温度变化于 80~510℃ 的较大区间,主要成矿温度集中在 240~340℃ 之间。

(2)成矿压力。根据包裹体研究的成果估算,矿床的成矿压力大致变化于 100~1300Pa 之间,这样一个较大的变化区间,反映了成矿环境不是很稳定,即有时处于相对开放的条件,有时又处于封闭的条件。

(3)pH 值。主要蚀变矿化阶段的 pH 值在 5~5.5 之间,热流体呈弱酸性。

(4)包裹体特征。在成矿流体中,金属离子以络合物的形式迁移,矿液沸腾,流体处于高温条件,特别是处于临界、超临界时,这种络合物具较高稳定性,但随着温度降低和减压沸腾,其稳定性遭破坏,从而使金属硫化物沉淀。

9) 成矿物质来源

大黑山钼矿 δ^{34}S 为 1.0‰～2.5‰，平均 1.33‰，变化范围很窄，与陨石硫接近，从而认为其硫源为深部的岩浆分离体。成矿物质主要来源于幔源或下地壳；同时，在深部岩浆的上侵可能造成了老基底重融，从而导致部分地壳物质的加入。

10) 控矿因素

(1) 岩体控矿。花岗闪长岩、花岗闪长斑岩及霏细状花岗闪长斑岩岩体控矿。

(2) 构造控矿。东西向基底断裂和中生代北北东向断裂是矿区重要控岩、控矿构造，构造多次活动有利成矿。

11) 成矿模式

(1) 在吉中火山断陷盆地中，幔源安山岩浆经深部分异后在北北东向与东西向 2 组断裂交会处上侵，形成了大黑山 4 期岩体。

(2) 岩浆分异使晚期岩体中的钼含量增高，含矿花岗斑岩上侵。在岩浆固结成岩过程中，岩浆内聚集了大量挥发分，于岩浆侵位前造成隐爆，致使花岗闪长斑岩顶部形成崩塌角砾岩。

(3) 岩浆晚期—期后阶段，富含钾质水，高温气态为热流体上升，沿岩石粒间、空隙及构造裂隙进行了碱交代，形成面状钾长石化及黄铁矿化、辉钼矿、黄铜矿等浸染状矿化。

(4) 随着温度降低，地下水渗入，含矿流体由气态转化为液态，产生石英、绢云母化、黄铁绢英岩化等蚀变，辉钼矿开始沉淀出来，形成含钼石英脉，辉钼矿细脉-石英、硅酸盐-硫化物脉等各种含矿脉体，后期挥发分局部集中，压力增大，引起局部隐爆作用，形成规模不大的隐爆角砾岩筒。

2. 综合信息特征

1) 化探异常

(1) 矿区原生晕异常（图 4-2-4）。主成矿元素 Mo 在花岗斑岩体中异常反映最强烈，表明花岗斑岩体是钼矿的赋矿岩体。其次为 W、Sn、Cu，亦有较好的异常显示，可作为寻找钼矿的重要伴生指示元素。外侧围岩中的 Pb、Zn、Ag 异常可作为斑岩性钼矿的前缘指示元素。

(2) 矿区次生晕异常。Mo、W、Sn、Sr、Cu、Pb、Zn、As、Ag 异常好，其中 Mo、W 的离散程度最大，变异最明显，异常规模最显著，空间上套合完整；其次为 Sn、Sr。而 Cu、Pb、Zn、Ag 异常规模较小，呈"卫星"异常分布在 Mo、W 的外带。推测的元素水平分带为 Mo→W→Sr→Sn→Cu→Pb→Zn→Ag。

2) 地球物理特征

岩（矿）石标本密度测定指出，含矿的细粒斜长花岗斑岩、围岩中细粒斜长花岗岩和斜长角闪岩具有一定的密度差异。含矿岩体具有低密度的物理性质。

岩（矿）石标本电化学性质测定结果，矿化蚀变岩（矿）石视极化率 $\eta \approx 7.6\%$，而围岩 $\eta = 4.3\% \sim 6.7\%$，可见，矿石相对围岩电化学性偏高，存在一定的差异，主要与含有较多黄铁矿有关，为采用激电法间接找矿提供了依据。

矿区 1:1 万地面磁测和 1:2.5 万自然电位、大功率激电测量，以及剖面性的重力测量，在含矿岩体上均有不同程度的反映，重力、磁力出现负异常，自然电位和视充电率呈现高值异常，视电阻率为低阻反映，见图 4-2-5。

2) 遥感异常特征

矿区内线要素全部为遥感断层要素。环要素主要由中生代花岗岩类引起或由基性岩类引起，周围分布有与隐伏岩体相关的环形构造。色要素由绢云母化、硅化引起。钼矿床位于遥感环形构造集中分布区，遥感浅色调异常区。

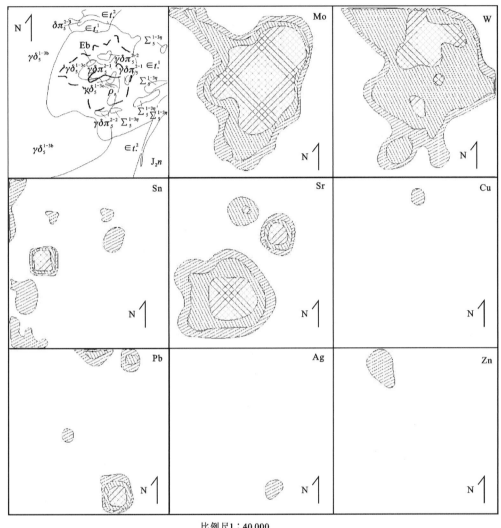

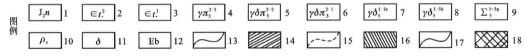

图 4-2-4 大黑山钼矿床元素土壤地球化学异常剖析图

1.南楼山组；2.头道岩组上段；3.头道岩组下段；4.花岗斑岩；5.霏细状花岗闪长斑岩；6.花岗闪长斑岩；7.不等粒黑云母花岗闪长斑岩；8.黑云母花岗闪长岩；9.超基性岩；10.伟晶岩；11.闪长岩；12.隐爆角砾岩；13.地质界线；14.异常外带；15.贫矿体界线；16.异常中带；17.富矿体界线；18.异常内带

3. 找矿标志

1) 蚀变标志

大黑山含矿斑岩体中心部位发育钾质蚀变岩、黄铁绢英岩，中细粒花岗闪长岩中绢英岩蚀变条带较发育，标志较为明显。在花岗闪长斑岩岩体上部有一个偏离矿化中心的石英核。

2) 角砾岩标志

在含矿岩体形成过程中，由于多组断裂频繁活动，在内接触带包裹较多围岩角砾，在斑岩体上部、边部隐爆角砾岩发育，它们是找矿的明显标志。

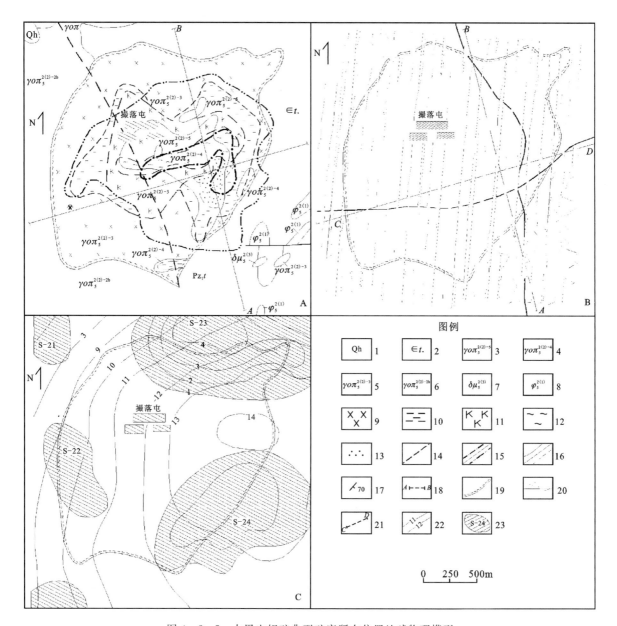

图 4-2-5 大黑山钼矿典型矿床所在位置地球物理模型

A. 地质平面图；B. 地磁平剖图；C. 视极化率背景异常及剩余异常等值线平面图

1.现代冲积层；2.头道岩组变质砂岩、千枚状板岩；3.霏细状斜长花岗斑岩；4.斜长花岗斑岩；5.细粒斜长花岗斑岩；6.中细粒斜长花岗斑岩；7.闪长玢岩；8.基性—超基性岩；9.弱绿泥石黄铁矿化带；10.石英-白云母化带；11.石英-钾长带；12.黄铁绢英岩化带；13.似传晶岩化带（石英核）；14.断层（虚线为推测）；15.富、贫钼矿边界；16.地质界线（虚线为蚀变界线）；17.层面产状；18.综合剖面位置；19.矿化岩体范围；20.磁法 ΔZ 曲线（纵坐标 1cm=1000nT）；21.重力 Δg 剖面曲线（纵坐标 1cm=1g.u.）；22.视极化率滑动平均异常等值线；23. η_s 剩余异常及编号

3）地球物理标志

在矿化岩体上有磁力、自然电位、重力负异常。在矿床围岩上磁力、自然电位和重力为环状正异常，η_s、ρ_s 为环状高值带。

4）地球化学标志

1:20万、1:5万化探异常明显，异常元素组合为 Mo、Cu、W、Ag、Sn、Pb。矿床原生晕异常元素为 Mo、W、Cu、Ag、Pb、Sn、Sr、Zn，主成矿元素异常位于组合异常中心。

5)自然重砂标志

矿床周围形成面积约 17.8km² 的 1~2 级白钨矿重砂异常,伴生矿物有钛铁矿、锆石、金红石、铬铁矿、黄铁矿及少量辰砂、自然金。

综上所述,大黑山斑岩钼矿具有明显的地质、地球物理和地球化学找矿标志,这些标志对区域斑岩钼矿床的找矿和预测工作具有一定的指导作用。

(二)桦甸四方甸子石英脉型钼矿床

1. 矿床特征

1)地质构造环境及成矿条件

该矿床位于东北叠加造山-裂谷系、小兴安岭-张广才岭叠加岩浆弧、张广才岭-哈达岭火山盆地区、南楼山-辽源火山盆地群。

(1)地层:矿区仅出露南楼山组,岩性为英安质晶屑岩屑凝灰岩、英安质凝灰岩,局部夹脉状英安岩,见图 4-2-6。

(2)岩浆岩:仅出露四方甸子侵入体,为含矿岩体。呈南北向展布,岩性中—细粒黑云母花岗岩,同位素年龄 177.35Ma。该岩体东缘与南楼山组英安质凝灰岩呈侵入接触,接触带走向近南北。

矿区内还见有少量黑云母石英闪长岩、钾长花岗岩、花岗斑岩等脉岩。

(3)构造:主要为断裂构造。

a. 成矿期断裂:门头砬子-东沟断裂为主要控矿构造,是区域北西向双河镇-桦甸断裂的次级构造,发育在四方甸子岩体中,带宽十几厘米至十几米,产状总体走向 350°左右,倾向 260°左右,倾角 60°~80°。断裂性质为张扭性,被后期石英脉充填,形成一组平行分布的石英脉带,具有较强的辉钼矿化,并富集形成了钼矿体。矿体规模、形态、产状严格受断裂控制。

b. 成矿后断裂:大致与成矿前断裂平行,断裂宽 0.3~1.9m,成矿后断裂对矿体影响不大。

2)矿体三度空间分布特征

矿体赋存于切穿黑云母花岗岩的门头砬子-东沟北北西向断裂中,共发现 7 条钼矿体,I 号矿体是主要工业矿体。主矿脉带断续延长约 2km,属热液石英脉型矿床。钼矿体呈脉状,透镜状产出。北西向展布。

Ⅰ号钼矿体矿体呈脉状,局部有尖灭再现、分枝复合的现象,但总体上呈连续的脉状,见图 4-2-7。矿体由南至北,控制总长度 3100 余米。南段矿体厚度在 0.8~8.0m 之间,北段矿体厚度在 0.4~5.33m 之间,属于较稳定矿体。矿体南段钻孔控制最大斜深 220m。矿体的产状完全受断裂控制。矿体的总体走向 340°~350°。倾向西 225°~272°,矿体南段倾角 44°~82°,矿体沿走向及倾向呈舒缓波状。

四方甸子岩体东部及北部有南楼山组地层覆盖,内接触带见地层残留体;岩体与地层出露标高相近。根据以上情况认为该矿床剥蚀深度较浅。

3)矿石物质成分

(1)矿石成分:矿石的有用组分单一,主要为钼,伴生有用元素含量低,目前无利用价值。

(2)矿物组合:金属矿物主要有辉钼矿,其次有少量黄铁矿,局部见有微量白铁矿及褐铁矿;脉石矿物主要为微细粒石英、隐晶质玉髓,其次为条纹长石、微斜长石,少量黑云母。

(3)矿石类型:以原生矿石为主。

a. 自然类型:石英脉型矿石、构造角砾岩型矿石、蚀变花岗岩型矿石。

b. 工业类型:氧化矿石和原生矿石。

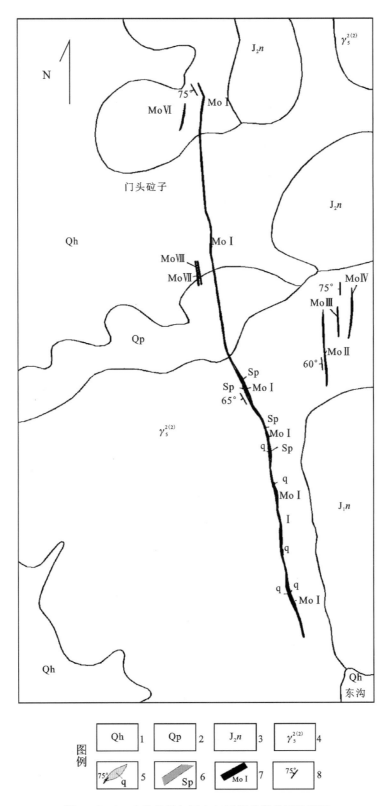

图 4-2-6　吉林省桦甸四方甸子钼矿床矿区地质图

1.河床、河漫滩砂砾石堆积及Ⅰ级阶地；2.Ⅱ级阶地，由亚黏土含少量碎石组成；3.英安质凝灰岩；4.黑云母花岗岩；5.石英脉（含钼）；6.硅化、高岭土化蚀变带；7.钼矿体及编号；8.产状

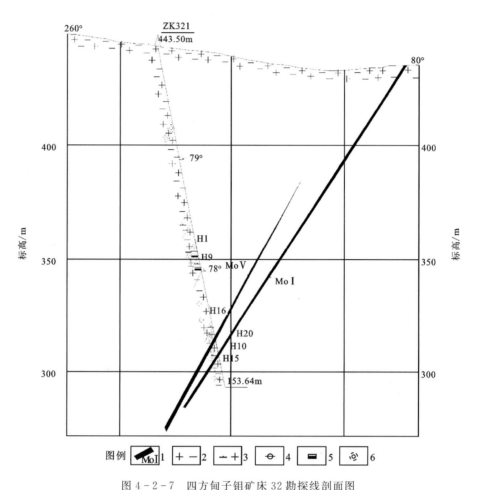

图 4-2-7 四方甸子钼矿床 32 勘探线剖面图

1.钼矿体及编号;2.黑云母花岗岩;3.花岗闪长岩;4.绿帘石化;5.辉钼矿化;6.硅化

(4)矿石结构构造。矿石结构:主要有自形—半自形粒状结构、半自形晶粒状结构、胶状结构。矿石构造:主要有稀疏浸染状构造、稠密浸染状构造、斑点状构造、细脉状构造、角砾状构造、块状构造等。

4)蚀变特征

围岩蚀变有硅化、高岭土化,局部钾化、绿泥石化。矿体围岩蚀变强度不同,蚀变带宽度不等。围岩蚀变特征:以石英脉为中心,两侧围岩发育宽度不等的蚀变带,靠近石英脉为硅化带,宽度一般为 0.1~2.00m,带内发育辉钼矿化石英细脉,局部富集成矿;向外为高岭土化带,宽 0.5~5.0m,最宽处可达 10m 左右,其次局部分布钾长石化、绿泥石化、黄铁矿化等。钼矿化主要与硅化关系密切。

5)成矿阶段

根据矿化蚀变、矿石结构、矿物的组合特征,将矿床的成矿划分为 2 个成矿期。

(1)热液期。无矿石英脉阶段,主要生成大量石英,无矿化;石英网脉阶段,生成矿物有石英、黄铁矿、辉钼矿,黄铁矿、辉钼矿呈稀疏浸染状分布于石英脉中。此阶段石英脉含矿性均较好,为主成矿阶段。

(2)表生期。由于风化淋失作用,原生硫化物矿物多氧化淋失,地表风化带内见有大量溶蚀孔洞或极少量钼华。

6)成矿时代

区内侵入岩主要为中—酸性岩石,侵入时代以燕山期为主,推测成矿时代为燕山期。

7）成矿物理化学条件

包裹体测温：辉钼矿单矿物爆裂温度为130～140℃。

8）成矿物质来源及矿床成因类型

矿石硫同位素测定$\delta^{34}S=-2.3‰$，与围岩同源，成矿物质来自上地幔或地壳深部。

根据成矿特征及物理化学等因素，四方甸子矿床成因类型确定为中—低温热液浸染状石英脉型钼矿床。

9）控矿因素

(1)岩体控矿。燕山期黑云母花岗岩体控矿。

(2)构造控矿。主要成矿控矿构造为双河镇-桦甸断裂的次级构造（门头碇子-东沟断裂）。

10）矿床形成及就位机制

来自深部物源区或上地幔的中酸性花岗岩类岩浆在演化过程中，与对流地下水和天水作用，使溶液冷却，含水的岩浆中分馏出具挥发组分的气体溶液，由超临界状态转变成热水溶液，Mo等主要成矿组分也于一定阶段自岩浆分馏析离出来，转移并保留在热液中，随着岩浆演化的进行，逐渐在热液中富集，含矿热液在花岗岩类围岩构造空间运移，溶液呈酸性—弱酸性条件下，当达到浅部的构造空间时，物理化学条件突变，络合物分解形成辉钼矿、石英沉淀，含矿物质沿与深大断裂平行的次级断裂或裂隙等成矿有利部位充填，形成平行分布的石英脉带。

2. 综合信息特征

赋矿的燕山期四方甸子酸性侵入岩体为1∶5万航磁异常低缓正异常，航磁化极异常为低缓负异常。

1∶20万化探异常元素为Mo、Cu、Pb、Zn、Ag、W、As、Sb，其中，Mo、W同心套合，Cu、Pb、Zn、Ag构成Mo的中带，Zn、As、Sb构成Mo的外带。异常轴与控矿构造一致。

3. 找矿标志

(1)燕山期中—酸性岩体，为直接找矿标志。

(2)双河镇-桦甸断裂的次级构造，为直接找矿标志。

(3)地表具有流失孔和钼华的石英脉分布区，为直接找矿标志。

(4)条带状分布的硅化、高岭土化蚀变带，为直接找矿标志。

(5)北北西向条带状分布的高极化率（$M_s>3.0\%$），中高阻（$\rho_s=2500\Omega$），为间接找矿标志。

(6)土壤Mo异常或钼高背景区，分布有水系沉积物、土壤、岩石测量Mo异常多处，为间接找矿标志。

（三）安图刘生店斑岩型钼矿床

1. 矿床特征

1）地质构造环境及成矿条件

该矿床位于东北叠加造山-裂谷系、小兴安岭-张广才岭叠加岩浆弧、太平岭-英额岭火山盆地区、老爷岭火山盆地群。

(1)地层。矿区内地层仅见有第四纪现代河流冲积物，均沿沟谷分布。

(2)侵入岩。主要为燕山期侵入的二长花岗岩和二长花岗斑岩。二长花岗斑岩体呈岩株状产出，为主要含矿、控矿岩体。矿区也见斜长花岗岩和闪长岩脉状小侵入体，是同源岩浆演化过程中，经深部分异多期脉动式侵入而形成的复式岩体与燕山早期二长花岗岩呈侵入关系，见图4-2-8。

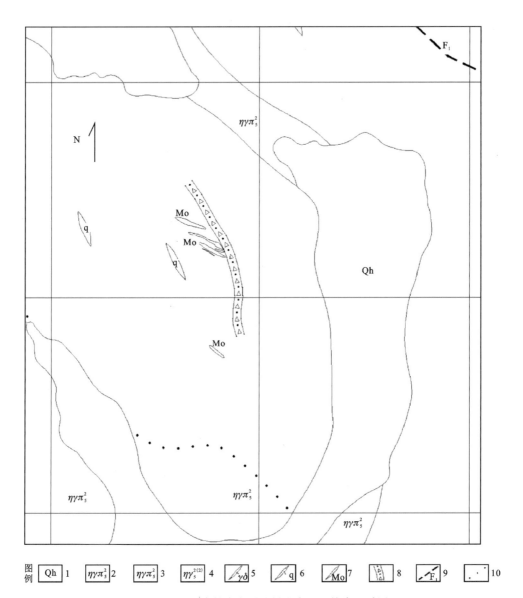

图4-2-8 吉林省安图县刘生店地区综合地质图

1.现代沟谷冲洪积砂、砾石;2.蚀变二长花岗斑岩;3.二长花岗斑岩;4.二长花岗岩;5.花岗闪长岩脉;
6.石英脉;7.钼矿体;8.断层破碎带;9.推测断裂带;10.蚀变岩分带界线

(3)构造。

a.成矿前构造:北西向牛心山-刘生店断裂构造属压扭性构造,控制含矿二长花岗斑岩体的侵位。

b.成矿期构造:北北西—北西西向裂隙,走向285°～350°,倾向北东,倾角30°～60°,宽0.5～6cm,密度3～4条/m,多数被含钼石英脉所充填;北东—北东东向裂隙,该组裂隙走向80°～85°,倾向南东,倾角70°～80°,宽0.8～1cm,最宽者可达2～3cm,密度3～4条/m,大部分被含钼石英脉所充填。

c.成矿期后构造:该区成矿期后断裂构造主要为F_1断裂带,走向300°～310°,倾向南西,倾角60°～65°,在地表出露宽度达40m,对矿体有一定的破坏作用。

2)矿体三度空间分布特征

区内已发现工业矿体7条、贫矿体3条,均赋存于二长花岗斑岩、石英-绢云母化带之中,矿体的展布方向受蚀变带控制。在空间上呈厚板状,矿体连续性较好,产状稳定、规模较大、矿化强弱呈过渡性变化,与矿体无明显的突变界线。

Ⅰ号矿体在空间上呈斜厚板状,在平面上呈板状,在剖面上呈厚楔状、似层状,倾向南西,倾角10°~17°,长600m,宽80~456m,厚8~89.41m。沿倾向,矿体赋存于550~780m标高,具分枝现象,见图4-2-9。

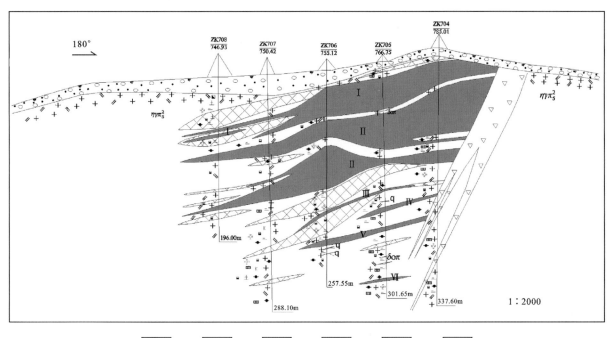

图4-2-9 安图刘生店钼矿床7号勘探线剖面图
1.残坡积层;2.二长花岗斑岩;3.破碎带;4.石英闪长斑岩;5.石英脉;6.花岗细晶岩;7.绢云母/黄铁矿化;8.辉钼矿化/褐铁矿化;
9.高岭土化/绿帘石化;10.硅化/钾长石化;11.钼矿体及编号(钼品位大于0.06%);12.钼贫矿体及编号(钼品位0.03%~0.06%)

Ⅱ号矿体在空间上呈斜厚板状,在平面上呈板状,在剖面上呈香肠状、条带状,倾向南西,倾角10°~17°,长600m,宽80~471m,厚5~83.93m,沿倾向矿体赋存于466~736m标高,具分枝现象,见图4-2-10。

3)矿石物质成分及矿石类型

(1)矿石物质成分。主要有用组分为Mo。常见元素有Mg、Zn、Cu、Mn、Fe、Ti、Pb、V、Co,其中Mg、Mn、Zn含量最高。Mo与S呈正相关趋势,与其他元素关系不明显。

(2)矿石类型。石英脉型。

(3)矿物组合。主要金属矿物为黄铁矿、辉钼矿、黄铜矿。脉石矿物以石英、绢云母、水白云母、伊利石、绿泥石为主,钾长石、方解石等次之。

(4)矿石结构构造。矿石结构有碎裂结构、鳞片粒状变晶结构。矿石构造有细脉浸染状构造、块状构造、网脉状构造。

4)蚀变特征

围岩矿化蚀变主要有硅化、绢云母化、高岭土化、黄铁矿化、辉钼矿化、绿泥石化、碳酸盐化、褐铁矿化。其蚀变具面型分带现象,由内向外可划分为石英-绢云母化带和泥化带。

石英-绢云母化带:位于矿区的中部,呈椭圆状北西方向展布,长2650m,宽250m,主要有硅化、绢云母化、高岭土化、黄铁矿化及辉钼矿化。在平面上由内向外逐渐减弱,在垂向上由地表向深部逐渐增强,

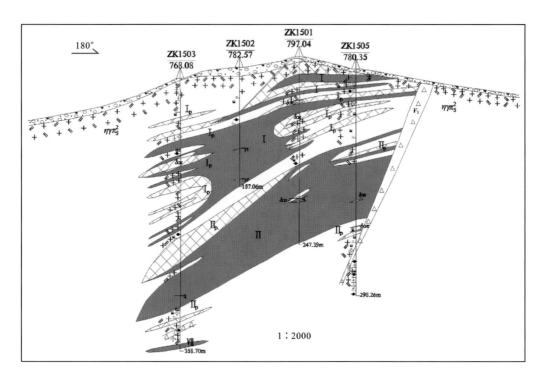

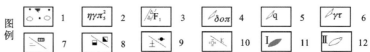

图 4-2-10 安图刘生店钼矿床 15 号勘探线剖面图

1.残坡积层;2.二长花岗斑岩;3.破碎带;4.石英闪长斑岩;5.石英脉;6.花岗细晶岩;7.绢云母/黄铁矿化;8.辉钼矿化/褐铁矿化;9.高岭土化/绿帘石化;10.硅化/钾长石化;11.钼矿体及编号(钼品位大于 0.06%);12.钼贫矿体及编号(钼品位 0.03%~0.06%)

带内含钼石英细脉和辉钼矿细脉较发育,钼品位随含脉率而变化,总体上看矿化与蚀变强度呈正相关关系,钼矿体就赋存于此带之中。

泥化带:该带分布于石英-绢云母化带外侧,呈"月牙"状绕其展布,蚀变强度从里至外逐渐减弱,并过渡到二长花岗斑岩。该带主要由高岭土化、绿泥石化及碳酸盐化和褐铁矿化所构成。

5)成矿阶段

矿床划分为 3 个成矿期,4 个成矿阶段,见表 4-2-5。

6)成矿时代

推测成矿时代为燕山期。

7)物质成分来源

成矿岩浆和成矿物质主要来自上地幔,并同化少量下地壳物质而形成的混合岩浆,经分异演化而成。

8)矿床形成及就位机制

受太平洋板块俯冲作用影响,燕山早期中酸性二长花岗斑岩等岩浆侵入活动频繁,在岩浆演化、上升冷却过程中,从含水的岩浆中分馏出具挥发组分的气液,由超临界状态转变成热液,钼、铜、钨等主要成矿组分自岩浆分馏析离出来,从结晶的岩浆中残留下来,转移并保留在热液中,随着岩浆不断演化,逐渐在热液中富集,在岩浆演化期后形成含矿热液。热液在花岗岩类围岩构造空间运移时,温度较高阶段生成黑云母、钾长石及硫化物,中低温阶段发生绢云母化、硅化等。这种蚀变作用的结果是在矿化岩体的顶部形成具有明显分带的面状型蚀变。成矿物质在搬运过程中呈络合物 Mo^{4+} 状态出现,在搬运过程中多呈 Mo-S、Mo-Si、Mo-F 络合物形式存在。随着温度降低,在溶液呈酸性—弱酸性条件下,络合物分解形成辉钼矿、石英沉淀,并与相伴生沉淀的黄铜矿、黄铁矿等一起构成矿体。这种多期次岩浆活动和面状蚀变分带,具典型斑岩型成矿特点。

表 4-2-5 成矿阶段及矿物生成顺序表

矿物	岩浆晚期	热液期		表生期
		岩浆气流液体-岩浆水热液-岩浆水与地下水混合热液		
	黑云母-钾长石-硫化物阶段	石英-绢云母-硫化物阶段	碳酸盐-硫化物阶段	表生阶段
黑云母	——— ——			
钾长石	——	—— ——		
磷灰石	—	— —		
石英		———————	— —	
绢云母		————		
绿帘石	— —		— —	
黄铁矿	—————————————————			
黄铜矿		—		
辉钼矿	- - -	———————		
方解石			————	
褐铁矿				—
钼华				—

2. 地球化学和地球物理异常特征

1:20 万水系沉积物测量 Mo 异常具有二级分带,与 Mo 异常空间套合紧密的元素有 W、As、Au、Ag、Pb、Zn、Na_2O、K_2O。其中,W、As 与 Mo 呈同心套合状,Au、Ag、Pb、Zn、Na_2O、K_2O 的异常浓集中心分布在 Mo 异常的外带,构成较复杂元素组分富集的叠生地球化学场。1:1 万土壤测量 Mo 异常亦有较好的显示,呈带状分布,具有 2 个较明显的浓集中心,北西向延伸的趋势,Mo 矿体即分布在浓集中心内。

矿区位于 1:5 万航磁异常带(C-76-97)内,异常呈北西方向展布,异常强度一般为 $100\sim460\gamma$,反映出弱磁性花岗岩体特征。钼矿体与围岩之间存在较明显的物性差异,钼矿体具低阻-高极化率特征。低阻由断裂构造所致,高极化率由蚀变岩引起。

3. 找矿标志

构造标志:超壳层深断裂构造带附近的斑岩体分布区是发现钼矿的最佳靶区,是找矿的区域性标志。
直接找矿标志:燕山早期二长花岗斑岩;具有面状蚀变特征和分带现象。

地球化学标志:区内1∶20万钼元素化探异常,为间接找矿标志。

地球物理标志:矿区处于弱磁性分布范围,反映弱磁性花岗岩特征,为间接找矿标志。

(四)龙井天宝山东风北山斑岩型钼矿床

1. 矿床特征

1)地质构造环境及成矿条件

该矿床位于晚三叠世—新生代东北叠加造山-裂谷系、小兴安岭-张广才岭叠加岩浆弧、太平岭-英额岭火山盆地区、罗子沟-延吉火山盆地群。处于北东向两江断裂与北西向明月镇断裂带交会部位东侧,天宝山中生代火山盆地南侧。

(1)地层。主要为古生界震旦系青龙村群,其岩性主要为眼球状长英片麻岩、黑云母长英片麻岩夹大理岩及酸性火山岩,大理岩、板岩、千枚岩;其次为中生界三叠系托盘沟组,其岩性主要为流纹岩、安山质凝灰岩、流纹质凝灰岩、英安质凝灰岩、凝灰岩等,见图4-2-11。

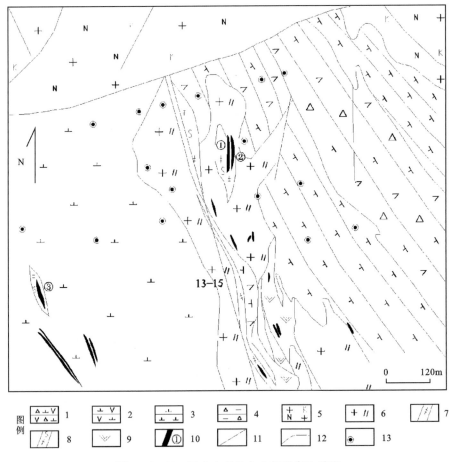

图4-2-11 天宝山东风北山钼矿床地质图

1.安山质凝灰角砾岩;2.安山质凝灰岩;3.安山岩;4.绢云母长英角岩;5.斑状二长花岗岩;6.花岗闪长岩;7.石英脉;8.石英片理化带;9.透辉石石榴石矽卡岩;10.矿体及编号;11.断层;12.地质界线;13.竣工钻孔

(2)侵入岩。区内岩浆活动频繁,海西期、印支期、燕山期均有活动,印支期和燕山期岩浆岩与成矿关系密切。主要岩性为角闪辉长岩、闪长岩、花岗闪长岩、黑云母花岗岩、斑状二长花岗岩、钾长花岗岩、花岗斑岩、细粒花岗岩,表现为中性→中酸性→酸性的演化特点,呈岩基、捕虏体产于矿区内。

(3)构造。以断裂构造为主,其次为接触带构造,矿化与构造关系密切。主要以天宝山主沟断裂、南阳洞断裂、银洞财断裂、九户洞断裂为主,呈北西向。是区内重要的控岩、控矿构造。另外还有头道沟断裂、陈财沟断裂、胡仙堂断裂等,呈北东东向,与北西向断裂相交会,构成了矿区等距离"格子状"构造骨架,是成矿有利的构造型式。其交会部位控制矿床展布。

2)矿体三度空间分布特征

该矿床主要为伴生,独立矿体较少。花岗闪长岩与斑状二长花岗岩为赋矿岩体,也为矿体主要围岩。天宝山矿区东风北山钼矿床共圈出96条矿(化)体。其中43号、17号、52号、57号、33号、86号、87号、88号矿体为主矿体,Ⅰ号、Ⅱ号、Ⅲ号矿带、矿(化)体受北西向石英片理化带,即石英细脉带和东西向斑状二长花岗岩与花岗闪长岩接触带控制。两组构造的交会部位形成矿(化)体富集区段,矿体形态多为脉状,其次为扁豆状。矿长100～300m,厚2.2～1029m,走向325°～350°,倾向南西,倾角50°～65°,见图4-2-12。

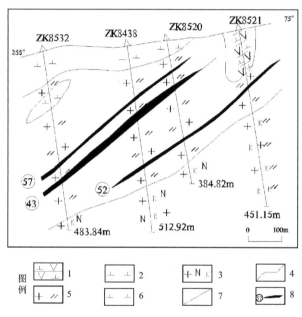

图4-2-12 东风北山钼矿区29勘探线地质剖面图
1.安山质凝灰岩;2.石英闪长斑岩;3.斑状二长花岗岩;4.地质界线;5.花岗闪长岩;6.细粒闪长岩;7.断层;8.矿体及编号

3)矿石物质成分

(1)矿石物质成分。矿石中Mo为主要有用组分,伴生有Cu、Pb、Zn、W、Sn、Bi及Au、Ag等。

(2)矿石类型。矿石类型为细脉浸染状矿石。氧化矿石分布于矿体的地表浅部,原生矿石分布于距地表20m以下的细脉浸染状矿石中。

(3)矿物组合。金属矿物有辉钼矿、黄铜矿、闪锌矿、方铅矿、黄铁矿、磁黄铁矿、磁铁矿、毒砂等,呈细脉状、细粒星点状分布于石英细脉带、石英片理化带中。脉石矿物主要有石英、透辉石、绿泥石、绿帘石、沸石、方解石等。

(4)矿石结构构造。矿石结构主要有半自形、他形粒状结构,自形鳞片状结构等。矿石构造主要有浸染—细脉浸染状构造、细脉—网脉状构造、薄膜状构造、充填胶结状构造。矿石组构特征反映该矿床具有多期热液成因特征。

4）蚀变特征

围岩蚀变主要有钾化、硅化、绿泥石化、绿帘石化、绢云母化、沸石化、碳酸盐化、高岭土化等。矿体附近硅化、钾化、绿泥石化蚀变作用强烈，与矿化关系密切。

5）成矿阶段

成矿可分为岩浆晚期、热液期、表生期。

(1) 岩浆晚期：温度约400～500℃，集中在斑岩体顶部及不等粒花岗闪长岩中。形成浸染状的磁铁矿、钛铁矿、黄铁矿、黄铜矿、辉钼矿等金属矿化。

(2) 热液期：成矿热液与地下水混合，温度470℃以下，以气态为主转为液态。形成浸染状辉钼矿、黄铁矿、黄铜矿等。该矿化并不是一次而成，而是经历了多次矿化作用，并在矿体的中上部叠加富集成高品位矿段。为主成矿期。

(3) 表生期：矿床表生成矿作用甚微，无次生富集现象。矿物组合褐铁矿、孔雀石、钼铅矿、钼华。

6）成矿时代

成矿时代为中侏罗世，含矿岩体K-Ar年龄为185Ma（彭玉鲸等，2009）。

7）地球化学特征

微量元素特征：天宝山东风北山矿区岩石中Mo微量元素特征表现为矽卡岩含量最高，火山岩次之，侵入岩较低，其中各岩性Mo含量分别为碎斑状花岗岩0.50×10^6、花岗闪长岩3.75×10^6、斑状二长花岗岩4.83×10^6、细粒花岗岩2.58×10^6、石英闪长斑岩4.17×10^6、火山岩6.31×10^6、矽卡岩88.64×10^6（高岘生等，2012）。矿区斑状二长花岗岩和石英闪长斑岩中钼的质量分数较高，分别高出克拉克值的4～5倍，说明成矿与上述两岩体具密切的成因联系。而火山岩和矽卡岩中质量分数较高的原因，推测为是受后期矿化影响所致。

硫同位素特征：天宝山东风北山钼矿床采集金属硫化物硫同位素样品11件，硫同位素组成变化为$-1.1‰\sim28‰$，$\delta^{34}S$平均值为$1.46‰$，接近陨石硫的特征。东风北山钼矿床硫同位素组成稳定，变化范围窄，具有幔源物质$\delta^{34}S$变化小的特点，但$\delta^{34}S$较典型幔源物质的$\delta^{34}S$值（$\delta^{34}S=0.63‰$）高1个数量级，应为地壳深部$\delta^{34}S$，说明本区矿石中的硫主要来源于上地幔。

8）成矿物理化学条件

矿石中石英包裹体用均一法测温，70件样品测试结果显示，大部分温度值集中于250℃、290℃、350℃和380℃，其中，以290℃为主，最高为490℃，属中高温热液矿床。这说明矿床成矿地质环境不稳定，反映出多期热液叠加成矿特征，可以推测本矿床是在中高温状态下形成的。

流体包裹体测试资料显示，成矿流体呈中性略偏酸性，说明成矿属还原环境，硅质增加的条件下沉淀富集。

9）物质来源

根据同位素、微量元素和矿体特征，成矿物质主要来自深部岩浆，成矿热液则是大气降水和岩浆水组成的混合水。

10）矿床形成及就位机制

来自深部的中酸性花岗岩类岩浆，在上升过程中与对流地下水和天水作用，钼等主要成矿组分自岩浆分馏析离出来，保留在热液中，随着岩浆演化逐渐在热液中富集，沿构造薄弱环节上升，在岩浆热液晚期，当物理化学条件发生变化时，络合物分解形成辉钼矿、石英在北东向和近东西向构造内沉淀，形成矿床。

2. 综合信息特征

天宝山东风北山钼矿床区域上处于总体呈北西西向、"之"字形展布的重力梯度带中段上。

天宝山东风北山钼矿处在大面积1:5万航磁负磁场区中的一条不明显北西向线性梯度带上,西部、南部、东部各有1处走向不同、形状略有差异的椭圆状局部负磁异常。负磁异常区与燕山期酸性侵岩体分布有关。

1:20万化探矿区具有二级Mo异常分带,异常强度不高。与Mo空间套合紧密的元素有W、Bi、Au、Cu、Ag、Pb、Zn、As、Sb、Hg。其中W、Bi与Mo呈同心套合状,Au、Cu、Ag、As、Sb、Hg构成Mo的中带,Pb、Zn、As、Sb、Hg主要构成Mo异常的外带。

(五)舒兰季德屯斑岩型钼矿床

1. 矿床特征

1)地质构造环境及成矿条件

该矿床位于东北叠加造山-裂谷系、小兴安岭-张广才岭叠加岩浆弧、张广才岭-哈达岭火山盆地区、南楼山-辽源火山盆地群。

(1)地层。区内仅出露有古生界二叠系杨家沟组,主要岩性为含砾砂岩、黑灰色粉砂岩、细砂岩、板岩。

(2)侵入岩。主要为燕山期似斑状二长花岗岩、花岗闪长岩、斜长花岗岩。似斑状二长花岗岩、石英闪长岩是含矿岩体。脉岩主要为花岗斑岩,见图4-2-13。

《吉林省舒兰市季德屯钼矿勘探报告》认为矿区出露花岗岩类属印支期,吉林地质志岩体同位素年龄为170Ma(U-Pb法)左右,张勇(2013)测得季德钼矿二长花岗岩U-Pb年龄为(170.9±0.83)Ma。与之相近的福安堡二长花岗岩为170Ma左右(李立兴等,2009)。由此推测季德屯侵入岩为燕山早期。

(3)构造。

a.控矿构造:主要为北西向,倾角70°~80°的一条断裂带(F_1),长大于800m,宽一般几十厘米至几米,沿走向有分枝复合,性质为压扭性。矿化热液沿该组构造形成石英脉、石英网脉,尤其在断裂面附近极为发育,远离构造面呈浸染状矿化。

b.容矿构造:主要为上述断层及岩体冷凝时产生的节理裂隙等,沿上述构造裂隙发育有石英脉、石英网脉等,贯穿于各类岩石中,具有多期活动之特征。

c.成矿后构造:叠加在控矿的北西向构造(F_1)上。带内岩石、矿石均有不同程度的破碎,破碎强烈处呈碎块状、泥状。沿断裂两侧矿体虽然破碎,对矿体无明显破坏。

2)矿体三度空间分布特征

矿体赋存在似斑状二长花岗岩和石英闪长岩中。矿体地表总体呈椭球状,长轴方向北西29°~300°。

目前矿体最大延深已控制为344m,最大厚度大于185.8m,剖面上矿体总体呈稳定的分枝状、似层状、近水平状产出。控制矿体最长1300m,最宽1210m。长度、深度、厚度目前均未完全控制。蚀变以面状蚀变为特征,并发育萤石化(可能为后期脉状蚀变)。辉钼矿呈细脉浸染状、脉状。

矿体与围岩没有明显的界线,呈渐变过渡关系。矿体围岩与夹石均为似斑状二长花岗岩及石英闪长岩。

矿体中部比较完整,夹石较少,向外逐渐变薄,夹石逐渐变多变厚。相邻见矿工程和相邻剖面矿体连续性较好。断层两侧矿体连续性较好,成矿后构造活动不明显,对矿体连续性无明显影响。

3)矿石物质成分及矿石类型

(1)矿石物质成分。矿石主要有用组分为Mo,伴生WO_3。

(2)矿石类型。有蚀变岩型、石英脉型、构造角砾岩型。

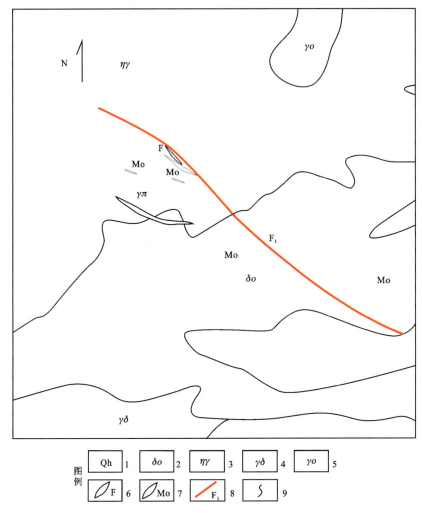

图 4-2-13 舒兰季德屯钼矿床地质图
1.第四系;2.石英闪长岩;3.似斑状二长花岗岩;4.花岗闪长岩;5.中细粒斜长花岗岩;
6.萤石矿体;7.钼矿体;8.断层;9.地质界线

(3)矿物组合。金属矿物主要为辉钼矿、黄铁矿、磁铁矿、闪锌矿,少量黄铜矿、方铅矿、磁黄铁矿。脉石矿物主要为碱长石、斜长石、石英、黑云母及角闪石等。

(4)矿石结构构造。矿石结构:主要为似斑状结构、斑状结构、半自形粒状结构、碎裂结构等。矿石构造:主要为细脉状、稀疏浸染状,局部稠密浸染状、网脉状、斑点状及团块状、块状构造。

4)蚀变类型及分带性

围岩矿化蚀变主要有硅化、钾长石化、绿帘石化、高岭土化、绢云母化、云英岩化,其次可见黄铁矿化、辉钼矿化、黄铜矿化,各种蚀变相互叠加无明显分带性。与成矿关系密切的围岩蚀变主要有硅化、萤石化、钾长石化等。围岩蚀变既有典型的高温蚀变-云英岩化,也有中—低温蚀变硅化、钾化、绢云母化、萤石化等,总体中温蚀变较强,反映主成矿期应以中温为主。

硅化(石英化),与矿体紧密伴生,含矿石英细脉、网脉及大脉发育地段往往是钼矿体的赋存部位,是矿区主要蚀变类型。而且蚀变越强矿化越好。

5)成矿阶段

(1)热液期(主成矿期)。燕山早期富含成矿物质的岩浆和气液流体上侵,含矿岩浆上升过程中造成负压环境,引发大气降水和地下水参与循环,温度从高温向中温变化,携带大量成矿物质的流体沿构造薄弱地带迁移、聚集、富集,形成了含钼石英网状脉状斑岩型矿体。

(2)表生期。主要形成褐铁矿、钼华。无钼的次生富集。

6)成矿时代

张勇(2013)测得季德钼矿辉钼矿 Re-Os 年龄为(168±2.5)Ma,表明该矿床形成于燕山期。

7)成矿物理化学条件

(1)辉钼矿属中温的产物,矿体的高温—中温围岩蚀变均有出现。

(2)弱酸性还原环境。

8)物质成分来源

张勇(2013)研究认为,斑岩型钼矿的成矿物质主要来源于岩浆热液。

9)成因类型及成矿就位机制

燕山早期似斑状二长花岗岩和石英闪长岩为控矿岩体。构造破碎带既为容矿构造,也为控矿构造。

在燕山早期大规模侵入杂岩形成的晚期,本区成矿元素大量聚集,成矿物质相对集中,为本区成矿提供了良好的前提条件。

似斑状二长花岗岩、石英闪长岩的侵入,使早期成矿物质再次活化,并与本期形成的大量硅质及碱质残余岩浆汇合,使成矿物质进一步迁移、聚集。

燕山早期期后的斜长花岗岩、花岗斑岩等的侵入,弱酸性还原环境、高温向中温变化等因素使成矿物质再次活化,并与以前形成的大量硅质及碱质残余岩浆汇合,一同携带大量成矿物质沿构造薄弱地带迁移、聚集、富集成矿。

燕山早期富含成矿物质的岩浆和气液流体上侵,大量的岩体侵入提供了足够的成矿物质来源及能量,导致地壳发生小规模熔融。含矿岩浆上升造成负压环境,引发大气降水和地下水参与循环,温度从高温向中温变化,围岩中矿物质活化,在本区成矿有利部位——北西向的构造破碎带及其附近就位,形成矿床。分析认为,矿床成因类型属斑岩型钼矿床。

2. 地球物理、地球化学特征

矿床处于早三叠世斑状二长花岗岩产生的1∶25万重力低局部异常边缘。

矿床处于在1∶5万航磁平静负磁场之中。

矿区1∶5万、1∶20万化探及1∶1万土壤 Mo 元素异常较好,异常均有不同程度的元素组合分带。主元素 Mo 面积大且具浓集中心,Cu、Pb、Zn、Ag 等元素异常多分布在 Mo 异常的边部。

(六)靖宇天合兴斑岩型铜、钼矿床

1. 矿床特征

1)地质构造环境及成矿条件

该矿床位于晚三叠世—新生代构造单元分区:华北叠加造山-裂谷系、胶辽吉叠加岩浆弧、吉南-辽东火山盆地区、柳河-二密火山盆地区,见图 4-2-14。

(1)地层。矿区出露的地层主要有太古宙表壳岩及新近纪河谷冲洪积物。

太古宙表壳岩为一套深变质岩系,均呈大小不等的残片或捕房体广泛分布于太古宙变质花岗岩中。主要有斜长角闪岩、角闪斜长片麻岩夹少量磁铁角闪石英岩等,原岩为基性熔岩、火山碎屑岩及硅铁质建造。黑云变粒岩、浅粒岩、黑云斜长片麻岩夹少量磁铁石英岩和斜长角闪岩。原岩为中酸性火山岩及碎屑沉积建造。

(2)侵入岩。主要有阜平期花岗质岩类和燕山晚期酸性斑岩或次火山岩。

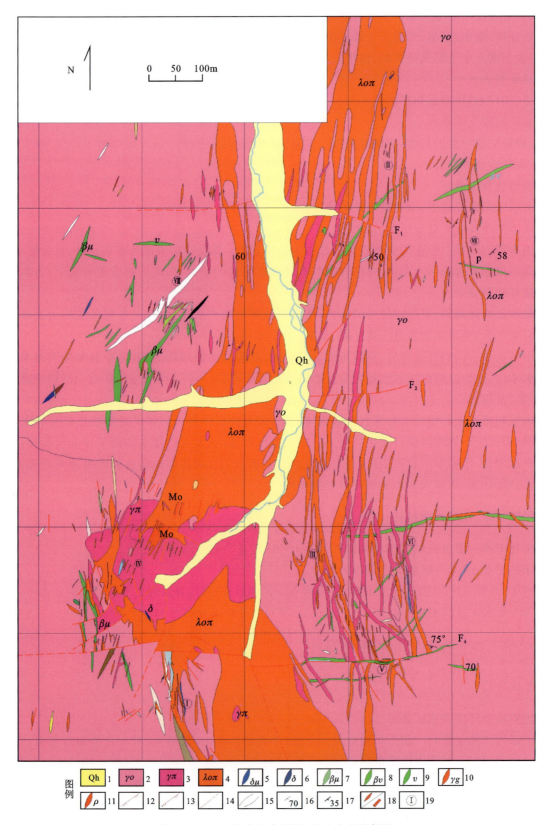

图 4-2-14 靖宇天合兴铜、钼矿成矿要素图

1.第四系;2.斜长花岗岩;3.花岗斑岩;4.石英斑岩;5.闪长玢岩;6.闪长岩;7.辉绿玢岩及辉绿岩;8.辉长辉绿岩;9.角闪辉长岩;10.侵入角砾岩;11.伟晶岩脉;12.压性断裂;13.压扭性断裂;14.实测及推测性质不明断裂;15.地质界线及斜长花岗岩相变界;16.地质产状;17.片麻理产状;18.Cu 矿化带、Mo 矿化带;19.矿化带编号

阜平期花岗质岩类:岩石类型以奥长花岗岩为主,同时见有英云闪长岩和花岗闪长岩等。

燕山晚期酸性斑岩:矿区内主要为天合兴复式岩体。以石英斑岩为主,常呈分枝复合或发育平行支脉,脉长几十米至几百米,总体走向近南北。按岩性和相对侵入关系,天合兴复式岩体划分为4次侵入岩。第一次侵入岩为花岗斑岩,主要出露矿区南部Ⅳ号矿带,呈小岩株状受东西向及北东向、北西向断裂控制,岩体可划分出内外部相;第二次侵入岩为石英斑岩,是纵贯矿区的主要岩体,呈岩墙状及岩脉状产出,走向近南北,受那尔轰-天合兴断裂带控制;第三次侵入岩为花岗斑岩,分布广泛,但主要出露在Ⅲ号矿带,呈脉状,走向北北西和近南北;第四次侵入岩为花岗斑岩,主要分布在Ⅲ号、Ⅴ号矿带,呈脉状,走向北西。

在矿区南部Ⅲ号、Ⅳ号矿带分布有隐爆角砾岩,呈脉状及不规则状,规模小,一般长20~30m,宽1~3m。角砾成分有花岗斑岩、石英斑岩、奥长花岗岩、闪长玢岩等。角砾呈棱角状、次棱角状及浑圆状等。胶结物主要有热液蚀变矿物绿泥石、鳞片状黑云母、绢云母、萤石等。

另外,燕山期中基性岩脉发育,主要分布在天合兴、石人沟一带,多受北东向及南北向断裂的控制。

(3)构造。矿区处于近南北向那尔轰背斜的核部偏西,东西向和南北向构造的交会部位,褶皱与断裂构造错综复杂。

基底构造:区域结晶基底经历了多次区域变质、变形及岩浆侵入改造,形成一系列的相似平卧褶皱,晚期的花岗质岩浆以底辟侵入为特征,造成表壳岩重熔岩浆而地壳薄弱带侵入形成花岗岩穿隆。矿区内的那尔轰-天合兴韧性剪切带糜棱岩化普遍发育,沿片理面有大量的同构造期的岩浆脉体贯入。基底断裂构造在早期深层次塑性变形的基础上逐渐地演化为浅层次脆性变形,是在地质历史演化中继承和发展起来的复杂构造。

燕山期构造:主要为东西向、南北向、北东向、北西向及北北西向、北北东向脆性断裂构造。东西向、南北向构造是主要的控岩、控矿断裂构造。

2) 矿体三度空间分布特征

矿区矿化面积大,矿体分布广且比较零散。矿区共有115条矿体,包括18条钼矿体,矿体呈脉状、透镜状、似层状产出,多产于石英斑岩、花岗斑岩、辉绿辉长岩中。矿化一般以浸染状或细脉浸染状分布。钼矿体主要分布在Ⅳ号矿带中。Ⅴ号矿带与Ⅳ号矿带特征相似,主要伴生元素为Mo、Cu、Pb、Zn、Ag,从东到西明显分带,见图4-2-15。

钼矿主要产于Ⅳ号矿带,大部分为独立矿体,长900m,宽400m,总体走向北北东,倾向东,倾角50°~70°。该带内有27条矿体断续分布,其中钼矿体16条。

3) 矿石物质成分及矿石类型

(1)矿石物质成分。矿石有用组分以钼为主,伴生铜。

(2)矿石类型。自然类型为硫化矿石。工业类型为石英-铜矿建造和石英-钼矿建造。

(3)矿物组合。矿石矿物主要有黄铜矿、斑铜矿、黝铜矿、辉铜矿、辉钼矿,次有闪锌矿、方铅矿、铜蓝、黄铁矿、磁黄铁矿、辉银矿、斜方辉铅铋矿、毒砂、白铁矿、钛铁矿、磁铁矿、自然金、自然铋、银金矿、孔雀石、蓝铜矿、褐铁矿;脉石矿物有长石、石英、绿泥石、绿帘石、黑云母、绢云母、角闪石、萤石和方解石等。

(4)矿石结构构造。矿石结构:主要有自形—半自形粒状结构、他形粒状结构、固溶体分解结构,次有显微粒状结构、交代结构、交代残余结构、包裹共生结构。矿石构造:稀疏浸染状构造、浸染状构造、脉状构造、细脉浸染状构造、角砾状构造、斑点状构造。

4) 蚀变特征

(1)蚀变期次。矿区由于受到多期次的构造运动和岩浆改造叠加,蚀变类型复杂,但总体蚀变不强,分带不明显。燕山期斑岩体的侵入过程早期以碱质交代作用为主,形成钾长石化、黑云母化及钠长石的交代。中期以钾质交代的继续和水解作用的发生为主,形成石英-水云母化、黑云母退色为白云母,石

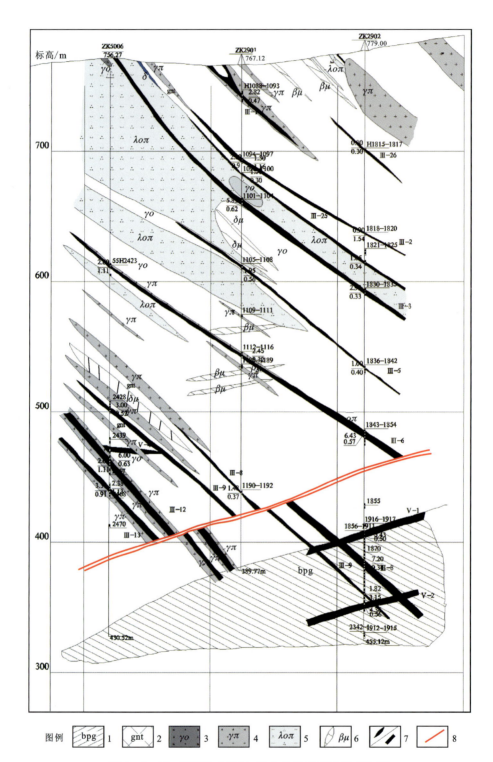

图 4-2-15 靖宇天合兴铜、钼矿矿区 37 勘探线剖面图

1.黑云斜长片麻岩；2.变粒岩；3.斜长花岗岩；4.花岗斑岩；5.石英斑岩；6.辉绿玢岩及辉绿岩；7.Cu、Mo 矿化带；8.断层

英-绿泥石化,伴有硫化物的沉淀。晚期以水解作用为主,以岩石的泥化为特点,伴有少量的硫化物矿化作用。

（2）蚀变类型。

硅化：发育在斑岩体及其围岩中,以热液硅质交代为主,次有硅质细脉、网脉,少数为玉髓及细粒石英。在矿区的Ⅲ号矿带和Ⅳ号矿带之间形成强硅化带。

绢云母化：分布广，主要分布在中等硅化带及近矿围岩中。

绿泥石化：多发育在中—基性岩脉或奥长花岗岩及变质岩中。

高岭土化：晚期蚀变水解作用形成，主要为斜长石、钾长石表面的高岭土化，或发育在断裂破碎带中。

其次还有碳酸盐化和萤石化，分布局限。

（3）蚀变与矿化。矿区的蚀变主要特点是南部为面型蚀变，北部为线型蚀变区。南部面型蚀变略显分带状，即中心以钼矿化为主，伴有铜矿化，是高—中温阶段的产物。向外渐变为铜、铅锌矿化，是中—低温阶段的产物。在酸性斑岩接触带，则以线型蚀变为特征，矿化主要与石英绢云母化、黑云母化、绿泥石化关系密切，硫化物以黄铜矿为主并伴有黄铁矿化。

5）成矿阶段

根据矿石中金属矿物的共生组合特点，结晶生成顺序、矿石的结构构造等特点，将该矿床划分为2个成矿期。

（1）热液成矿早期。

第一成矿阶段：主要以铜矿成矿为主。矿物组合为黄铜矿、黄铁矿、磁黄铁矿、闪锌矿、辉银矿等。受东西向构造裂隙控制，呈细脉状及团块状分布于岩石中，如Ⅴ号、Ⅵ号矿带。

第二成矿阶段：以钼矿化为主，铜钼组合，与石英斑岩关系密切。矿物组合为黄铁矿、辉钼矿、黄铜矿、闪锌矿、锐钛矿等，呈浸染状、细脉浸染状分布于石英斑岩和花岗斑岩中。该阶段矿化活动主要受北东向构造裂隙控制，如Ⅳ号矿带。

第三成矿阶段：主要以铜矿成矿为主，次有铅锌矿化，与第二期花岗斑岩关系密切。矿物组合为黄铜矿、斑铜矿、闪锌矿、方铅矿、黄铁矿、磁黄铁矿、毒砂等，呈浸染状、细脉浸染状及细脉状分布于岩石中。该阶段矿化活动主要受南北向、北北东及北北西向构造控制，如Ⅱ号、Ⅲ号、Ⅶ号矿带。

第四成矿阶段：为贫硫化物-碳酸盐阶段，是原生矿化作用最后阶段，矿区各带均有显示，尤以Ⅲ号、Ⅴ号矿带较明显。

（2）表生期：主要是由于构造运动使矿体或矿化体抬升至出露地表，经风化、淋滤作用后，硫化物氧化形成次生矿物孔雀石、蓝铜矿、黑铜矿及褐铁矿等。

6）成矿时代

矿床的成因类型为斑岩型，根据矿床的赋存空间和控矿因素推测成矿时代为燕山期。

7）微量元素地球化学特征

（1）岩石化学特征：燕山晚期酸性斑岩岩石化学成分具有富Si，低Fe、Al_2O_3，贫CaO、MgO、TiO_2等特点。$Al_2O_3 > CaO + K_2O + Na_2O$，为铝过饱和系列，极少数为正常系列。碱质成分含量较高，多数在8%左右，最高达9.2%；斑岩的分异指数高，DI为86.8～92.4。固结指数SI低，为2.2～5.0。表明岩石分异程度高，基性程度低。氧化系数一般为0.10～0.29，说明岩浆是在离地表较深、相对较封闭的环境下形成的。各岩石的SiO_2/K_2O+Na_2O比值变化不大，反映它们是同源的产物。矿区岩石的里特曼指数σ为0.8～3.0，为钙碱性岩系。

（2）微量元素特征：据陶胜辉等（2000）区域上龙岗岩群变质岩中Cu含量相对较高，石英斑岩和花岗岩中Cu含量相对较低。其他元素在不同岩石中的含量变化不大，见表4-2-6。矿区内各岩石中主要成矿元素含量明显的增高，特别是在酸性斑岩中，与矿区外围岩体对比富集更加明显，与控矿和赋矿特征一致，见表4-2-7。

表 4-2-6　靖宇天合兴铜、钼矿床成矿元素含量表　　　　　　　　　　　　（单位：×10⁻⁶）

项目	样品数	Cu	Pb	Zn	Ag	Mo
奥长花岗岩	119	24.62	12.68	35.21	0.09	1.04
碱长花岗岩	29	14.14	14.40	40.29	0.10	0.99
石英斑岩	97	9.75	21.96	56.32	0.12	1.18
龙岗岩群变质岩	85	34.22	11.30	55.7	0.11	1.22
侏罗系	18	12.5	30.39	57.94	0.12	1.05

表 4-2-7　靖宇天合兴铜、钼矿床成矿元素含量表　　　　　　　　　　　　（单位：×10⁻⁶）

项目	酸性斑岩					奥长花岗岩	变辉长辉绿岩	变粒岩
	$\lambda\pi$	$\gamma\pi_1$	$\gamma\pi_2$	$\gamma\pi_3$	平均值			
Cu	1 491.0	1 421.99	1152	736.25	1 200.31	3 875.0	1 071.9	193.8
Pb	38.0	93.5	64.95	11.5	48.26	6.50	26.75	33.50
Zn	175.52	1 241.9	184.4	76.3	534.28	28.8	276.75	52.5
Ag	3.62	2.70	2.4	1.45	2.33	3.0	11.4	10.7
Mo	24.93	10.26	39.92	6.37	17.64	36.9	6.29	2.68

由此推测，成矿物质主要来源于石英斑岩、花岗斑岩岩浆。

8）控矿因素

（1）斑岩控矿。从上述矿体的赋存空间、围岩性质、成矿阶段可以看出，的铜钼成矿主要受控于燕山晚期的石英斑岩及花岗斑岩，中酸性的岩浆活动为区域的成矿提供了成矿物质。以浸染状或细脉浸染状分布于石英斑岩、花岗斑岩及辉绿岩脉中或边部及构造裂隙中的铜、钼矿体，实质上是燕山期中酸性岩浆所带来的成矿物质在不同空间部位的就位，早期的变质花岗岩、辉绿岩脉本身对成矿没有控制作用。

（2）构造控矿。从矿区岩体的空间分布、蚀变矿化特征分析，区域上的近南北向的继承性构造它不但控制了区域的构造岩浆活动，而且控制了含矿流体的运移和就位空间，因此，区域上的南北向构造带是导岩、导矿、储矿的主要构造。

2. 地球化学和地球物理特征

1∶20 万化探 Mo 异常具有二级分带，与 Mo 套合紧密的元素有 Cu、Pb、Zn、Ag、Bi，显示中—高温的组合特征。1∶5 万化探 Mo 异常三级分带清晰，浓集中心明显，轴向近南北，与 Mo 套合紧密的元素有(Cu)、Pb、Zn、Ag、As、Sb、Hg，显示中—低温的组合特征。

矿床处于北北东向近椭圆状 1∶25 万重力低局部异常的北东部内侧，位于剩余重力低异常的中部。总体处于呈北东走向的"S"形，1∶5 万航磁梯度带的转折端上。北矿段处于转折处低磁场区内侧，南矿段处于转折处高磁场区外侧的负磁场区一侧。

(七)敦化大石河斑岩型钼矿

1. 矿床特征

1)地质构造环境及成矿条件

该矿床位于东北叠加造山-裂谷系、小兴安岭-张广才岭叠加岩浆弧、张广才岭-哈达岭火山盆地区、南楼山-辽源火山盆地群。

(1)地层。主要为震旦系二合屯组的二云片岩、黑云片岩、白云片岩、绢云片岩等是钼矿床的主要赋矿围岩,见图4-2-16。

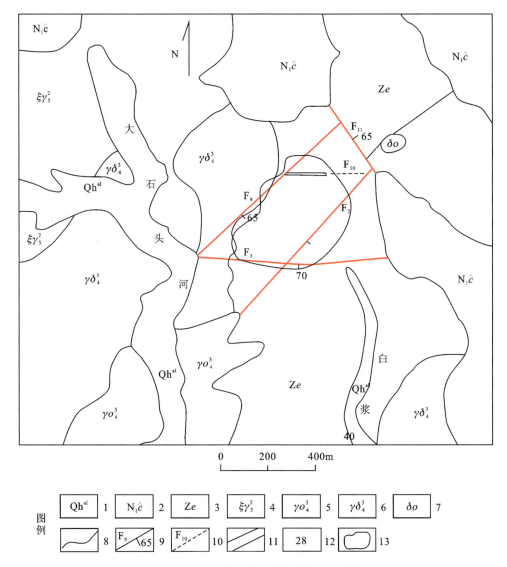

图4-2-16 敦化市大石河钼矿区地质图

1.第四系全新统;2.船底山组;3.二合屯组;4.碱长花岗岩;5.斜长花岗岩;6.花岗闪长岩;7.石英闪长岩;8.地质界线;9.实测断层;10.推测断层;11.构造破碎带;12.地层产状;13.矿体分布范围

(2)侵入岩。燕山早期以似斑状花岗闪长岩、斜长花岗岩为主;燕山晚期为碱长花岗岩、花岗闪长斑岩、辉石角闪岩、角闪辉石岩、闪长岩及少量中酸性脉岩等。燕山早期似斑状花岗闪长岩侵入于震旦系二合屯组浅变质岩底部，与钼矿成矿关系密切。地表及浅部钼矿体主要产于浅变质岩系中，少量赋存于花岗闪长岩中。

(3) 构造。矿区内褶皱构造为一复式背斜，出露较完整，南东翼较宽，其产状总体倾向南东，倾角40°～60°，倾角变化较大。西北翼总体产状倾向北西，倾角30°～60°，遭受燕山期花岗闪长岩侵入和断层的破坏，该翼北东端被玄武岩所覆盖。

a. 成矿前构造：大道岔-西北岔断裂构造。它是青背乡-团山子乡断裂带在矿区出露的一部分。呈北东向穿过矿区，倾向南东，倾角50°～60°，受其影响岩石普遍发育片理化现象，同时控制了矿区内侵入岩和脉岩的分布，是矿区内主要导矿构造。矿区控制断裂长800m，宽10～30m，具有压扭性构造特征。

b. 成矿期构造：隐爆角砾岩筒，由于深部侵入岩体的上侵就位，岩浆挥发分上升聚集并隐爆，在地层内形成了网脉状裂隙角砾岩筒，明显反映出岩石震裂特征为岩石中不仅发育有大量的片理，而且见有较多的劈理，有利于含矿溶液运移和富集，由品位变化特征可知，高品位区段主要分布于裂隙较发育的中心部位，经过对钻孔中劈理的统计，中心部位可达4～5条/m，宽度变化较大，一般为10～20cm，矿体在空间上呈陀螺状展布并包裹于该喇叭筒内，因此隐爆角砾岩筒是区内主要容矿构造。

c. 成矿期后构造：F_{11}北西向断裂，发育于矿区北东部，为张性断裂，走向140°，产状近于直立，由于规模较小对矿体影响较弱。

2) 矿体三度空间分布特征

本矿区的上部矿体赋存于二合屯组片岩内，在深部则赋存于似斑状花岗闪长岩顶部，在平面上矿体呈椭圆状，在剖面上矿体呈巨厚层状，在三度空间矿体呈陀螺状，其中Ⅰ-1号钼矿体为主矿体，连续性好，中心部位矿体厚大，外侧具有分枝现象。其他矿体呈小块零星分布于主矿体外侧，矿体规模小。目前探明的钼矿体主要赋存于似斑状花岗闪长岩顶部及其围岩（二合屯组片岩）中，并在似斑状花岗闪长岩内部（深部）显示良好的找矿远景。

(1) Ⅰ-1号钼矿体。矿体主要赋存于石英-绢云母化蚀变带内，含矿围岩主要为片岩，次为闪长岩和花岗岩。该带控制长900m，宽750m，矿体走向70°～80°，倾角近水平。厚100.76～377.47m。矿体连续性好，中心部位矿体厚，且品位高，外侧具有明显的分枝现象，品位逐渐降低，特别是低品位矿均分布在矿体外侧的石英脉中。钼矿体被后期侵入的闪长玢岩等细脉穿切破坏，但对矿体的破坏程度较弱，总体上仍保持矿体形态的完整性，矿体赋存标高300～707m，见图4-2-17、图4-2-18。

(2) Ⅰ-2号钼矿体。位于Ⅰ-1号钼矿体的下部，矿体厚度变化较大，一般厚8.23～170m，平均厚40～50m，矿体中夹石较多，矿体出露标高一般在130～300m之间，矿体赋存于片岩、闪长岩和花岗岩及各种脉岩之中，矿体中见有少量后期脉岩，对矿体有一定的破坏作用，但影响甚弱，见图4-2-17、图4-2-18。

3) 矿石物质成分及矿石类型

(1) 矿石物质成分。矿石有用组分主要为Mo，且矿石中Mo与S呈正相关关系。

(2) 矿石类型。自然类型主要为石英网脉浸染的片岩型。

(3) 矿物组合。主要金属矿物是辉钼矿，矿石中还可见少量黄铁矿、闪锌矿、磁黄铁矿、黄铜矿、方铅矿等。另外，少量铜矿物呈乳滴状包在闪锌矿中。脉石矿物以碱长石、斜长石、石英、黑云母为主，脉石矿物质量分数占矿石质量的98%以上，有少量金属矿物。

(4) 矿石结构构造。矿石结构：主要为自形粒状结构、半自形—他形粒状结构、叶片状结构，其次为交代残余结构、固溶体分离结构、镶边结构。矿石构造：以浸染状构造和网脉状构造为主，局部见有团块状构造。浸染状矿化多分布于似斑状花岗闪长岩内。

4) 蚀变特征

围岩的主要蚀变类型为硅化、钾化、云英岩化、绢云母化和绿帘石化，蚀变特征反映以中—高温为主。

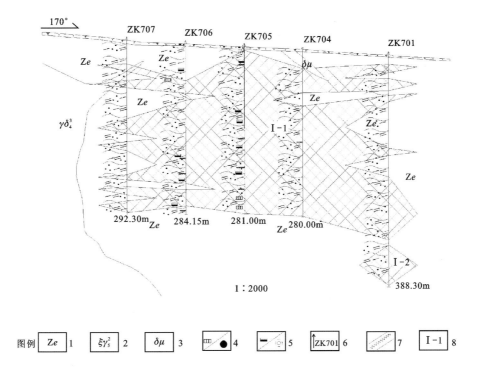

图 4-2-17 大石河钼矿区Ⅰ号矿段 7 号勘探线地质剖面图
1.二合屯组;2.燕山早期碱长花岗岩;3.闪长玢岩脉;4.黄铁矿化/黄铜矿化;5.辉钼矿化/硅化;
6.钻孔及编号;7.石英脉;8.矿体及编号

蚀变具明显分带现象,由内向外主要为石英-绢云母化带和绿泥石化带。钼矿体主要赋存于石英-绢云母化带之中。蚀变与矿化紧密相伴,具有正相关关系。

(1)石英-绢云母化带。该带位于矿区中部二合屯片岩中,椭圆状近东西展布,主要有硅化、绢云母化、高岭土化、黄铁矿化及辉钼矿化。蚀变不均匀,地表圈定矿体较困难,具有由中心向外不均匀减弱特征,带内深部含钼石英脉及网脉较发育,辉钼矿化、黄铁矿化、绿泥石化、云英岩化、绢云母化较强,距地表 11m 以下 Mo 品位明显增高,显示矿化与蚀变强度呈正相关关系,蚀变由里向外水平分带和网脉发育为斑岩型钼矿典型特征。

(2)高岭土-绿泥石化带。该带分布于石英-绢云母化带外侧,带宽变化较大,与带内无明显界线,主要有硅化、黄铁矿化、高岭土化、绿泥石化组成。强度由内向外逐渐减弱。

5)成矿阶段

按照矿石矿物共生组合、结构、构造、蚀变特征及相互穿插关系,把成矿过程划分为热液期和表生期。热液期的第三阶段是主成矿阶段,见表 4-2-8。

6)成矿时代

5 件辉钼矿样品 Re-Os 同位素测年,加权平均年龄为 (186.7 ± 5)Ma(鞠楠,2012)。大石河钼矿形成于中侏罗世,属燕山早期大规模钼矿成矿作用的产物。

7)成矿物理化学条件

富液相流体包裹体(86 个)均一温度集中于 $140\sim220$℃。盐度 $2\%\sim6\%$。缺少高盐度区包裹体,与矿体产于斑岩体顶部围岩中有关。

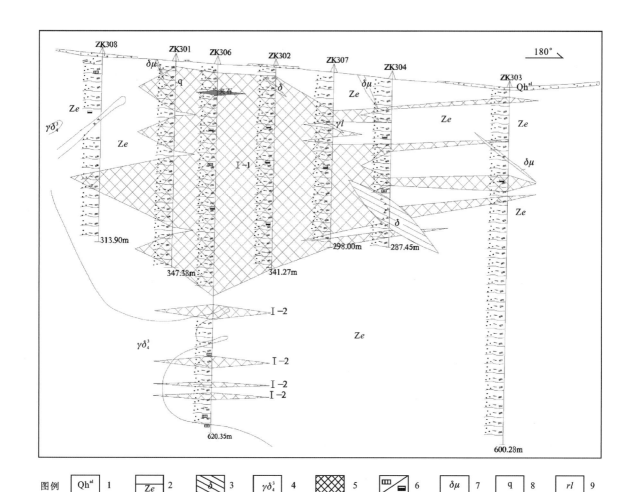

图4-2-18 大石河钼矿区Ⅰ号矿段3号勘探线地质剖面图

1.第四系全新统;2.二合屯组;3.闪长岩;4.海西晚期花岗闪长岩;5.钼矿体;6.黄铁矿化/辉钼矿化;7.闪长玢岩脉;8.硅化;9.花岗细晶岩

8)控矿因素及成矿机制

(1)控矿因素。矿区位于区域性构造敦化-密山深断裂西北侧,张广才岭北东向隆起带上,为东西向、北东向、北西向3组断裂构造的交会部位。构造不但是储矿空间,而且经多期的构造活动,还能使分散有益元素活化、迁移,富集成矿,是元素迁移的驱动力。因此,构造是区内重要控矿因素。目前所发现的钼矿体,均产在深大断裂次级断裂内。岩浆活动为钼矿体形成提供成矿物质与热源。二合屯组一套低变质的片岩是钼矿床的主要赋存层位,也是近矿围岩。

(2)物质来源。大石河钼矿中5件辉钼矿样品中Re含量较低,为$(3.549\sim4.362)\times10^{-6}$,指示成矿物质为壳源。Os含量为$(10.85\sim13.25)\times10^{-9}$,Re含量$<20\times10^{-6}$,Os$<26.4\times10^{-9}$,也证明了成矿物质来源于地壳重熔岩浆。

(3)成矿机制。燕山早期受区域构造的影响,深部含钼似斑状细粒花岗岩闪长岩、二长花岗岩顺断裂复合部位上侵就位,岩浆分异形成的大量挥发分沿构造断裂带薄弱环节上侵,较发育的片理形成了大量网状裂隙,为矿床提供了容矿空间。深部岩体中含矿溶液沿裂隙不断向上运移,最终聚集成矿。深部岩浆多次侵入,持续分异,含钼热液沿着断裂破碎带充填形成网脉状富钼矿体。岩浆结晶分异过程中的气水-热液携带的钼元素是矿床的重要成矿物质来源。

表 4-2-8 大石河钼矿床矿物生成表

主要矿物	矿化期阶段				
	热液期				表生期
	第一阶段 隐爆阶段	第二阶段 富钼矿化阶段	第三阶段 黄铁矿—石英阶段	第四阶段 碳酸盐阶段	(氧化淋滤)
石英	——				
黑云母	—				
白云母	—				
绢云母	—				
石榴子石	—				
绿泥石	—				
磁铁矿	—				
辉钼矿		——			
黄铁矿		—	—		
磁黄铁矿		—			
黄铜矿			—		
闪锌矿			—		
方解石				—	
褐铁矿					—
钼华					
矿石构造	浸染状	浸染状、脉状	浸染状、脉状	脉状	土状、团块状
矿石结构	半自形	半自形、叶片状	半自形、粒状	半自形、粒状	

3. 找矿标志

(1) 构造标志。一是具备控制区域钼矿化的断裂带(二级构造);二是具有与二级控矿断裂相配套的次一级断裂交会部位。

(2) 侵入岩条件。酸性侵入岩是钼矿主要成矿物质来源,本区域不同钼矿化类型(石英脉型、浸染型)均与酸性侵入岩有关。并且燕山早期的酸性侵入岩与本区域钼矿化有直接的成因联系。其主要依据是本区域绝大多数的钼矿(点)均分布于燕山早期酸性侵入岩或其接触带上;区域燕山期酸性侵入岩中的钼背景含量和与钼矿化相伴生的元素含量明显高于其他侵入岩。

(3) 蚀变标志。硅化、绿泥石化、绢云母化、云英岩化等是本矿区唯一直接指示矿化的蚀变标志。

(4) 地球化学标志。大石河钼矿区Ⅰ号矿段与区域不同类型的钼矿化异常元素组合基本一致,其主要异常元素有 Mo、W(Cu)、Bi、As、Pb、Zn、Ag 等,其中 Mo、W(Cu)、Bi 元素构成了成矿及近矿指示元素,指示矿化蚀变带的分布范围,As、Ag、Pb、Zn 等元素构成前缘指示元素。通过大石河钼矿及区域已知钼矿床异常元素水平分带特征分析得知,由 Mo、W(Cu)、Bi 元素组成内带,As、Ag、Pb、Zn 等元素组成外带,其矿床异常元素水平分带特征是本区域重要的钼矿床地球化学标志。

4. 地球化学、地球物理特征

在 1:20 万和 1:5 万化探 Mo 异常分布较好,分布较为集中,呈大面积分布,异常值较高。岩石的极化率和电阻率变化较大,反映矿区内岩性不同和矿化蚀变强度变化较大。

(八)临江六道沟矽卡岩型铜、钼矿

1. 矿床特征

1)地质构造环境及成矿条件

该矿床位于华北叠加造山-裂谷系、胶辽吉叠加岩浆弧、吉南-辽东火山盆地区、长白火山盆地群。

(1)地层。矿区主要地层为古生代结晶灰岩,大理岩,角页岩,见图4-2-19。

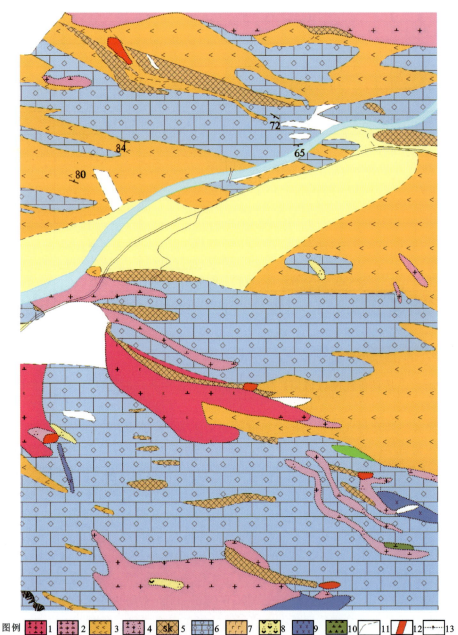

图4-2-19 临江六道沟铜、钼矿地质图(1∶10 000)

1.钾长石化花岗闪长岩;2.花岗闪长岩;3.角闪岩;4.花岗闪长斑岩或闪长斑岩;5.矽卡岩;6.厚层结晶灰岩;7.玄武岩;8.石英正长斑岩石英斑岩;9.基性岩脉:辉绿岩、角闪岩、黄斑岩;10.闪长岩;11.实测、推测整合岩层界线;12.矿体;13.接触性质不明

中生代火山岩分布于矿区北西、南东两侧。分布面积较广,总体呈近东西向展布,倾向分别为北西及南东,倾角20°～40°,下部为碎屑岩及中性火山岩,上部为中酸性火山岩。

(2)岩浆岩。区内燕山期岩浆喷发-侵入活动十分频繁。

喷出岩:辉石安山岩、安山质角砾岩、安山岩、流纹岩、流纹质晶屑岩屑凝灰岩、流纹质火山角砾岩等,表现中性→中酸性→酸性分异演化的完整序列。火山岩化学性质属钙碱系列,数值特征见表4-2-9。

表4-2-9 浑江地区中生代火山岩岩石化学特征简表

岩性	化学特征					
	$SiO_2/\%$	$K_2O/\%$	$\delta/‰$	τ	$K_2O+Na_2O/\%$	Fe_2O_3/FeO
安山岩	57.73	2.96	3.61	17.03	7.29	1.46
流纹岩	73.68	3.94	1.47	59.76	7.04	0.96

侵入岩:有闪长岩、石英闪长岩、花岗闪长岩、闪长玢岩、英安斑岩、花岗斑岩等。它们侵入同期火山岩及古生代灰岩、大理岩地层中。与该区火山岩为同源岩浆演化产物,构成火山-侵入杂岩系列。其中以花岗闪长岩与矿关系密切,岩体同位素年龄为120.5Ma(K-Ar法测定黑云母),呈岩株状产出。闪长玢岩、英安玢岩、花岗斑岩等为岩枝或脉岩。

(3)构造。矿区位于中朝准陆块北缘,鸭绿江断裂带北东侧,头道沟-长白镇近东西向断裂北侧,中生代烟筒沟火山岩断陷盆地东南部边缘。区域东西向断裂构造及北东向断裂构造控制该区中生代岩浆活动。北西向断裂为主要控矿构造。北东向断裂破碎带与浸染状铜、钼矿化密切相关,倾向150°,倾角40°～50°,规模小,常发生在花岗闪长岩与围岩接触带附近。

2)矿体三度空间分布特征

矿体主要产于花岗闪长岩体与古生代灰岩、大理岩接触带矽卡岩内,呈北西向展布。

矿化具水平分带,内接触带及钾化石英闪长玢岩岩枝(脉)体内发育钼矿化或铜、钼矿化,接触带及外接触带矿化以铜为主,外接触带围岩中具铅、锌矿化。

矿化垂直分带,600m标高以上矿体条数多,矿带宽,向下矿体条数变少,矿带变窄,单矿体规模变小至尖灭,以铜为主,几乎没有单独钼矿体;600～400m标高以铜为主,但出现单独钼矿体;400m标高以下,以钼为主,形成单独矿体,铜矿化减弱。

铜山矿床有60多个大小不等的矿体。矿体形态复杂,为扁豆状、似层状、透镜状、不规则脉状。矿体产状与地层产状大体一致,走向北西,倾向北东,倾角45°～60°。

43号矿体为含铜钼矽卡岩型矿体,长大于100m,厚1.26～6m,延深大于150m,赋存于花岗闪长岩与围岩接触部,倾角80°,另一类为大理岩层间矽卡岩似层状矿体,产状45°～60°,见图4-2-20。

3)矿石物质成分及矿石类型

(1)矿石物质成分。有益元素Cu,其伴生有益组分Pb、Zn,另有少量Au、Sn及微量Be、Re、W、Se、Co、Ni、Ga等。

(2)矿石类型。含钼硫化物矿石。

(3)矿物组合。矿石矿物成分主要为黄铜矿、辉钼矿、斑铜矿、闪锌矿,其次为方铅矿、闪锌矿、磁铁矿、黄铁矿、硫砷铜矿、黝铜矿。脉石矿物主要为石榴石、透辉石、绿帘石,其次为阳起石、符山石、长石、方解石、沸石、石英、钾长石、葡萄石。

(4)矿石结构构造。矿石呈交代残余结构、固溶体分离结构、格子状结构。致密块状构造、细脉浸染状构造,团块状构造。

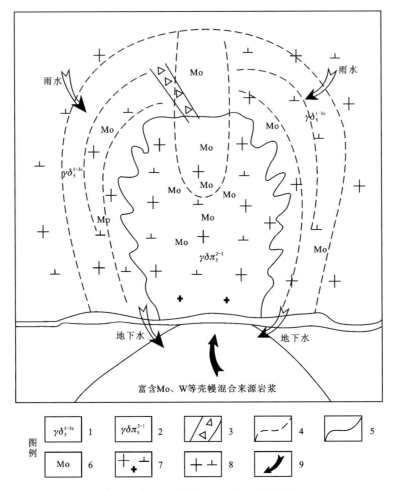

图 4-2-20 大黑山钼矿床成矿模式图

1.不等粒花岗闪长岩;2.花岗闪长斑岩;3.隐爆角砾岩筒;4.蚀变带界线;5.岩体界线;6.辉钼矿;7.花岗闪长斑岩;8.花岗闪长岩;9.成矿热液流体活动中心及流动方向

4)蚀变特征

围岩蚀变种类包括青磐岩化、硅化、绢云母化、黄铁矿化、矽卡岩化,矿化蚀变有矽卡岩型矿化蚀变和钾化斑岩型矿化蚀变。

矽卡岩化是该矿区最主要最发育的一种蚀变,与铜、钼矿化关系极为密切,产于花岗闪长岩体与古生代灰岩、大理岩的接触带。尤以花岗闪长岩楔形岩体的前缘部位最为发育。

矽卡岩化蚀变分带现象不太明显,大体为内接触带发育透辉石化、钾长石化、钠长石化、绢云母化,正接触带以石榴石矽卡岩为主,过渡到透辉石矽卡岩,矿物颗粒由粗变细,外接触带绿帘石化较为发育。

含矿气水溶液对围岩的交代有明显的选择性。矽卡岩化主要发育在厚层白云石大理岩与角岩夹薄层大理岩两大套岩层的过渡层位,即角岩、大理岩、片岩、白云石大理岩互层部位。下部为厚层白云石大理岩,上部为泥质岩较多的岩石,矽卡岩化都很微弱,但却构成良好的封闭层,使含矿气水溶液不易散失。不纯碳酸盐岩层与片岩、角岩互层对矽卡岩化及矿化最为有利。

钾化斑岩型蚀变见于南山石英闪长玢岩浅成侵入体中,可见钾长石化、钠长石化、绢云母化、硅化、青磐岩化。石英闪长玢岩脉均较小,蚀变分带不明显。石英闪长玢岩膨大部分蚀变较强,钼矿体产于其中;石英闪长玢岩变窄处,蚀变较弱,仅见钼矿化。

接触带附近的火山岩中发育强烈的青磐岩化、硅化、绢云母化、并有较强的黄铁矿化,伴有铜、钼矿化。小铜矿沟西部钻孔中见安山岩褪色,有强烈黄铁矿化。酸性熔岩及凝灰岩类亦有强烈蚀变及黄铁矿化,钻孔中见铜、钼矿化。

5)成矿阶段

该矿床经历多期矿化,大体归纳为4个成矿期:矽卡岩期、石英硫化物期、碱质硫化物期、碳酸盐期。铜矿主要形成于石英硫化物期晚期,钼矿主要形成于碱质硫化物期。矽卡岩期晚期仅出现少量黄铜矿、磁铁矿、白钨矿。碳酸盐期则没有成矿作用。

6)成矿时代

矿床产于燕山期花岗闪长岩体与古生代灰岩、大理岩接触带的矽卡岩中,为矽卡岩型钼矿床,推测该矿床形成于燕山期。

7)物质来源

硫同位素:脉状黄铜矿 $\delta^{34}S$ 为 11.7‰,浸染状黄铜矿 $\delta^{34}S$ 为 6.1‰,浸染状辉钼矿 $\delta^{34}S$ 为 5.3‰～5.5‰。与岩浆硫相似,可以认为硫来源于地壳深部或上地幔。

根据矿体产出特征及矿床硫同位素特征判断,矿床成矿物质主要来源于含矿层位的大理岩和燕山期上地幔花岗岩类岩浆。

8)控矿因素及矿床形成就位机制

(1)控矿因素。北西向断裂构造及北东向断裂破碎带控矿;燕山期花岗闪长岩体与古生代灰岩、大理岩接触带的矽卡岩带控矿。

(2)矿床形成就位机制。燕山期花岗闪长岩体侵入古生代灰岩、大理岩中,在热源和水源的作用下,在花岗闪长岩体与大理岩接触带上形成矽卡岩,呈带状分布。含矿层位大理岩和燕山期花岗岩类岩浆所带来的成矿物质在热源和水源的作用下富集成矿。

2. 地球化学和地球物理特征

1:5万、1:20万化探测量数据显示 Cu、Mo 具有三级分带和明显浓集中心异常,异常规模较大。Cu、Mo、Au、Pb、Zn、Ag 异常套合好。

该矿床位于向南东方向弧形凸起重力高异常带上相互靠近的两个局部1:25万重力高异常边部,等值线弯曲处,梯度陡。燕山期花岗闪长岩体产生的局部重力低异常与古生代灰岩、大理岩产生的局部重力高异常的过渡部位的梯度带通常是矽卡岩带产出部位,是矽卡岩型铜、钼矿产出的有利地段。

1:5万航磁异常西侧、东侧两个矿段分别处于正磁场背景中的一个椭圆状局部低磁异常边部梯度带上和一个长条状局部高磁异常中心。异常与中酸性侵入体及新生代玄武岩有关。

二、典型矿床成矿要素特征与成矿模式

1. 典型矿床成矿要素图

在详细研究不同矿床类型的岩石类型、成矿时代、成矿环境、构造背景等地质环境矿石矿物组合、结构构造、矿区蚀变特征、控矿条件等矿床特征基础上,建立矿床成矿要素。在成矿要素研究的基础上,建立成矿模式。

2. 典型矿床成矿要素与成矿模式

1)永吉大黑山钼矿成矿要素与成矿模式

永吉大黑山钼矿床成矿要素见表 4-2-10。

表 4-2-10 永吉大黑山钼矿床成矿要素表

成矿要素 特征描述		内容描述	类别
		矿床属斑岩型	
地质环境	岩石类型	花岗闪长岩、花岗闪长斑岩及霏细状花岗闪长斑岩	必要
	成矿时代	辉钼矿 Re-Os 同位素等时线年龄为(168.2±3.2)Ma(李立兴等,2009)	必要
	成矿环境	矿床位于东西向、北北东向压扭性断裂带交会处,矿体赋存于花岗闪长岩、花岗闪长斑岩及霏细状花岗闪长斑岩中	必要
	构造背景	矿区位于东北叠加造山-裂谷系、小兴安岭-张广才岭叠加岩浆弧、张广才岭-哈达岭火山盆地区、南楼山-辽源火山盆地群	重要
矿床特征	矿物组合	矿石矿物主要有黄铁矿、辉钼矿,其次有闪锌矿、黄铜矿、黝铜矿、白钨矿、方铅矿;脉石矿物除主要造岩矿物还见蚀变矿物绢云母、水云母、浊沸石、辉沸石、方解石、萤石、石膏、绿泥石等	重要
	矿石结构构造	矿石结构主要有叶片状结构、鳞片状结构、半自形粒状结构、他形粒状结构。矿石构造以细脉状构造、细脉浸染状构造为主,浸染状构造次之	次要
	蚀变特征	大黑山钼矿区内岩石遭受了普遍的热液蚀变作用,主要有硅化、高岭土化、绢云母化、钾化、碳酸盐化不发育。蚀变与矿化关系密切,富矿体主要赋存在中等蚀变带中,蚀变具水平分带特征	重要
	控矿条件	岩体控矿:花岗闪长岩、花岗闪长斑岩及霏细状花岗闪长斑岩岩体控矿。构造控矿:东西向基底断裂和中生代北北东向断裂是矿区重要控岩、控矿构造,构造多次活动有利于成矿作用	必要

(1)在吉中火山断陷盆地中,幔源安山岩岩浆经深部分异后在北北东向与东西向 2 组断裂交会处上侵,形成了大黑山四期岩体。

(2)岩浆分异使晚期岩体钼含量增高,含矿花岗斑岩上侵,固结成岩过程中,岩浆内聚集了大量挥发分,在岩浆侵位前造成隐爆,致使花岗岩闪长斑岩顶部形成崩塌角砾岩。

(3)岩浆晚期—岩浆期后阶段,富含钾质水,高温气态为热流体上升,沿岩石粒间、空隙及构造裂隙进行了碱交代,形成面状钾长石化及黄铁矿化,辉钼矿、黄铜矿等浸染状矿化。

(4)随着温度降低,地下水渗入,含矿流体由气态转化为液态,产生石英、绢云母化、黄铁绢英岩化等蚀变,辉钼矿开始沉淀出来,形成含钼石英脉、辉钼矿细脉-石英、硅酸盐-硫化物脉等各种含矿脉体,后期挥发分局部集中,压力增大,引起局部隐爆作用,形成规模不大隐爆角砾岩筒。

2)桦甸四方甸子钼矿成矿要素与成矿模式

来自深部物源区中酸性花岗岩类岩浆在演化过程中,掺入地下水和天水,物理化学条件突变,钼等主要成矿组分自岩浆分馏析离出来,逐渐在热液中富集,含矿热液在花岗岩类围岩构造空间运移时,热液处于中低温阶段,溶液呈酸性—弱酸性条件下,络合物分解形成辉钼矿、石英沉淀,含矿物质随着构造运动和对流作用,沿构造薄弱环节上升,在与深大断裂平行的次级断裂或裂隙等成矿有利部位充填,形成平行分布的石英脉带,具较强的辉钼矿化,并富集形成了钼矿体。桦甸四方甸子钼矿床成矿要素见表 4-2-11,成矿模式见图 4-2-21。

表 4-2-11 桦甸四方甸子钼矿床成矿要素表

成矿要素		内容描述	类别
特征描述		矿床属石英脉型	
地质环境	岩石类型	燕山期细粒花岗岩、花岗闪长岩、细粒黑云母石英钾长花岗岩	必要
	成矿时代	推测为燕山期	必要
	成矿环境	矿床赋存于门头砬子-东沟断裂一组平行分布的石英脉带构造中。燕山期中—酸性的细粒花岗岩、花岗闪长岩、细粒黑云母石英钾长花岗岩为近矿围岩	必要
	构造背景	成矿区位于北东叠加造山-裂谷系、小兴安岭-张广才岭叠加岩浆弧、张广才岭-哈达岭火山盆地区、南楼山-辽源火山盆地群	重要
矿床特征	矿物组合	矿石矿物主要有辉钼矿，其次有少量黄铁矿，局部见有微量白铁矿及褐铁矿；脉石矿物主要为微细粒石英、隐晶质玉髓，其次为条纹长石、微斜长石，少量黑云母，微量黄铁矿	重要
	矿石结构构造	矿石结构主要有自形—半自形粒状结构、半自形晶粒状结构、胶状结构。矿石构造主要有稀疏浸染状构造、稠密浸染状构造、斑点状构造、细脉状构造、角砾状构造、块状构造等	次要
	蚀变特征	围岩蚀变有硅化、高岭土化，局部钾化、绿泥石化。矿体围岩蚀变强度不同，蚀变带宽度不等的。其特征为，以石英脉为中心，两侧围岩发育宽度不等的蚀变带，靠近石英脉为硅化带，宽度一般为 0.1～2.00m，带内发育辉钼矿化石英细脉，局部富集成矿；向外为高岭土化带，宽度 0.5～5.0m，最宽处可达 10m 左右，其次局部分布钾长石化、绿泥石化、黄铁矿化等。整体上看，围岩蚀变不强，宽度不大，也不连续，可能与成矿时温度较低、矿体较窄有关。钼矿化主要与硅化关系密切	重要
	控矿条件	构造控矿：主要成矿控矿构造为双河镇-桦甸断裂的次级构造（门头砬子-东沟断裂）。岩体控矿：区内与成矿关系密切的是燕山期中—酸性的细粒花岗岩、花岗闪长岩、细粒黑云母石英钾长花岗岩。它们既是赋矿岩体，也是控矿岩体，提供成矿物质及热量	必要

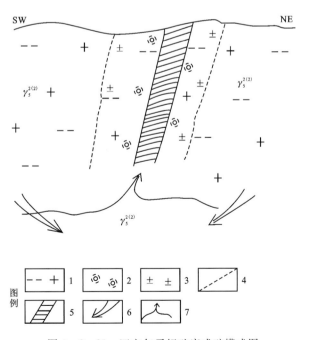

图 4-2-21 四方甸子钼矿床成矿模式图

1.燕山期黑云母花岗岩；2.硅化；3.高岭土化；4.蚀变带界线；5.钼矿体；6.雨水加入热液环流；7.燕山早期花岗岩浆期后热液活动中心及流动方向

3) 安图刘生店钼矿成矿要素与成矿模式

燕山早期中酸性二长花岗斑岩等岩浆侵入活动频繁。在岩浆演化、上升冷却的过程中，从含水的岩浆中分馏出具挥发分的气液由超临界状态转变成热液，钼、铜、钨等主要成矿组分自岩浆分馏析离出来，从结晶的岩浆中残留下来，转移并保留在热液中，随着岩浆不断演化，逐渐在热液中富集，在岩浆演化期后形成含矿热液。热液在花岗岩类围岩构造空间运移时，温度较高阶段生成黑云母、钾长石及硫化物，中低温阶段发生绢云母化、硅化等，这种蚀变作用的结果，在矿化岩体的顶部形成具有明显分带的面状型蚀变。成矿物质在搬运过程中呈络合物 Mo^{4+} 状态出现，在搬运过程中多以 $Mo-S$、$Mo-Si$、$Mo-F$ 络合物形式存在。随着温度降低，溶液呈酸性—弱酸性，络合物分解形成辉钼矿、石英沉淀，并与相伴生沉淀的黄铜矿、黄铁矿等一起构成矿体。这种多期次岩浆活动和面状蚀变分带，具典型斑岩型成矿特点。安图刘生店钼矿成矿要素见表4-2-12，成矿模式见图4-2-22。

表4-2-12 安图刘生店钼矿床成矿要素表

成矿要素		内容描述	类别
特征描述		矿床属斑岩型	
地质环境	岩石类型	燕山期二长花岗岩和二长花岗斑岩	必要
	成矿时代	推测为燕山期	必要
	成矿环境	矿床位于敦化-三道沟东西向深大断裂与北西向牛心山-刘生店断裂的交会处。燕山早期二长花岗斑岩和二长花岗岩含矿且控矿	必要
	构造背景	矿区位于东北叠加造山-裂谷系、小兴安岭-张广才岭叠加岩浆弧、太平岭-英额岭火山盆地区、老爷岭火山盆地群	重要
矿床特征	矿物组合	矿石矿物主要有辉钼矿及黄铁矿；脉石矿物以石英、绢云母、水白云母、伊利石、绿泥石为主，钾长石、方解石、黄铜矿等次之	重要
	结构构造	矿石结构主要为碎裂结构、鳞片粒状变晶结构。矿石构造有细脉浸染状构造、块状构造、网脉状构造	次要
	蚀变特征	围岩蚀变主要有硅化、绢云母化、高岭土化、黄铁矿化、辉钼矿化、绿泥石化、碳酸盐化、褐铁矿化。其蚀变具面型分带现象，由内向外可划分为石英-绢云母化带和泥化带，二长花岗斑岩为矿床主要成矿母岩。蚀变水平分带、蚀变强度从里至外逐渐减弱特征，显示了斑岩型钼矿成矿特征	重要
	控矿条件	矿体围岩为燕山早期二长花岗斑岩，岩体中的裂隙—微裂隙控矿	必要

4) 天宝山东风北山钼矿成矿要素与成矿模式

来自深部物源区或上地幔的侏罗纪中酸性花岗岩类岩浆频繁活动，在岩浆演化、上升过程中与对流地下水和天水作用，使溶液冷却，钼等主要成矿组分也于一定阶段自岩浆分馏析离出来，或在结晶的岩浆中残留下来，转移并保留在热液中，随着岩浆演化逐渐在热液中富集，该含矿热液在花岗岩类围岩构造空间运移时，热液处于中低温阶段，溶液呈酸性—弱酸性，络合物分解形成辉钼矿、石英沉淀，含矿沿构造薄弱环节在上升，在与深大断裂平行的次级裂隙附近形成矿床。天宝山东风北山钼矿床成矿要素见表4-2-13，成矿模式见图4-2-23。

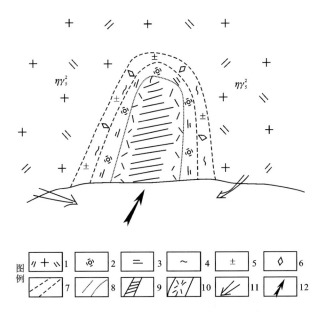

图 4-2-22 安图刘庄店钼矿床成矿模式图

1.二长花岗岩;2.硅化;3.绢云母化;4.绿泥石化;5.高岭土化;6.碳酸盐化;
7.蚀变带界线;8.钼矿体界线;9.块状钼矿体;10.浸染状钼矿体;11.雨水加
入热液环流;12.燕山期二长花岗岩浆期后含矿热液活动中心及流动方向

表 4-2-13 天宝山东风北山钼矿床成矿要素表

成矿要素		内容描述	类别
特征描述		矿床属斑岩型	
地质环境	岩石类型	燕山期花岗闪长岩与斑状二长花岗岩	必要
	成矿时代	燕山期含矿岩体 K-Ar 年龄为 185Ma(彭玉鲸等,2009)	必要
	成矿环境	矿床处于北东向两江断裂与北西向明月镇断裂带交会部位东侧,天宝山中生代火山盆地南侧。矿体赋存于燕山期花岗闪长岩与斑状二长花岗岩	必要
	构造背景	矿区位于晚三叠世—新生代东北叠加造山-裂谷系、小兴安岭-张广才岭叠加岩浆弧、太平岭-英额岭火山盆地区、罗子沟-延吉火山盆地群	重要
矿床特征	矿物组合	金属矿物有辉钼矿、黄铜矿、闪锌矿、方铅矿、黄铁矿、磁黄铁矿、磁铁矿、毒砂等,呈细脉状、细粒星点状分布于石英细脉带、石英片理化带中。脉石矿物主要有石英、透辉石、绿泥石、绿帘石、沸石、方解石等	重要
	矿石结构构造	矿石结构主要有半自形—他形粒状结构、自形鳞片状结构等。矿石构造有浸染-细脉浸染状构造、细脉-网脉状构造、薄膜状构造、充填胶结状构造。矿石组构特征反映该矿床具有多期热液成因特征	次要
	蚀变特征	围岩蚀变主要有钾化、硅化、绿泥石化、绿帘石化、绢云母化、沸石化、碳酸盐化、高岭土化等。矿体附近硅化、钾化、绿泥石化十分强烈,与矿化关系密切	重要
	控矿条件	印支晚期—燕山期花岗闪长岩与斑状二长花岗岩提供成矿物质和热源。北西向和近东西向构造控矿	必要

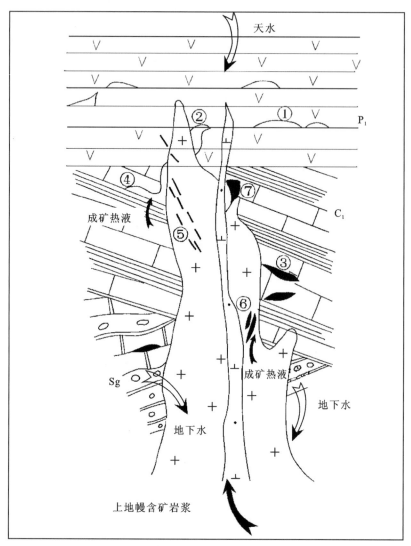

图 4-2-23 天宝山东风北山钼矿床成矿模式图

1.下二叠统火山岩；2.石炭纪角页岩及大理岩；3.志留纪片麻岩及大理岩；4.似斑状花岗岩或花岗闪长岩；5.石英闪长斑岩；6.矿体；7.含矿热液活动中心及流动方向；8.雨水加入热液环境；①、②东风南山火山沉积变质改造型钼矿床；③、④立山及东风矽卡岩型钼矿床；⑤东风北山钼矿床；⑥立山选厂后山裂隙充填交代型钼矿床；⑦头道沟角砾岩筒型钼矿床

5）舒兰季德屯钼矿成矿要素与成矿模式

燕山早期富含成矿物质的岩浆和气液流体上侵，大量的岩体侵入提供了足够的成矿物质来源及能量，导致地壳发生小规模熔融。含矿岩浆上升过程中造成负压环境，引发大气降水和地下水参与循环，温度从高温向中温变化，使围岩中矿物质活化，在本区成矿有利部位北西向的构造破碎带及其附近就位，形成矿床。舒兰季德屯钼矿床成矿要素见表 4-2-14，成矿模式见图 4-2-24。

6）靖宇天合兴铜、钼矿成矿要素与成矿模式

燕山期中酸性岩浆上侵，带来大量的成矿物质，呈浸染状或细脉浸染状充填于石英斑岩、花岗斑岩及辉绿岩脉中或边部及构造裂隙中，形成工业矿体。靖宇县天合兴铜、钼矿床成矿要素见表 4-2-15，成矿模式见图 4-2-25。

表 4-2-14 舒兰季德屯钼矿床成矿要素表

成矿要素 特征描述		内容描述	类别
		矿床属斑岩型	
地质环境	岩石类型	燕山期似斑状二长花岗岩、石英闪长岩、花岗闪长岩、斜长花岗岩	必要
	成矿时代	推测为燕山期	必要
	成矿环境	矿体赋存于北西向断裂构造及岩体冷凝时产生的节理裂隙中。燕山早期似斑状二长花岗岩和石英闪长岩为主要围岩与含矿赋矿层位	必要
	构造背景	大地构造位置位于东北叠加造山-裂谷系、小兴安岭-张广才岭叠加岩浆弧、张广才岭-哈达岭火山盆地区、南楼山-辽源火山盆地群	重要
矿床特征	矿物组合	金属矿物主要为辉钼矿、黄铁矿、磁铁矿、闪锌矿，少量黄铜矿、方铅矿、磁黄铁矿。脉石矿物主要为碱长石、斜长石、石英、黑云母及角闪石等	重要
	结构构造	矿石结构主要有为似斑状结构、斑状结构、半自形粒状结构、碎裂结构等。矿石构造为细脉状构造、稀疏浸染状构造，局部稠密浸染状构造、网脉状构造、斑点状构造及团块状构造、块状构造	次要
	蚀变特征	围岩蚀变主要有硅化、钾长石化、绿帘石化、高岭土化、绢云母化、云英岩化，其次可见黄铁矿化、辉钼矿化、黄铜矿化，各种蚀变相互叠加无明显分带性。与成矿关系密切的围岩蚀变主要有硅化、萤石化、钾长石化等。硅化(石英化)，矿区硅化较发育，与矿体紧密伴生，含矿石英细脉、网脉及大脉发育地段往往是钼矿体的赋存部位，是矿区主要蚀变类型。矿体均产在蚀变带内，而且蚀变越强矿化越好	重要
	控矿条件	燕山早期似斑状二长花岗岩和石英闪长岩为控矿岩体。构造破碎带既为容矿构造，也为控矿构造	必要

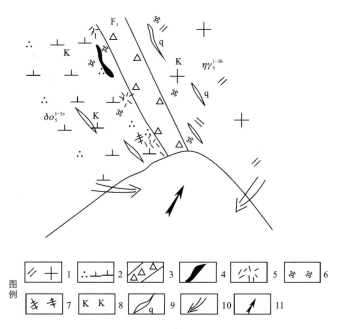

图 4-2-24 舒兰季德屯钼矿床成矿模式图

1.燕山期似斑状二长花岗岩；2.燕山期石英闪长岩；3.构造破碎带及编号；4.钼矿体；5.浸染状钼矿化；6.硅化；7.云英岩化；8.钾长石化；9.石英脉；10.雨水加入热液环流；11.燕山期中酸性岩浆期后含矿热液流动方向，即沿平行F_1破碎带次级断裂裂隙充填

表4-2-15 靖宇天合兴铜、钼矿床成矿要素表

成矿要素 特征描述		内容描述 矿床属斑岩型	类别
地质环境	岩石类型	燕山期石英斑岩及花岗斑岩	必要
	成矿时代	推测为燕山期	必要
	成矿环境	东西、南北构造为主要控岩和控矿断裂构造。燕山晚期的石英斑岩及花岗斑岩为主要围岩和含矿赋矿层	必要
	构造背景	晚三叠世—新生代构造单元分区:华北叠加造山-裂谷系、胶辽吉叠加岩浆弧、吉南-辽东火山盆地区、柳河-二密火山盆地区构造单元内	重要
矿床特征	矿物组合	矿石矿物类主要有黄铜矿、斑铜矿、黝铜矿、辉铜矿、辉钼矿,次要有闪锌矿、方铅矿、铜蓝、黄铁矿、磁黄铁矿、辉银矿、斜方辉铅铋矿、毒砂、白铁矿、钛铁矿、磁铁矿、自然金、自然铋、银金矿、孔雀石、蓝铜矿、褐铁矿;脉石矿物有长石、石英、绿泥石、绿帘石、黑云母、绢云母、角闪石、萤石和方解石等	重要
	矿石结构构造	矿石结构主要有自形—半自形—他形粒状结构、固溶体分解结构,次有显微粒状结构、交代结构、交代残余结构、包裹共生结构。矿石构造有稀疏浸染状构造、浸染状构造、脉状构造、细脉浸染状构造、角砾状构造、斑点状构造	次要
	蚀变特征	南部为面型蚀变,北部为线型蚀变区。南部面型蚀变略显分带状,即中心以钼矿化为主,伴有铜矿化,是高—中温阶段的产物。向外渐变为铜、铅锌矿化,是中—低温阶段的产物。在酸性斑岩接触带,则以线型蚀变为特征,矿化主要与石英绢云母化、黑云母化、绿泥石化关系密切,硫化物以黄铜矿为主并伴有黄铁矿化	重要
	控矿条件	斑岩控矿:从上述矿体的赋存空间、围岩性质、成矿阶段可以看出,该区域的铜钼成矿主要受控于燕山晚期的石英斑岩及花岗斑岩,酸性的岩浆活动为区域的成矿提供了成矿物质。以浸染状或细脉浸染状分布于石英斑岩、花岗斑岩、辉绿岩脉中或边部及构造裂隙中的铜矿体,实质上是第一期侵入的花岗斑岩所带来的成矿物质在不同空间部位的就位形式,其中辉绿岩脉本身对成矿没有控制作用,而是它所在的构造空间。构造控矿:从矿区岩体的空间分布、蚀变矿化特征分析,区域上的近南北向的继承性构造不但控制了区域的构造岩浆活动,而且控制了含矿流体的区域分布和就位空间。因此,区域上的南北向构造带是导岩、导矿、储矿的主要构造	必要

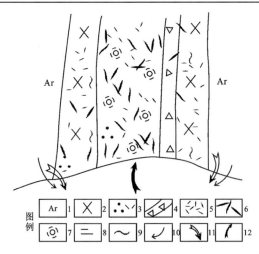

图4-2-25 天合兴铜、钼矿床成矿模式图

1.太古宙表壳岩;2.辉长辉绿岩;3.石英斑岩;4.破碎带;5.浸染状铜、钼矿;6.细脉及细脉浸染状铜、钼矿;7.硅化;8.绢云母化;9.绿泥石化;10.围岩矿质活化迁移方向;11.雨水加入热液环流;12.燕山期中酸性玢(斑)岩浆期后含矿热液流动方向,即沿北北西向或北北东向断裂裂隙充填

7)敦化大石河钼矿成矿要素与成矿模式

燕山早期受区域构造的影响,深部含钼似斑状细粒花岗闪长岩、二长花岗岩顺断裂复合部位上侵,岩浆分异形成的大量挥发分,顺断裂带上侵聚集并发生隐爆,使上覆地层发生破裂形成了大量网状裂隙,为矿床提供了容矿空间。深部岩体中含矿溶液沿裂隙不断向上运移,最终在地层的隐爆裂隙中聚集成矿。深部岩浆多次侵入,持续分异,含钼热液沿着断裂破碎带充填形成网脉状富钼矿体。岩浆结晶分异过程中的气水-热液携带的钼元素是矿床的重要成矿物质来源。敦化大石河钼矿床成矿要素见表4-2-16,成矿模式见图4-2-26。

表4-2-16 敦化大石河钼矿床成矿要素表

成矿要素 特征描述		内容描述	类别
		矿床属斑岩型	
地质环境	岩石类型	似斑状花岗闪长岩、斜长花岗岩	必要
	成矿时代	燕山期,(185.6±2.7)Ma	必要
	成矿环境	区内主要容矿、导矿构造为北东向黄松甸-西北岔断裂、东西向的前进乡-庙岭冲断裂。隐伏岩体似斑状花岗闪长岩、斜长花岗岩控矿。二合屯组一套低变质的片岩与成矿无关,仅为赋存层位	必要
	构造背景	矿区大地构造位于东北叠加造山-裂谷系、小兴安岭-张广才岭叠加岩浆弧、张广才岭-哈达岭火山盆地区、南楼山-辽源火山盆地群	重要
矿床特征	矿物组合	矿床金属矿物主要是辉钼矿,矿石中还可见少量黄铁矿、闪锌矿、磁黄铁矿、黄铜矿、方铅矿等。另外,少量铜矿物呈乳滴状包在闪锌矿中。脉石矿物以碱长石、斜长石、石英、黑云母为主,脉石矿物质量分数占矿石质量的98%以上,有少量金属矿物	重要
	矿石结构构造	矿石结构主要有自形—半自形—他形粒状结构、叶片状结构,其次为交代残余结构、固溶体分离结构、镶边结构。矿石构造有热液充填作用所形成的构造,以浸染状构造和网脉状构造为主,局部见有团块状构造	次要
	蚀变特征	主要蚀变为硅化、钾化、云英岩化、绢云母化和绿帘石化,从蚀变特征反映来看,以中—高温为主。区内围岩蚀变较发育,具明显分带现象,由内向外主要为石英-绢云母化带和绿泥石化带。钼矿体主要赋存于石英-绢云母化带之中	重要
	控矿条件	构造控矿:矿区位于区域性构造敦化-密山深断裂西北侧,张广才岭北东向隆起带上,为东西向、北东向、北西向3组断裂构造的交会部位。构造不但是储矿空间,而且经多期的构造活动,还能使分散有益元素活化、迁移、富集成矿,是元素迁移的驱动力。因此,构造是区内重要控矿因素。目前所发现的钼矿体均产在深大断裂次级断裂内。岩浆岩控矿:岩浆活动为钼矿体的形成提供成矿物质及热源。矿区内未发现与成矿有关的侵入岩体,可能与深部隐伏岩体有关	必要

8)临江六道沟铜、钼矿成矿要素与成矿模式

燕山期花岗闪长岩体侵入古生代灰岩、大理岩中,在热源和水源的作用下,在花岗闪长岩体与大理岩接触带上形成带状分布矽卡岩,含矿层位的大理岩和燕山期中酸性岩体所带来的成矿物质在热源和地下水环流的动力作用下富集成矿。临江六道沟铜、钼矿床成矿要素见表4-2-17,成矿模式见图4-2-27。

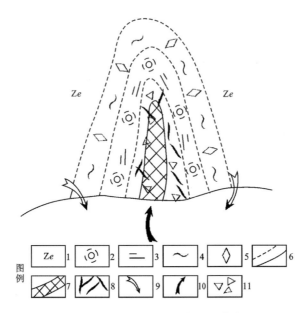

图 4-2-26 大石河钼矿床成矿模式图

1.震旦系二合屯组;2.硅化;3.绢云母化;4.绿泥石化;5.碳酸盐化;6.蚀变带、矿体界线;7.块状钼矿体;8.浸染状钼矿体;9.雨水加入热液环流;10.地下热液活动中心;11.角砾岩

表 4-2-17 临江六道沟铜、钼矿床成矿要素表

成矿要素 特征描述		内容描述	类别
		矽卡岩型	
地质环境	岩石类型	花岗闪长岩、大理岩、矽卡岩	必要
	成矿时代	推测为燕山期	必要
	成矿环境	东西向断裂构造及北东向断裂构造为容矿构造,矿体产于燕山期花岗闪长岩与古生代灰岩、大理岩接触带	必要
	构造背景	矿区位于华北叠加造山-裂谷系、胶辽吉叠加岩浆弧、吉南-辽东火山盆地区、长白火山盆地群。矿床受东西向及北东向断裂构造控制	重要
矿床特征	矿物组合	矿石矿物成分主要为黄铜矿、辉钼矿、斑铜矿、闪锌矿,其次为方铅矿、闪锌矿、磁铁矿、黄铁矿、硫砷铜矿、黝铜矿、镜铁矿。脉石矿物主要为石榴石、透辉石,绿帘石,其次为阳起石、符山石、长石、方解石、沸石、石英、钾长石、葡萄石	重要
	矿石结构构造	矿石结构有交代残余结构、固溶分解结构、格子状结构。矿石构造有致密块状构造、细脉浸染状构造、团块状构造	次要
	蚀变特征	围岩蚀变种类包括青磐岩化、硅化、绢云母化、黄铁矿化、矽卡岩化。矿化蚀变有矽卡岩型矿化蚀变和钾化斑岩型矿化蚀变	重要
	控矿条件	北西向断裂构造及北东向断裂破碎带控矿;燕山期花岗闪长岩体与古生代灰岩、大理岩接触带的矽卡岩带控矿	必要

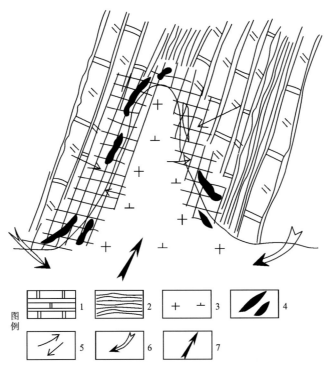

图 4-2-27 临江六道沟铜、钼矿床成矿模式图

1.古生代灰岩、大理岩；2.千枚状片岩；3.燕山期花岗闪长岩；4.钼矿体；5.地层、岩体矿质活化、迁移方向；6.雨水加入热液环流；7.燕山期花岗闪长岩岩浆期后含矿热液流动方向,沿矽卡岩裂隙充填叠加成矿

第三节　预测工作区成矿规律研究

一、预测工作区地质构造专题底图的确定

（一）前撮落-火龙岭预测工作区

1. 预测工作区的范围和编图比例尺

编图区位于吉林省磐石市和永吉县内,东起双河镇—取柴河镇以东,西至五里河镇—八道河子镇,北自大岗子乡—林家屯,南到细林河—大榆树,南北长 38km,东西宽 28km。其拐点坐标：E125°55′57″,N43°40′43″；E126°58′19″,N43°40′32″；E126°57′27″,N42°48′14″；E125°56′25″,N42°48′30″。编图区面积 8 107.5km²。编图比例尺 1∶5 万。

2. 地质构造专题底图特征

侵入岩浆型钼矿矿产资源预测方法类型在空间上受侵入岩岩性、岩相、构造控制,（岩浆）热液型钼矿矿产资源预测方法类型在空间上受构造及侵入岩岩相控制。前撮落—火龙岭地区编制的地质构造专题底图为侵入岩浆构造图及建造构造图。前撮落-火龙岭地区编制的地质构造专题底图,是在搜集1∶5万建造构造图的基础上,利用1∶25万建造构造图资料,再补充1∶5万地质图及大比例尺地质矿产图资料修编而成的。该图突出侵入岩建造和(岩浆)热液建造,相应简化其他地质内容。图区内的头道岩组变质岩建造中铜及多金属矿点较多,头道岩组的原岩以火山岩为主,对变质岩建造也进行了较详细的划分。转绘矿(化)点和围岩蚀变,并研究矿产与岩性、岩相和火山构造之间的成因联系,最终形成钼矿预测工作区底图。

(二)西苇预测工作区

1. 预测工作区的范围和编图比例尺

编图区位于吉林省伊通县内,编图区呈方形。其拐点坐标:E125°09′18″,N43°07′31″;E125°23′35″,N43°07′41″;E125°23′26″,N43°15′45″;E125°09′07″,N43°15′35″。编图区面积 289.20 km²。编图比例尺1∶5万。

2. 地质构造专题底图特征

西苇地区钼矿在空间上受中酸性侵入岩岩性、岩相、构造控制。侵入岩浆构造图以1∶25万建造构造图资料为基础,再补充1∶5万地质图及大比例尺地质矿产资料修改,形成西苇地区地质构造专题底图。根据1∶5万地质图及大比例尺普查资料补充、修改的建造构造图,突出侵入岩建造和(岩浆)热液建造,对其他地质内容做了相应的简化。编图区的西保安岩组变质岩由黑云斜长变粒岩、角闪斜长片麻岩夹片岩大理岩含铁建造组成,石缝组为一套板岩、变质砂岩夹大理岩建造,因此,对变质岩建造也进行了划分研究。转绘矿(化)点,最终形成钼矿预测工作区底图。

(三)刘生店-天宝山预测工作区

1. 预测工作区的范围和编图比例尺

编图区位于吉林省东部刘生店—天宝山一带属蛟河市、敦化市管辖。其拐点坐标:E128°43′52″,N42°48′40″;E127°30′35″,N42°49′43″;E127°31′09″,N43°23′47″;E129°19′41″,N43°21′56″;E129°17′58″,N42°40′36″;E128°43′36″,N42°41′22″。编图区面积 9 877.60 km²。编图比例尺 1∶5万。

2. 地质构造专题底图特征

该图的编图是在搜集1∶5万建造构造图的基础上,利用1∶25万吉林市、敦化市幅建造构造图资料,形成的刘生店—天宝山地区地质构造专题底图编制基础资料,再补充1∶5万地质图及大比例尺地质矿产图资料进行修改。该图突出侵入岩建造、(岩浆)热液建造及构造,并对其他地质内容做了相应的简化。此外,区内变质岩建造也进行了研究。转绘矿(化)点和围岩蚀变,研究矿产与侵入岩浆、火山活动、构造之间的成因联系。(岩浆)热液型钼矿产资源在空间上受构造及侵入岩岩相控制。因此,刘生店—天宝山地区编制地质构造专题底图是侵入岩浆构造图及建造构造图。

(四)季德屯-福安堡预测工作区

1. 预测工作区的范围和编图比例尺

编图区位于吉林省舒兰市内。其拐点坐标:E127°00′11″,N44°31′43″;E127°26′06″,N44°31′34″;E127°25′50″,N44°14′37″;E127°00′04″,N44°14′46″。编图区面积 1 075.50 km²。编图比例尺 1∶5万。

2. 地质构造专题底图特征

侵入岩浆型钼矿矿产资源预测方法类型在空间上受侵入岩岩性、岩相构造控制，（岩浆）热液型钼矿矿产资源预测方法类型在空间上受构造及侵入岩岩相控制。季德屯—福安堡地区编制的地质构造专题底图是侵入岩浆构造图。该图是在搜集1∶5万建造构造图的基础上，利用1∶25万建造构造图资料形成的季德屯—福安堡地区地质构造专题底图，再补充1∶5万地质图及大比例尺地质矿产图资料进行修改。搜集1∶5万建造构造图资料，放大1∶25万建造构造图形成1∶5万建造构造图。根据1∶5万地质图及大比例尺普查资料补充、修编建造构造图，突出侵入岩建造、（岩浆）热液建造，对其他地质内容做了相应的简化。对图区内新兴岩组变质岩建造也进行了较详细的划分。转绘矿（化）点和围岩蚀变，并研究矿产与火岩性、岩相和火山构造之间的成因联系，最终形成钼矿预测工作区底图。

（五）天合兴预测工作区

1. 预测工作区的范围和编图比例尺

编图区位于吉林省靖宇县那尔轰、天合兴、新胜、赤柏松等地，呈近长方形，南北长35.2km，东西宽23.3km。其拐点坐标：E126°50′36″，N42°49′00″；E127°07′39″，N42°48′49″；E126°50′04″，N42°29′45″；E127°07′02″，N42°29′47″。编图区面积823.7km²。编图比例尺1∶5万。

2. 地质构造专题底图特征

吉林省天合兴侵入岩浆构造编图区按照全国矿产资源潜力评价项目"地质背景的技术规范要求"开展编图工作。搜集已经编制的预测工作区资料，放大1∶25万靖宇县幅建造构造图形成编图工作区基础资料。该图通过搜集1∶5万预测工作区及地质图及大比例尺普查或详查资料补充、修编而成。转绘矿床和矿（化）点及与成矿有关的围岩蚀变资料，最终形成钼矿预测工作区底图。

（六）大石河-尔站预测工作区

1. 预测工作区的范围和编图比例尺

编图区位于吉林省蛟河市—敦化市内。其拐点坐标：E128°34′22″，N44°00′29″；E128°05′20″，N44°00′57″；E128°05′01″，N43°48′56″；E127°36′51″，N43°49′16″；E127°37′16″，N44°11′17″。编图区面积2 711.31km²。编图比例尺1∶5万。

2. 地质构造专题底图特征

侵入岩浆型钼矿矿产资源预测方法类型在空间上受侵入岩岩性、岩相、构造控制，（岩浆）热液型钼矿矿产预测方法类型在空间上受构造及侵入岩岩相控制。大石河—尔站地区编制的地质构造专题底图是侵入岩构造图。编图在搜集1∶5万建造构造图基础上、利用1∶25万建造构造图资料、形成大石河—尔站地区编制地质构造专题底图，再补充1∶5万地质图及大比例尺地质矿产图资料修编而成。搜集1∶5万建造构造图资料、放大1∶25万建造构造图形成1∶5万侵入岩浆构造图编图底图。根据1∶5万地质图及大比例尺普查资料补充、修改建造构造图，突出侵入岩建造，其他地质内容做了简化。转绘矿（化）点和围岩蚀变，并研究矿产与侵入岩浆和构造之间的成因联系，最终形成钼矿预测工作区底图。

（七）六道沟-八道沟预测工作区

1. 预测工作区的范围和编图比例尺

编图区位于吉林省最南东部长白县六道沟—八道沟一带，钼编图工作区呈不规则北西向矩形展布。其拐点坐标：E127°35′50″，N41°25′36″；E127°35′40″，N41°29′27″；E127°16′27″，N41°45′32″；E127°00′11″，N41°45′22″。编图区面积 898.61km²。编图比例尺 1：5 万。

2. 地质构造专题底图特征

区内与钼矿成矿有关的地层主要为寒武纪碳酸盐沉积建造，其次为中生代火山建造、中生代侵入岩。在图面上应将与钼矿有关的建造矿化、各种蚀变准确地标绘出来。

二、预测工作区成矿要素特征与区域成矿模式

1. 前撮落-火龙岭预测工作区

利用 1：5 万前撮落-火龙岭侵入岩建造构造图作为底图，突出表达与前撮落-火龙岭钼矿所在矿田的成矿作用时空关系密切的燕山期中酸性侵入岩岩性、岩相以及矿床（矿点和矿化点）等地质体分布规律和成矿构造，以及与伊通-依兰、德惠-四平两条深大断裂平行的次级断裂构造等斑岩型成矿信息；同时，突出表达含辉钼矿石英脉岩性等石英脉型矿产信息和矿化蚀变信息及围岩蚀变内容，能够直观地反映矿床空间分布特征和成矿信息，总结了该预测工作区区域成矿要素（表 4-3-1），并在此基础上建立了区域成矿模式（图 4-3-1）。

表 4-3-1　前撮落-火龙岭预测工作区大黑山式斑岩型、四方甸子式石英脉型钼矿区域成矿要素

成矿要素	内容描述	类别
特征描述	矿床属斑岩型、石英脉型	必要
岩石类型	花岗闪长岩-二长花岗岩	必要
成矿时代	辉钼矿 Re-Os 同位素等时线年龄为 (168.2±3.2)Ma(李立兴等，2009)	必要
成矿环境	小兴安岭-张广才岭弧盆系、双阳-永吉-蛟河上叠裂陷盆地内，与钼矿有关的建造为侏罗纪中酸性侵入岩浆（热液）建造，其岩石类型为花岗闪长岩-二长花岗岩，区内与钼矿产侵入岩浆（热液）有关的构造主要为北东-南西向大型断裂带控制。热液型钼矿体就位于近南北-北东东向的断裂	必要
构造背景	晚三叠世—新生代构造单元分区：东北叠加造山-裂谷系、小兴安岭-张广才岭叠加岩浆弧、张广才岭-哈达岭火山盆地区、南楼山-辽源火山盆地群。伊通-舒兰断裂带北东-南西侧、辉发河断裂带北侧	重要
控矿条件	区域北东向断裂带和北西向断裂带，以及两者交会处是最佳的成矿部位。 与构造有关的燕山期中酸性岩石带状分布地区	必要

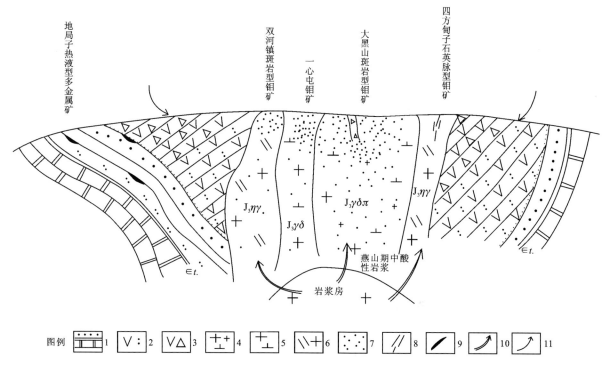

图 4-3-1 前撮落-火龙岭预测工作区成矿模式图

1.头道岩组变质砂岩、斑岩、大理岩；2.南楼山组安山质凝灰岩；3.安山质角砾岩；4.花岗闪长斑岩；5.花岗岩闪长岩；6.二长花岗岩；7.浸染状钼矿化；8.热液脉型钼矿床；9.热液型多金属矿；10.岩浆热液移动方向；11.大气降水方向

大黑山钼矿处在滨太平洋活动带,吉中火山断陷盆地中,幔源安山岩浆经深部分异后在北北东向与东西向2组断裂交会处侵入形成了大黑山复式岩体。含矿岩浆在上侵过程中聚集了大量挥发分。岩浆晚期一期后阶段,热流体上升,沿岩石构造裂隙形成面状钾长石化及黄铁矿化、辉钼矿、黄铜矿等浸染状矿化。随着温度降低,地下水渗入,含矿流体由气态转化为液态,产生绢云母化、黄铁绢英岩化等蚀变,辉钼矿开始沉淀,形成含钼石英脉、辉钼矿细脉-石英、硅酸盐-硫化物脉等各种含矿脉体。

2. 西苇预测工作区

将1:5万西苇侵入岩建造构造图作为底图,突出表达与西苇钼矿所在矿田的成矿作用时空关系密切的燕山期中酸性侵入岩岩性、岩相以及矿床(矿点和矿化点)等地质体分布规律和成矿构造及伊通-辉南断裂带及次级断裂构造等斑岩型成矿信息,还突出表达了矿化蚀变信息及围岩蚀变内容,总结了该预测工作区区域成矿要素(表4-3-2),并在此基础上建立了区域成矿模式(图4-3-1)。

3. 刘生店-天宝山预测工作区

将1:5万刘生店-天宝山侵入岩建造构造图作为底图,突出表达与刘生店-天宝山钼矿所在矿田的成矿作用时空关系密切的燕山期中酸性侵入岩岩性、岩相及矿床和矿(化)点等地质体分布规律、成矿构造,以及敦化-密山岩石圈断裂和集安-松江岩石圈断裂次级断裂构造等斑岩型成矿信息,还突出表达了矿化蚀变信息及围岩蚀变内容,总结了该预测工作区区域成矿要素(表4-3-3),并在此基础上建立了区域成矿模式(图4-3-2)。

表 4-3-2　西苇预测工作区大黑山式斑岩型钼矿区域成矿要素

成矿要素	内容描述	类别
特征描述	矿床属斑岩型	必要
岩石类型	燕山期花岗闪长岩、二长花岗岩	必要
成矿时代	推测为燕山期	必要
成矿环境	大兴安岭弧形盆地、锡林浩特岩浆弧、白城上叠裂陷盆地内,燕山早期中酸性侵入岩黑云母斜长花岗岩、黑云母花岗岩为主要含矿、赋矿层位,北东向断裂带与北西向糜棱岩化带交会部位,次级北西向断裂构造控制矿体展布,也为容矿构造	必要
构造背景	晚三叠世—新生代构造单元分区:东北叠加造山-裂谷系、小兴安岭-张广才岭叠加岩浆弧、张广才岭-哈达岭火山盆地区、南楼山-辽源火山盆地群。区内与钼矿产有关的构造为北东-南西向大型断裂带	重要
控矿条件	燕山期花岗闪长岩,北东向与北西向糜棱岩化带交会部位,次级北西向断裂构造	必要

表 4-3-3　刘生店-天宝山预测工作区大黑山式斑岩型钼矿成矿要素

成矿要素	内容描述	类别
特征描述	矿床属斑岩型	必要
岩石类型	燕山期花岗闪长岩、二长花岗岩、石英闪长岩	必要
成矿时代	推测为燕山期	必要
成矿环境	矿区位于东北叠加造山-裂谷系、小兴安岭-张广才岭叠加岩浆弧、太平岭-英额岭火山盆地区、老爷岭火山盆地群。燕山期闪长岩-花岗闪长岩、二长花岗岩为含矿建造,北西向和近东西向大断裂的次一级构造成矿	必要
构造背景	矿区位于江域岩浆弧、伊泉岩浆弧及蛟河上叠裂陷盆地、汪清上叠裂陷盆地,南楼山-辽源中生代火山盆地群、敦化-密山走滑-伸展复合地堑、罗子沟-延吉火山盆地群,吉林中东部火山岩浆岩段的叠合部位	重要
控矿条件	北西向和近东西向大断裂的次一级构造岩体中的裂隙—微裂隙控矿。燕山期花岗闪长岩、二长花岗岩、石英闪长岩中酸性岩体提供成矿物质和热源	必要

来自深部物源区或上地幔侏罗纪中酸性花岗岩类岩浆频繁活动,在岩浆演化、上升过程中成矿组分自岩浆分馏析离出来,转移并保留在热液中,随着岩浆演化成矿组分逐渐在热液中富集,该含矿热液在沿与深大断裂平行的次级构造裂隙内空间运移时,由于温度的逐渐降低,热液处于中低温阶段,热液从酸性—弱酸性条件转变,以络合物形式迁移的组分分解承典形成辉钼矿、石英等,含矿沿构造薄弱环节在上升,在与深大断裂平行的次级裂隙附近,形成矿床。

4. 季德屯-福安堡预测工作区

将 1∶5 万季德屯-福安堡侵入岩建造构造图作为底图,突出表达与季德屯-福安堡钼矿所在矿田的成矿作用时空关系密切的燕山期中酸性侵入岩岩性、岩相和矿床(矿点和矿化点)等地质体分布规律和成矿构造及依兰-伊通断裂带次级断裂构造等斑岩型成矿信息,还突出表达了矿化蚀变信息及围岩蚀变内容,总结了该预测工作区区域成矿要素(表 4-3-4),并在此基础上建立了区域成矿模式(图 4-3-3)。

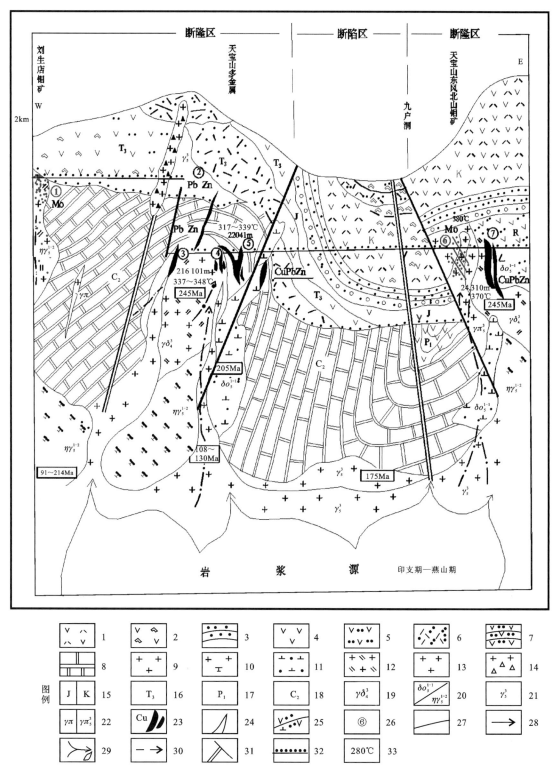

图 4-3-2 刘生店-天宝山预测工作区成矿模式图

1.玄武安山岩;2.安山质角砾岩;3.砂岩、砾岩;4.紫色角闪安山岩;5.凝灰质英安岩;6.流纹岩;7.片理化安山质凝灰岩;8.大理岩;9.花岗岩;10.二长花岗岩;11.石英闪长岩;12.花岗闪长岩;13.花岗斑岩;14.角砾状花岗岩;15.侏罗系、白垩系;16.上三叠统;17.下二叠统;18.上石炭统;19.海西晚期花岗闪长岩、石英闪长岩;20.印支期石英闪长岩、二长花岗岩;21.燕山期花岗岩;22.花岗斑岩、燕山晚期花岗斑岩;23.矿体矿种;24.隐爆角砾岩筒;25.海相火山沉积矿体;26.矿体编号;27.断层;28.岩浆矿源;29.地层矿源;30.岩体矿源;31.火山通道;32.现代剥蚀面;33.矿体形成温度

表 4-3-4 季德屯-福安堡预测工作区大黑山式斑岩型钼矿成矿要素

成矿要素	内容描述	类别
特征描述	矿床属斑岩型	必要
岩石类型	似斑状二长花岗岩、花岗闪长岩、石英闪长岩、斜长花岗岩	必要
成矿时代	辉钼矿 Re-Os 同位素等时线年龄为(166.9±6.7)Ma(李立兴等,2009)	必要
成矿环境	小兴安岭-张广才岭弧盆系、双阳-永吉-蛟河上叠裂陷盆地内,成矿地质条件与大黑山钼矿相似,燕山早期似斑状二长花岗岩和花岗闪长岩为含矿岩体和主要围岩,区内构造破碎带为容矿构造。与钼矿有关的构造为北东-南西向大型断裂带	必要
构造背景	晚三叠世—新生代构造单元分区:东北叠加造山-裂谷系、小兴安岭-张广才岭叠加岩浆弧、张广才岭-哈达岭火山盆地区、南楼山-辽源火山盆地群。伊通-舒兰断裂带构造展布方向主要为北东向,北西向次之	重要
控矿条件	北东向、北西向断裂构造,燕山期中酸性花岗岩侵入体	必要

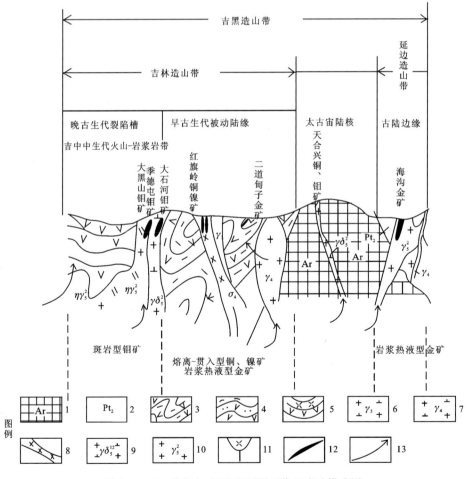

图 4-3-3 季德屯-福安堡预测工作区成矿模式图

1.太古宙古陆核;2.中元古界色洛河(岩)群;3.早古生代海相-火山-碎屑-碳酸盐沉积建造;4.晚古生代海相火山碎屑-碳酸盐沉积建造;5.中生代陆相中酸性火山-沉积建造;6.加里东期二长花岗岩、花岗闪长岩;7.海西期二长花岗岩-花岗闪长岩;8.海西期辉长岩、辉石岩、辉石橄榄岩、橄榄辉石岩;9.燕山期花岗岩类;10.燕山期花岗岩类;11.次火山岩体;12.矿体;13.成矿物质、热液运移方向

5. 天合兴预测工作区

将1∶5万天合兴侵入岩建造构造图作为底图,突出表达与天合兴铜、钼矿矿田成矿作用时空关系密切的燕山期中酸性侵入岩岩性、岩相和矿床(矿点和矿化点)等地质体三维分布规律和成矿构造及敦化-密山岩石圈断裂次级断裂构造等斑岩型成矿信息,还突出表达了矿化蚀变信息及围岩蚀变内容,能够直观地反映矿床空间分布特征和成矿信息,总结了该预测工作区区域成矿要素(表4-3-5),并在此基础上建立了区域成矿模式(图4-3-3)。

表4-3-5 天合兴预测工作区天合兴式斑岩型钼矿成矿要素

成矿要素	内容描述	类别
特征描述	矿床属斑岩型	必要
岩石类型	晚侏罗世花岗闪长岩、早白垩世花岗斑岩	必要
成矿时代	推测为燕山期	必要
成矿环境	吉南-辽东火山盆地区、柳河-二密火山盆地区,燕山晚石英斑岩及花岗斑岩赋矿,南北向构造带为主要的导岩、导矿、储矿的构造	必要
构造背景	晚三叠世—新生代构造单元分区:华北叠加造山-裂谷系、胶辽吉叠加岩浆弧、吉南-辽东火山盆地区、柳河-二密火山盆地区构造单元内。矿产赋存南北向和近东西向断裂的交会部位	重要
控矿条件	燕山晚期近南北向展布的花岗岩类赋矿,区域上的近南北向的继承性构造控制区域的构造岩浆活动,控制含矿流体就位空间。因此,区域上的南北向构造带是导矿、储矿的主要构造	必要

6. 大石河-尔站预测工作区

将1∶5万大石河-尔站侵入岩建造构造图作为底图,突出表达与大石河-尔站钼矿所在矿田的成矿作用时空关系密切的燕山期中酸性侵入岩岩性、岩相和矿床(矿点和矿化点)等地质体分布规律和成矿构造及新安-龙井断裂带构造等斑岩型成矿信息,还突出表达了矿化蚀变信息及围岩蚀变内容,能够直观地反映矿床空间分布特征和成矿信息,总结了该预测工作区区域成矿要素(表4-3-6),并在此基础上建立了区域成矿模式(图4-3-3)。

表4-3-6 大石河-尔站预测工作区大石河式斑岩型钼矿成矿要素

成矿要素	内容描述	类别
特征描述	矿床属斑岩型	必要
岩石类型	燕山期花岗闪长岩和二长花岗岩、燕山晚期花岗斑岩	必要
成矿时代	燕山期,(185.6±2.7)Ma	必要
成矿环境	小兴安岭-张广才岭弧盆系、双阳-永吉-蛟河上叠裂陷盆地内,燕山期花岗闪长岩和二长花岗岩与钼及多金属矿关系密切,敦化-密山深断裂西北侧,张广才岭北东向隆起带上,东西向、北东向、北西向3组断裂构造的交会部位	必要
构造背景	晚三叠世—新生代构造单元分区:东北叠加造山-裂谷系、小兴安岭-张广才岭叠加岩浆弧、张广才岭-哈达岭火山盆地区、南楼山-辽源火山盆地群。与钼矿有关的构造主要为北东向断裂	重要
控矿条件	区域北东向断裂带和北西向断裂带,以及两者交会处是最佳的成矿部位。 燕山期中酸性岩体及深部隐伏中酸性岩体	必要

7. 六道沟-八道沟预测工作区

将1:5万六道沟-八道沟综合建造构造图作为底图,突出表达与大石河-尔站钼矿所在矿田的成矿作用时空关系密切的燕山期中酸性侵入岩岩性、岩相与古生代灰岩、大理岩地层和矿床(矿点和矿化点)等地质体分布规律和成矿构造及头道-长白山断裂带构造等斑岩型成矿信息,还突出表达了矿化蚀变信息及围岩蚀变内容,总结了该预测工作区区域成矿要素(表4-3-7),并在此基础上建立了区域成矿模式(图4-3-4)。

表4-3-7 六道沟-八道沟预测工作区铜山式矽卡岩型钼矿成矿要素

成矿要素	内容描述	类别
特征描述	矽卡岩型	必要
岩石类型	晚侏罗世闪长岩、花岗闪长岩、二长花岗岩、碎屑岩-碳酸盐岩	必要
成矿时代	推测为燕山期	必要
成矿环境	吉南-辽东火山盆地、长白火山盆地群、中生代鸭绿江构造岩浆岩带中,区域东西向断裂构造及北东向断裂构造为容矿构造,燕山期花岗闪长岩体与灰岩地层接触带成矿,矿体赋存于灰岩中	必要
构造背景	晚三叠世—新生代构造单元分区:华北叠加造山-裂谷系、胶辽吉叠加岩浆弧、吉南-辽东火山盆地区、长白火山盆地群	重要
控矿条件	北东向鸭绿江断裂,以及北西向次级断裂。侏罗纪闪长岩、花岗闪长岩、二长花岗岩。古生代碎屑岩-碳酸盐岩沉积岩建造	必要

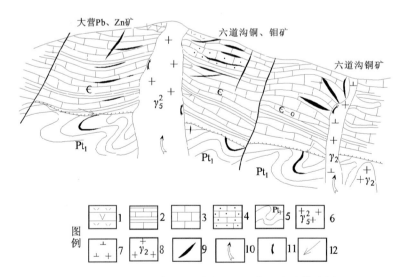

图4-3-4 六道沟-八道沟预测工作区成矿模式图

1.流纹质灰岩、安山岩;2.寒武纪—奥陶纪灰岩、页岩;3.矿化灰岩;4.砂岩;5.古元古代基底;6.燕山期花岗岩;7.燕山期石英闪长斑岩;8.元古宙花岗岩;9.矿体;10.岩浆侵入方向;11.热液运移方向;12.沉积物补给方向

第五章 物探、化探、遥感、自然重砂应用

第一节 重力

一、技术流程

根据预测工作区预测底图确定的范围,本次工作充分搜集区域内的1:20万重力资料及以往的相关资料,在此基础上开展预测工作区1:5万重力相关图件编制,之后开展相关的数据解释,以满足预测工作对重力资料的需求。

二、资料应用

在应用2008—2009年1:100万、1:20万重力资料及综合研究成果的基础上,本次工作充分搜集应用预测工作区的密度参数、磁参数、电参数等物性资料。预测工作区和典型矿床所在区域研究时,全部使用1:20万重力资料。

三、数据处理

预测工作区,编图全部使用全国项目组下发的吉林省1:20万重力数据。重力数据已经按《区域重力调查技术规范》(DZ/T 0082—2006)进行"五统一"改算。

布格重力异常数据处理采用中国地质调查局发展中心提供的RGIS2008重磁电数据处理软件,绘制图件采用MapGIS软件,按"全国矿产资源潜力评价技术要求系列丛书"之《重力资料解释应用技术要求》执行。

剩余重力异常数据处理采用中国地质调查局发展中心提供的RGIS重磁电数据处理软件,求取滑动平均窗口大小为14km×14km,图件绘制采用MapGIS软件。

等值线绘制等项与布格重力异常图相同。

四、预测工作区地质推测解释

1. 前撮落-火龙岭预测工作区

在区域上,预测工作区处于伊通-舒兰断裂与辉发河深断裂之间,构造线方向以北东向为主。北西向和东西向构造与钼成矿关系密切。

前撮落钼矿区为重力高异常,重力低异常反映了燕山早期花岗闪长岩和二长花岗岩的重力场特征。预测工作区南部有两组重力高和北东向的重力低,反映北西向分布中酸性侵入岩带。北东向的重力低异常沿走向贯穿全区,为辉发河断陷盆地的反映。

2. 西苇预测工作区

在布格重力异常图上,以中部贯穿全区的富民—新德一线北东向重力梯度带为界,西北部为重力高异常区,东南部为重力低异常区。西南部富民—南天门一线北西向重力梯度带延出区外。两条线性梯度带均为区域性断裂构造的反映。

在剩余重力异常图上,北部为重力高异常区,显示出两处局部重力高异常,主要出露有大面积的晚志留世花岗闪长岩、印支期中三叠世花岗闪长岩、燕山早期中侏罗世花岗闪长岩(二长花岗岩)。在升礼村北部区边界和营房后沟附近则出露有新元古界西保安岩组变质岩,且分别位于两处局部重力高异常中心位置。因此,推断局部重力高异常由半隐伏西保安岩组变质岩引起。大面积重力低异常区为规模和延伸较大的燕山期花岗闪长岩、二长花岗岩的异常反映。

西苇钼矿点为大黑山式斑岩型,产于燕山期花岗闪长岩和二长花岗岩中,位于重力低异常区内,距离富民—新德北东向、富民—南天门一线的两条北西向线性梯度带即区域性断裂构造较近,并对应低缓磁异常,是钼矿成矿的有利地段。

3. 刘生店-天宝山预测工作区

在剩余重力异常图上,区内北西部重力低异常带呈北东走向,斜穿本区,位于敦化-密山断陷盆地之上;南部近东西向、北西向重力低异常带与华北陆块北缘东段的海西期及燕山期酸性岩浆岩带有关。

钼矿床位于局部高磁异常向低磁异常、局部重力低异常向重力高异常过渡部位。该部位一般有线性梯度带出现,与断裂构造有关,起控矿作用。

4. 季德屯-福安堡预测工作区

从1∶50万布格重力异常图上可以看出,预测工作区内构造线方向以北东向为主,其次为东西向。区内南部是重力低异常,占预测工作区大部分,且与不同期次的花岗岩分布是一致的。重力值在低异常边部梯度带分别为北东向和东西向,在太平堡附近曲线转折;更低的重力低异常带在南部季德屯—龙头村一带,呈带状东西向展布;在福安堡附近,重力低异常向北突起,与航磁反映的负磁场吻合,主要反映的是印支期侵入体,季德屯大型钼矿和福安堡小型钼矿均在该异常带的边部。

预测工作区北部的春田村—福安堡一带是一条北东向的重力高异常带,反映了古生代基底隆起。其北西侧的北东向重力低异常带为伊通-舒兰断陷带,与航磁负异常一致。

5. 天合兴预测工作区

在1∶5万剩余重力异常图上,天合兴局部重力低异常与北北东向那尔轰、王家店两个规模较小的局部重力低异常构成北北东走向的重力低异常带,是北北东走向长条状白垩纪花岗斑岩、石英斑岩的反映。天合兴铜、钼矿床位于剩余重力低异常的中部,异常由半隐伏的酸性花岗质侵入岩体引起。重力低异常是含钼、铜矿酸性岩体的重要标志,天合兴-那尔轰北北东向局部重力低异常带是寻找斑岩型钼铜矿的有利地带。

6. 大石河-尔站预测工作区

在剩余重力异常图上,区内重力高、重力低异常镶嵌分布,走向主要有北东向、东西向,其次为北西向及等轴状。重力高异常多数分布在新元古界新兴岩组变质岩和上二叠统红山屯组沉积岩及其周围附近,说明新兴岩组及上二叠统红山屯组部分被侵入岩体超覆。尔站北沟东侧北东走向重力高异常西南端宽度大、强度高,北东端宽度小、强度低,地表分布有海西期中酸性侵入岩体,推断为由古生代隐伏基地隆起引起的异常。区内重力低异常主要由燕山期中酸性侵入岩体引起。

大石河钼矿床处于南部大石河附近重力高、重力低异常过渡带上。重力低局部异常呈椭圆状,东西走向。南部重力高局部异常西宽东窄,长约20km,宽约6.5km,地表有新元古界新兴岩组变质砂岩、板岩零星出露。推断局部重力高异常由半隐伏的新元古界新兴岩组引起,局部重力低异常由半隐伏燕山期酸性侵入体引起。

从大石河大型斑岩型钼矿典型矿床地质-地球物理找矿模型研究可知,大石河大型斑岩型钼矿产于燕山期酸性侵入体中,具有重力低、磁力低异常特征,为本区斑岩型钼矿找矿标志。因此,本区具有"燕山期酸性侵入体、重力低、磁力低"3项特征的地段即可作为寻找钼矿的靶区。

7. 六道沟-八道沟预测工作区

从本区矽卡岩型铜、钼矿及重力场、磁场特征综合分析,矿床产于燕山期花岗岩体与早古生代灰岩接触的矽卡岩中,燕山期花岗岩体表现为重力低异常、中等磁异常,早古生代灰岩表现为重力高异常、低磁异常或负磁异常,接触带对应重力异常梯度带,磁异常梯度带或出现蚀变带磁异常,据此确定矽卡岩型铜、钼矿预测靶区。

第二节 磁测

一、技术流程

根据预测工作区预测底图确定的范围,充分搜集区域内的1∶20万航磁资料及以往的相关资料,在此基础上开展预测工作区1∶5万航磁相关图件编制,之后开展相关的数据解释,以满足预测工作对航磁资料的需求。

二、资料应用

本次预测工作搜集了19份1∶10万、1∶5万、1∶2.5万航空磁测成果报告及1∶50万航磁图解释说明书等成果资料。根据国土资源航空物探遥感中心提供的吉林省2km×2km航磁网格数据和1957—1994年间航空磁测1∶100万、1∶20万、1∶10万、1∶5万、1∶2.5万共计20个预测工作区的航磁剖面数据,充分搜集应用预测工作区的密度参数、磁参数、电参数等物性资料。预测工作区和典型矿床所在区域研究时,主要使用1∶5万资料,部分使用1∶10万、1∶20万航磁资料。

三、数据处理

预测工作区编图全部使用全国项目组下发的数据,按航磁技术规范,采用RGIS和Surfer软件网格化功能完成数据处理。采用最小曲率法,网格化间距一般为1/2~1/4测线距,网格间距分别为150m×150m、250m×250m。然后应用RGIS软件位场数据转换处理,编制1∶5万航磁剖面平面图、航磁ΔT异常等值线平面图、航磁ΔT化极等值线平面图、航磁ΔT化极垂向一阶导数等值线平面图,航磁ΔT化极水平一阶导数(0°、45°、90°、135°方向),航磁ΔT化极上延不同高度处理图件。

四、磁异常分析及磁法推断地质构造特征

(一)前撮落-火龙岭预测工作区

从 1:5 万航磁化极异常图上可以看出,区内航磁异常数量较多,且分布有一定规律,成片或成带分布。

头道沟异常是倒木河-三家子多金属成矿带的反映。该成矿带近东西向分布,有多处矿床矿点,如前撮落钼矿,倒木河钼、锌、多金属矿床,头道沟多金属硫铁矿,倒木河硫铁矿,三家子钼矿点,长岗钼矿点等。北部西阳—浒沟一带椭圆状弱异常推测为燕山期中酸性岩体。

八道河子镇—放马沟里大面积负磁场反映了大范围分布的燕山早期二长花岗岩和花岗闪长岩的磁场特征。异常带东侧的二道林子钼铅锌多金属矿床,活龙村附近的金、钼矿床(点)多处。

(二)西苇预测工作区

区内高磁异常多为椭圆状、等轴状,以北东、北西走向居多,等轴状次之,南北走向数量较少,异常强度一般小于 300nT,梯度较陡,主要为具有磁性的燕山期花岗闪长岩和二长花岗岩的异常反映。

断裂构造及岩浆热液活动使岩体磁性明显降低,并有利于成矿。低缓磁异常和重力低异常是本区钼矿找矿的综合物探标志。

(三)刘生店-天宝山预测工作区

区内燕山期中酸性侵入岩广泛分布。在 1:50 万航磁图上,预测工作区中部是一条宽幅的异常带呈东西向展布,在江源—安图县一带长约110km,宽40~45km。带内有 3 处局部异常:一是江源镇北异常,走向东西,面积 17.5km×25km,强度 350~400nT;二是大浦柴河镇以北异常,面积 15km×20km;三是安图县城一带异常,面积 20km×40km,走向东西。异常带主要反映了不同期次花岗岩体的磁场,特别是含暗色矿物较多的花岗岩及部分火山岩的反映。

在本区西北部,大犁树—官地镇一带负异常呈北东向断续分布,在敦化以东,负值范围变宽。这是敦化-密山断裂在磁场上的反映。另一条区域性断裂(石门-天桥岭断裂)明显呈北东向的负磁场梯度带。

(四)季德屯-福安堡预测工作区

本区钼矿床场产于磁性较弱的花岗岩体中,如季德屯钼矿产于-160nT 的磁场中,福安堡钼矿产于-40nT 的磁场中。

(五)天合兴预测工作区

磁场特征:预测工作区中部,有一条北东向的低值异常带,对应一条北东向的带状脉岩与异常带吻合,岩性为早白垩世花岗斑岩($K_1\gamma\pi$)、石英斑脉岩($\lambda\pi$)。重力场也是一条北东向的重力低场区,反映了片麻岩下部的中酸性侵入体。

含矿建造磁异常定性、定量解释:在航磁 ΔT 异常等值线平面图上,天合兴斑岩型钼、铜矿处于北东走向低(负)磁异常带西侧边缘,低(负)磁异常带北西部及南东部为逐渐升高的正磁异常区,选取一条北西向剖面(图 5-2-1),剖面垂直横跨在北东走向低(负)磁异常带上,结合地质图及该区磁参数统计资料分析,高磁异常由中太古代英云闪长质片麻岩引起,低磁异常由早白垩世花岗斑岩(蚀变)引起。早白垩世花岗斑岩为该区铜矿的含矿建造,北东向断裂为成矿构造。采用 RGIS 软件系统进行剖面 2.5D 磁

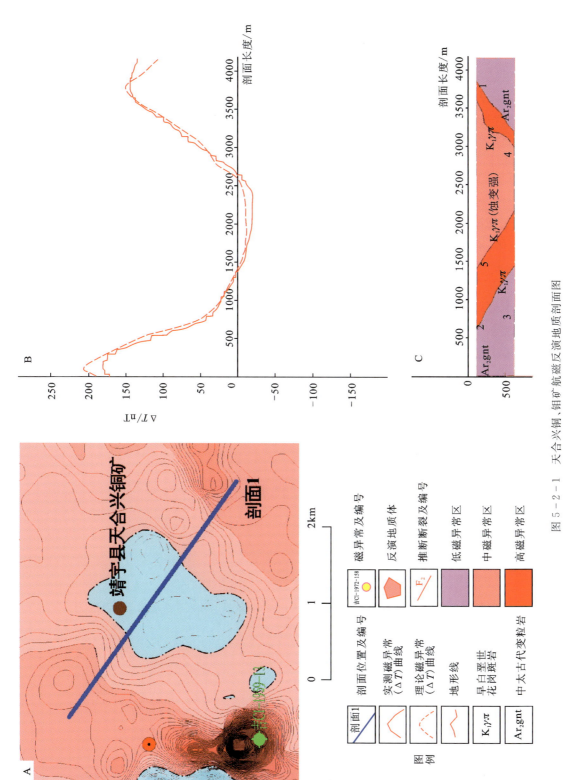

图 5-2-1 天合兴铜、钼矿航磁反演地质剖面图

A. 天河兴航磁 (ΔT) 等值线及剖面位置图;B. 天合兴预测工作区剖面1磁力异常 (ΔT) 曲线;C. 天合兴预测工作区剖面1磁异常推断成果图

异常正反演定量解释,使用参数及反演结果见图,推断出蚀变花岗斑岩体在深部延伸状态及接触带位置产状,花岗斑岩体上宽下窄,由外向内蚀变增强,在中心部位磁性最弱。

(六)大石河-尔站预测工作区

在航磁 ΔT 异常等值线平面图上,东部大面积正磁异常区与地表出露的中酸性侵入岩有关。

南部负磁异常区燕山期早侏罗世花岗闪长岩、二长花岗岩分布较广,为大石河大型斑岩型钼矿母岩。钼矿附近有新元古界新兴岩组变质砂岩、板岩零星出露,并有大量新近系老爷岭组玄武岩分布。从磁异常形态特征看,北东向、北西向、南北向、东西向半隐伏—隐伏断裂较为发育。含钼矿燕山期酸性侵入体对应的负磁异常区与该区域强烈的热液蚀变、矿化蚀变关系密切,由外向内蚀变作用逐渐增强,导致岩石磁性显著降低,磁异常减弱,钼矿处于负磁异常区中心部位。钼矿附近有大量新近系老爷岭组玄武岩分布,说明岩浆活动来自深源地幔,没有磁异常显示,可能为玄武岩分布厚度较薄所致。

从大石河大型斑岩型钼矿典型矿床地质-地球物理找矿模型的研究可知,大石河大型斑岩型钼矿产于燕山期酸性侵入体中,具有重力低、磁力低异常特征,为本区斑岩型钼矿找矿标志。因此,本区具有"燕山期酸性侵入体、重力低、磁力低"3项特征的地段即可作为寻找钼矿的靶区。

(七)六道沟-八道沟预测工作区

临江铜山小型铜、钼矿床处于高磁场背景中的一个局部低磁异常内。局部低磁异常呈椭圆状,北东东走向,长3km,宽1.3km,与地表出露奥陶纪灰岩分布范围大致吻合。灰岩地层北侧分布有晚侏罗世闪长岩及侏罗系果松组火山岩,东南部分布有新近系军舰山组玄武岩,可引起较强磁异常。西部为晚侏罗世二长花岗岩,西南部为白垩纪花岗斑岩,可引起中等强度磁异常。

吉 C-87-221 异常(区内主要航磁异常)呈北东走向,长 1km,宽 0.8km,具有中等异常强度,位于晚侏罗世闪长岩与奥陶纪灰岩接触带上,与铜山小型铜、钼矿床地质条件及磁异常特征类似,可作为一处寻找铜山式矽卡岩型铜、钼矿的找矿靶区。

第三节 化探

一、技术流程

对1:20万化探资料数据进行数据处理,编制地区化学异常图,再将图件放大到1:5万。

二、资料应用情况

本次工作应用了1:5万或1:20万化探资料。

三、化探资料应用分析、化探异常特征及化探地质构造特征

(一)前撮落-火龙岭预测工作区

该预测工作区属于丘陵、低山森林景观区。

该区具有亲石元素、稀有元素、稀土元素同生地球化学场特点,分布的矿产有大黑山斑岩型钼矿、小

型锅盔顶子铜矿,并有铜、钼矿点。

应用1:20万化探数据,本次工作圈出Mo异常23处。其中,5号、10号异常具有清晰的三级分带和明显的浓集中心,异常强度高,峰值达到13×10^{-6},面积分别为$62km^2$、$975km^2$,呈带状分布。其中,10号异常规模巨大,具有6个浓集中心,是矿致异常集中区。

其余异常多以二级分带为主(2号、9号、22号只有外带),异常规模相对较小,呈"卫星"状围绕主要异常带分布。

与Mo空间套合紧密的元素有W、Ag、Cu、Pb、Zn、As、Sb。

5号组合异常由W、Cu、Ag、Pb、Zn、As、Sb构成。其中,W、Cu、Ag、Pb、As、Sb以较大的异常规模与Mo形成同心套合结构,显示较复杂组分的天然富集体;而Zn与Mo的局部交合指示能量核心具有一定埋深。

该天然富集体反映的是大黑山钼矿成矿岩浆系统,组合异常地球化学场的浓集中心即是大黑山钼矿分布位置。从组合异常分带上看,高离子电位的As、Sb在前锋区富集,使主要元素Mo、W在碱性条件下沿着热液系统(花岗斑岩体)充分迁移、分异,并不断利用构造成矿空间。随着含矿流体在封闭的系统空间里不断对流循环,围岩中的有益组分被萃取,同源的Ag、Pb、Zn通过带入区进入矿致岩浆系统。在深源能量巨大的条件下,成矿元素Mo进一步富集成矿。

10号组合异常具有较大的组合规模,构成组分复杂,针对Mo的浓集中心,W、Ag、Cu、Pb、Zn、As、Sb对Mo异常形成具有同心-离心套合结构的较复杂异常组分富集区域。

该富集区域分布了磐石加兴顶子铜矿、桦甸四方甸子钼矿、兴隆钼矿、隆廷砷金矿、地局子铅锌矿、新立屯多金属矿以及永吉的锅盔顶子铜矿、旺起乡胜利屯锌矿、外头砬子铜矿点。如此众多的成矿系统形成了巨大的、具备多处浓集中心的Mo异常地球化学场。因此,Mo、W、Ag、Cu、Pb、Zn、As、Sb异常具有多源特征,充分显示了带状异常的无序性,并促进了岩浆热液系统有益组分的叠加和富集。

具有二级异常分带的地球化学场在空间上的叠加组分同样比较复杂,Ag、Cu、Pb、As、Sb异常规模相对Mo较大,指示岩浆热液活动十分强烈,对矿致系统边缘仍有不同程度的叠加改造作用。因此,这些外围的异常地球化学场对找矿预测同样有利。

根据综合异常分布特征,本次工作圈出8个找矿预测工作区。这些找矿预测工作区具备优良的成矿地质背景和条件,是扩大资源量的有利场所。

该预测工作区的地球化学找矿模式如下:

(1)区内分布大面积的燕山期花岗岩类侵入体,北东向、北西向断裂构造发育,是主要成矿要素。

(2)主成矿元素Mo具有清晰的异常分带和明显的异常浓集中心,与矿致源积极响应,矿致性质明显,是主要找矿指示元素。

(3)Mo的组合异常形成复杂组分富集的叠生地球化学场反映的是成矿岩浆系统,是找矿预测的重要场所。

(4)主要指示元素有Mo、W、Ag、Cu、Pb、Zn、As、Sb。其中,Ag、Cu、Pb、Zn是近矿指示元素,As、Sb是前锋指示元素,Mo、W是热液系统的尾晕。

(5)成矿主要经历中—高温过程。

(二)西苇预测工作区

该预测工作区主要处于台地、森林景观区。

应用1:5万(补充)、1:20万化探数据(均匀化),本次工作圈出1处Mo异常。该异常规模较大,衬度面积为$139km^2$,异常强度为7.3衬度值,呈北东向延伸。

与Mo空间交叠紧密的元素有W、Ag、Cu、Pb、Zn、As、Sb。其中,W、Cu以较大异常规模同心套合在Mo的内带;Ag、Pb、Zn异常规模相对较小,以分散状态构成Mo的中带和外带;As、Sb分布在外缘,构成地球化学场的分散带。

该异常地球化学场反映的是西苇斑岩型钼矿的成矿岩浆系统,由分散流异常表现出的分带特征可知,矿柱由 Mo、W、Cu 异常的同心环状结构表现出来,近矿异常带由 Ag、Pb、Zn 异常来表征,而其分散状显示 Ag、Pb、Zn 较低的含量水平,这对 Mo 的富集沉淀有较大影响。作为远程指示元素的 As、Sb 围绕成矿岩浆系统分布,显示离心状态,表明西苇钼矿系统被剥蚀的程度较高,以至于 As、Sb 异常远离浓集中心无规律分布。根据综合异常特征,本次工作圈出 1 个找矿预测工作区。该预测工作区具备优良的成矿地质背景和条件,是扩大找矿主要预测工作区。

该预测工作区的地球化学找矿模式如下:

(1)预测工作区分布大面积的燕山期花岗岩类侵入体,构造发育,为成矿提供必要条件。

(2)主要成矿元素 Mo 具有清晰的异常分带和明显的异常浓集中心,异常强度高,对成矿系统积极支持,是优良矿致异常和找矿指示元素。

(3)以 Mo 为主体的组合异常场具有较复杂的元素组分,在空间上叠合紧密,分带特征指示强烈的岩浆热液活动。

(4)主要指示元素为 Mo、W、Cu、Ag、Pb、Zn、As、Sb。其中,As、Sb 是前缘指示元素,Ag、Pb、Zn 是近矿指示元素,Mo、W、Cu 代表岩浆系统的尾晕。

(5)成矿经历高—中温过程。

(三)刘生店-天宝山预测工作区

该预测工作区属于中低山、森林景观区。

应用 1∶20 万化探数据,本次工作圈出 28 处 Mo 异常。其中,1 号、3 号、5 号、9 号、11 号、24 号、27 号异常具有清晰的三级分带和明显的浓集中心,异常强度高,峰值为 15.5×10^{-6},面积分别为 $162 km^2$、$365 km^2$、$41 km^2$、$149 km^2$、$348 km^2$、$47 km^2$、$544 km^2$,呈带状东西向展布。

具有较好二级分带异常的是 4 号、7 号、16 号、19 号、22 号、23 号,显示较小的异常规模,以较低级异常围绕主异常带分布。

其余异常只具有外带,规模小,呈"卫星"状分布在异常带的边缘。

与 Mo 空间套合紧密的元素是 W、Cu、Pb、Zn、Ag、As、Sb。

1 号、3 号、4 号、5 号组合异常规模较大,组分复杂,形成复杂元素组分富集的叠生地球化学场。在空间上,W、Cu、Pb、Zn、Ag、As、Sb 与 Mo 同心套合,构成 Mo 的同心异常带;在同心异常带的中带、外带,W、Cu、Pb、Zn、Ag、As、Sb 亦有局部伴生现象。这种地球化学场的异常无序结构,表明后期岩浆热液的多期活动性以及叠加改造作用的强烈。

9 号组合异常由 Mo、W、Cu、Pb、Zn、Ag、As、Sb 构成,组分复杂。其中,W、Ag、Cu 以较大的异常规模与 Mo 同心套合,Pb、Zn、As、Sb 的浓集中心与 Mo 偏离。

该异常场有官瞎子沟铜矿响应,是优良的矿致异常,在理想的地质条件下,是找矿预测的重要区域。

11 号组合异常由 Mo、W、Pb、Zn、Ag、As、Sb 异常构成。Mo、W、Ag 以较大的异常规模同心套合,As、Sb 异常规模亦较大,与 Mo 局部交合。Pb、Zn 呈分散状态。

11-2-2 号的浓集中心反映的是安图刘生店钼矿岩浆系统。Mo、W、Ag 的高含量水平指示该成矿岩浆系统深部具有相当大规模的热源,As、Sb 充填在前锋区有利于 Mo 的运移。

11-2-1 号的浓集中心反映的是安图三岔子钼矿系统。Pb、Zn、Ag、As、Sb 异常偏离三岔子钼矿成矿岩浆系统,只 Cu 异常对它积极响应。这种同源组分的偏离无序特征指示成矿后期,由于构造及岩浆热液的继承性使 Pb、Zn、Ag、As、Sb 在带出区富集,对进一步成矿不利。因此,三岔子钼矿的成矿规模不大(累计已查明储量 649t)。

27 号组合异常直接反映了天宝山铜、铅、锌、钼、多金属成矿系统。Mo、W、Cu、Pb、Zn、Ag、As、Sb

在空间上形成组分复杂的异常天然富集体,显示规模较大的成矿岩浆系统。Mo、W、Cu、Pb、Zn、Ag、As、Sb异常的有序套合,在天宝山成矿系统周围形成均匀的地球化学环。可见,在成矿过程中,巨量的含矿流体沿能量核心(花岗岩体)呈螺旋状迁移。由于主要组分(Mo、W、Cu、Pb、Zn、Ag、As、Sb)的高含量水平使成矿元素(Cu、Pb、Zn、Mo)在构造空间充分充填,形成颇具规模的天宝山多金属矿化体系。

28号组合异常分布在天宝山的南部,由Mo、W、Cu、Pb、Zn构成。其中,Zn源自天宝山矿化系统,W、Cu、Pb显示较小的异常规模。因此,该组合异常场应是天宝山多金属矿化体系的边缘富集体,可作为成矿系统外围重要的找矿预测工作区。

19号、22号、23号显示的二级分带组合异常场分布在主要异常带的南部,亦具有较复杂的伴生组分。在成矿地质背景、条件优良的情况下,这些组合异常场分布区是外围重要的找矿预测工作区。

根据Mo的综合异常特征,本次工作共圈出7个找矿预测工作区。其中,刘生店找矿预测工作区和天宝山找矿预测工作区最为重要。

该预测工作区的地球化学找矿模式如下:

(1)燕山期的花岗岩侵入活动和北东向、北西向断裂构造是区内主要成矿因素。

(2)预测工作区具有大规模的深源能量系统及高含量水平物质组分。

(3)主要成矿元素Mo的异常分带清晰,浓集中心明显,异常强度高,对钼矿系统积极响应,矿致性质明显。

(4)以Mo为主体的组合异常场组分复杂,在空间上叠合紧密,是与矿致岩浆系统紧密相关的异常富集区,为重要找矿区段。

(5)主要指示元素有Mo、W、Cu、Pb、Zn、Ag、As、Sb。其中,Mo、W、Cu、Pb、Zn、Ag是主要的成矿指示元素,As、Sb是重要的前缘指示元素。

(四)季德屯-福安堡预测工作区

该预测工作区属于中低山、森林景观区。

应用1∶20万化探数据,本次工作圈出Mo异常8处。其中,4号、6号异常具有清晰的三级分带和明显的浓级中心,异常强度较高,峰值为4.58×10^{-6},面积分别为$70km^2$、$46km^2$,呈面状分布。

1号、2号、3号、8号异常具有较好的二级分带,呈不规则形状。

5号、7号异常规模小,只具有外带。

与Mo空间套合紧密的元素有W、Ag、Cu、Pb、Zn、As、Sb。

构成1号、2号、3号组合异常的元素组分较少,主要有Cu或Sb或Ag、Cu、As,异常浓集中心吻合程度差,呈分散状态,反映的是矿致系统外围低级的地球化学场特征。

4号组合异常组分较复杂,主要有Mo、W、Ag、Cu、Pb、Zn。在空间上,Mo、Ag、Cu、Pb、Zn、W异常呈完整的同心套合状态,而且浓集中心吻合程度高,形成较复杂元素组分富集的叠生地球化学场。

该异常地球化学场直接反映了福安堡斑岩型钼矿的成矿岩浆系统(福安堡钼矿置于异常浓集中心),向心元素Mo、Ag、Cu、Pb、Zn不仅代表了福安堡矿致系统成矿专属性成分,而且形成有序异常结构的天然富集体。这种具有特征性的地球化学环均匀交替,充填了整个成矿空间,可以想象在福安堡成矿岩浆系统形成过程中,由于能量与物质的动态-平衡转移,向心元素沿着能量核心(花岗斑岩体)发生了韵律变化,即酸-碱波动。化学研究表明,Mo、W的离子电位较高($\pi>8$),属酸性元素,一般在碱性的地球化学环境中迁移,在酸性条件下沉淀;而Ag、Cu、Pb、Zn的离子电位较低,地球化学行为与此相反。因此,在矿化初期,Mo、W含量水平高,在碱性的岩浆系统里得以极大程度的迁移、分异,而随着Ag、Cu、Pb、Zn组分的带入,岩浆系统的酸性程度增加,形成利于Mo、W沉淀的地球化学障。

6号组合异常由Mo、W、Ag、Cu、Pb、Zn、As、Sb异常构成,是复杂元素组分富集的叠生地球化学场,反映的是季德屯钼矿岩浆系统。在空间上,Mo与W、Cu、As、Sb具有同心套合的态势。其中,As的异常规模较大；Ag、Pb、Zn 的异常规模较小，而且分布在 Mo 的中带或外带。这种异常分带特征与福安堡钼矿存在差异。

在季德屯钼矿岩浆系统中，碱性的地球化学环境中还出现 As、Sb 异常，而 Mo、W、As、Sb 同属于高离子电位元素，这样季德屯钼矿岩浆系统的碱性程度就更强，对 Mo、W 的迁移、分异更为有利。Ag、Pb、Zn 在矿化系统边缘富集说明 Mo、W 含量处于更高水平，对"成矿室"的充填更充分，形成的矿致系统规模更大。同时，针对季德屯钼矿也应注意伴生的斑岩性铜矿、钨矿的预测。

7 号、8 号组合异常分布在季德屯的东侧，异常组分亦较复杂，Mo、W、Ag、Cu、Pb、Zn、As 在空间的套合程度亦较高。作为钼矿岩浆系统外围复杂组分异常场，7 号、8 号组合异常区应是季德屯钼矿外围重要的找矿预测场所。

根据综合异常特征，本次工作圈出 5 个找矿预测工作区。其中，季德屯-福安堡找矿预测工作区是区内扩大资源量的主要预测工作区域。

该预测工作区的地球化学找矿模式如下：

(1)预测工作区内大面积的燕山期花岗岩类侵入体和发育的断裂构造是成矿的必要条件。

(2)主要成矿元素 Mo 的异常分带清晰，富集能力强，具有规模相当大的深部能源。

(3)Mo 的组合异常场组分复杂，空间套合紧密，分带特征明显，对钼矿岩浆系统积极支撑，为优良的矿致异常组合，是找矿预测的主要异常区段。

(4)主要找矿指示元素有 Mo、W、Ag、Cu、Pb、Zn、As、Sb。其中，Mo 是主要成矿元素，Ag、Cu、Pb、Zn 是近矿指示元素，As、Sb 是成矿系统的前缘指示元素，尾晕主要是 Mo、W、Cu。

(5)成矿以高—中温的地球化学环境为主。

(五)天合兴预测工作区

该预测工作区属于中低山、森林景观区，具有亲铁元素同生地球化学场的特征。

应用 1∶5 万(补充)、1∶20 万化探数据(均匀化处理)圈出 10 处 Mo 的衬值异常。其中，2 号、3 号、4 号、5 号、7 号异常具有清晰的三级分带和明显的浓集中心，强度为 5.50 衬度值，形状不规则，多呈北向展布的趋势。

1 号、6 号、8 号、9 号、10 号异常具有较好的二级分带，面积分别为 $12km^2$、$12km^2$、$14km^2$、$3km^2$、$2km^2$，分布在主要异常带的外围。

与 Mo 套合紧密的元素有 W、Bi、Cu、Pb、Zn、Ag、As、Sb。

2 号、3 号、4 号、5 号组合异常分布在天合兴的北侧，由 Mo、W、Bi、Cu、Pb、Zn、Ag、As、Sb 构成，在空间上，W、Bi、Cu、Pb、Zn、Ag、As、Sb 与 Mo 偏离交合，形成无序结构的较复杂组分富集体。这些组合异常规模相对较小，没有矿产响应，可结合成矿地质背景进行矿致系统外围的找矿预测。

7 号组合异常反映的是天合兴铜(钼)成矿系统。W、Bi、Cu、Pb、Zn、Ag、As、Sb 与 Mo 空间紧密交叠，具同心韵律结构。伴生组分 W、Bi、Cu、Pb、Zn、Ag、As、Sb 的异常规模均较 Mo 大，显示相对较高的异常含量水平。同时，这些较大异常规模的伴生组分也显示出天合兴岩浆系统的规模。

矿致异常的同心韵律结构在矿物组合上也显示较好的分带性。在矿体分布位置有黄铜矿、斑铜矿、黝铜矿、辉铜矿、辉钼矿，向外有闪锌矿、方铅矿、铜蓝、黄铁矿、磁黄铁矿、辉银矿等。因此，应用矿物的分带性可以较好地进行找矿预测。

典型矿床研究表明，区内的岩浆活动是多期性的。正是这种多期次的岩浆侵入活动使元素在空间上出现复杂的叠加效果，对成矿有利。

根据 Mo 的综合异常分布特征圈出 4 个找矿预测工作区。该 4 个找矿预测工作区均落位在燕山期岩浆活动带上，显示优良的成矿地质背景。

该预测工作区的地球化学找矿模式如下：

(1) 预测工作区处于亲铁元素同生地球化学场。分布与成矿关系密切的燕山期花岗岩类侵入体,岩浆系统中构造发育,是成矿的主要因素。

(2) 主成矿元素 Cu、Mo 具有分带清晰、浓集中心明显、异常强度高的基本特征。

(3) 以 Mo 为主体的组合异常空间套合紧密,形成较复杂组分富集的叠生地球化学场,是预测的重要异常区。

(4) Mo 的综合异常具有良好的成矿背景和成矿条件,空间上与分布的矿产积极响应,为矿致异常。

(5) 主要的找矿指示元素有 Mo、W、Bi、Cu、Pb、Zn、Ag、As、Sb(Ni、Cr)。近矿指示元素有 Cu、Pb、Zn、Ag,远程指示元素有 As、Sb,尾部元素 Mo、W(Ni、Cr)。

(6) 显示中—高温的成矿地球化学环境。

(六) 大石河-尔站预测工作区

该预测工作区属于中低山、森林、沼泽景观区。

应用 1∶20 万化探数据,本次工作圈出 11 处 Mo 异常。其中,3 号异常具有清晰的三级分带和明显的浓集中心,异常强度较高,峰值为 12.2×10^{-6},呈面状分布,具有北东向延伸的趋势。

6 号异常亦显示三级分带特征,但向北没有封闭。

1 号、4 号、9 号异常具有较好的二级分带,异常面积分别为 $23 km^2$、$79 km^2$、$29 km^2$,分布不规则。

2 号、5 号、7 号、8 号异常只具有外带,异常规模较小,分布零散。

与 Mo 空间套合紧密的元素有 W、Ag、Cu、Pb、Zn、As、Sb。

1 号组合异常分布在预测工作区的北侧,由 Cu、As、Pb、Zn 构成,在空间上与 Mo 套合程度较差,主要构成 Mo 的外带富集区,具离心结构。

3 号、6 号组合异常规模较大,由 Cu、Ag、Pb、Zn、As、Sb 构成,有时有 W 存在。空间上与 Mo 同心套合,形成复杂元素组分富集的叠生地球化学场。

4 号组合异常分布在预测工作区的东侧,由 Cu、Pb、Zn 构成,在空间上与 Mo 套合程度较差,主要在 Mo 的外带富集,具离心结构,形成的是简单元素组分富集的叠生地球化学场。

7 号组合异常规模相对较小,显示复杂的元素组分,Cu、Ag、Pb、Zn、Sb 以较大的异常富集带与 Mo 同心套合,As 分布在 Mo 的外围。

9 号、10 号组合异常分布在工作区的南部,构成组分简单,有 Pb、Sb 或 Ag、Pb,呈离心结构,组合规模不大,显示简单元素组分富集特征。

以上组合异常场均以燕山期的花岗岩类侵入体为背景,北东向、北西向的断裂构造发育。Ag、Cu、Pb、Zn、As、Sb、W 对 Mo 的叠加改造作用较强烈,W 多与 Mo 偏离,分布比较零散。这种组合特征显示区内岩浆活动具有多期次性,而相对岩浆系统,离心型的 Ag、Cu、Pb、Zn、As、Sb 富集在物理-化学峰部,充填在构造裂隙空间,妨碍了 Mo 和 W 的进一步迁移、分异。

11 号组合异常反映了大石河钼矿成矿岩浆系统,异常组分复杂。其中,Ag、Cu、Pb、Zn、As 构成 Mo 的同心结构地球化学场,Sb 与 Mo 局部交合,W 同样没有出现在组合异常场中。在空间上,11 号组合异常的浓集中心向北偏移,与钼矿岩浆系统不完全吻合。

典型矿床研究表明,钼矿体赋存在隐爆角砾岩筒构造系统,向北侧的构造裂隙空间极其发育,这决定了含矿流体的运移方向。同时,大石河钼矿分布在水系源头,元素异常通过分散流反映出来。

根据元素综合异常特征圈出 6 个找矿预测工作区。1 号、2 号、3 号、4 号、5 号找矿预测工作区分布在大石河钼矿的北部,具备优良的成矿地质条件,是外围找矿预测的有利区域。

该预测工作区的地球化学找矿模式如下:

(1) 预测工作区分布大面积的燕山期花岗岩类侵入体,构造裂隙发育,是成矿的主要因素。

(2) 主要成矿元素 Mo 具有显著的浓集效应,异常强度较高,异常规模较大。

(3) 以 Mo 为主体的组合异常场具有复杂的元素组分,在空间上异常套合紧密,形成复杂的异常富集区,对钼矿系统积极支持,是找矿的重要场所。

(4) Mo 综合异常区具备优良的成矿地质条件,是主要的找矿预测工作区。

(5) 主要找矿指示元素有 Mo、W、Ag、Cu、Pb、Zn、As、Sb。其中,Mo 是成矿指示元素,Ag、Cu、Pb、Zn 是近矿指示元素,W 是成矿系统尾晕。

(七) 六道沟-八道沟预测工作区

该预测工作区具有亲石、碱土金属元素同生地球化学场的特征。

应用 1:5 万化探数据圈出 Mo 异常 26 处。其中,2 号、5 号、8 号、9 号、10 号、12 号、13 号、14 号、15 号、17 号、19 号、20 号、21 号、24 号、28 号 Mo 异常具有清晰的三级分带和明显的浓集中心,异常强度较高,为 113×10^{-6},以 14 号、17 号异常规模最大,异常面积约为 $10km^2$、$39km^2$,带状分布,东西向或北东向延伸的趋势。

具有二级分带的 Mo 异常 11 处,以 2 号异常表现得最好,只是向北没有封闭。

Cu 圈出了 43 处异常,其中,具有三级分带和明显浓集中心的异常 13 处,以 15 号异常规模最大,异常面积约 $24km^2$,异常强度 629×10^{-6},与 Mo 的 17 号异常叠合较好。由此可见,主要成矿元素 Cu、Mo 在区内的富集能力是较强的,而且含量水平较高。

与 Mo 空间套合紧密的元素主要有 Cu、Ag、Pb、Zn、As、Sb、W、Bi。

14 号组合异常由 Mo、W、Bi、Ag、Pb 构成,Ag、Pb 显示较小的异常规模,交合在 Mo 的外带,呈分散状态;Mo、W 形成同心套合结构,同时,在 Mo 的外带 W 也有分布。这种组合特征说明岩浆系统的后期叠加改造作用强烈,同源的 W、Bi、Ag、Pb 产生不均匀的径向迁移,使地球化学场的线性结构界限具有离心的无序特征。

17 号组合异常规模较大,复杂的元素组分空间套合紧密,形成异常组分富集的叠生地球化学场。在空间上,Cu、Ag、Pb、Zn、As、Sb、Bi 与 Mo 呈同心结构状态,W 与 Mo 的浓集中心偏离,Cu、Bi 显示较大的异常规模。

该组合异常场直接反映了临江六道沟铜、钼矿的成矿岩浆系统,浓集中心即为铜、钼矿的分布位置。Mo、Bi、Cu 的高含量水平及异常组分的复杂叠加,表明岩浆系统的深源能量是较大的;而系统中具有较高离子电位($\pi>8$)Bi、W、As、Sb 的充填使主要成矿元素 Mo、Cu 能够充分迁移和分异,碱性元素 Ag、Pb、Zn($\pi<2.5$)在带入区形成的地球化学障是 Mo、Cu 沉淀富集的有利保证。因此,17 号组合异常深部的进一步找矿预测是有希望的。

分布在成矿岩浆系统(铜山铜、钼矿)外的组合异常规模相对较小,空间叠加的异常组分仍较复杂。地质背景显示,这些组合异常落位在燕山期花岗侵入体或与围岩(安山岩、大理岩)的结成带上,显示优良的成矿地质条件,是外围找矿预测的重要区域。

第四节 遥感

一、技术流程

利用 MapGIS 将该幅 *.Geotiff 格式图像转换为 *.msi 格式图像,再通过投影变换,将它转换为 1:5 万比例尺的 *.msi 格式图像。

将 1:5 万比例尺的 *.msi 图像作为基础图层,添加该区的地理信息及辅助信息,生成鸭园—六道江地区沉积型磷矿1∶5万遥感影像图。

利用Erdas Imagine遥感图像处理软件将处理后的吉林省东部ETM遥感影像镶嵌图输出为*.Geotiff格式图像,再通过MipGIS软件将它转换为*.msi格式图像。

在MapGIS支持下,调入吉林省东部*.msi格式图像,在1∶25万精度的遥感特征解译基础上,对吉林省各矿产预测类型分布区进行空间精度为1∶5万的矿产地质特征与近矿找矿标志解译。

利用B1、B4、B5、B7四个波段对应的准归一化校正数据或无损失拉伸数据进行主成分分析,第四主成分存储于14通道中,对它分3级进行异常切割,一般情况一级异常$K\sigma$取3.0,二级异常$K\sigma$取2.5,三级异常$K\sigma$取2.0,个别情况$K\sigma$值略有变动,经过分级处理的3个级别的铁染异常分别存储于16、17、18通道中。

利用B1、B3、B4、B5四个波段对应的准归一化校正数据或无损失拉伸数据进行主成分分析,第四主成分存储于15通道中,对它分3级进行异常切割,一般情况一级异常$K\sigma$取2.5,二级异常$K\sigma$取2.0,三级异常$K\sigma$取1.5,个别情况$K\sigma$值略有变动,经过分级处理的3个级别的铁染异常分别存储于19、20、21通道中。

二、资料应用情况

利用全国项目组提供的2002年9月17日接收的117/31景ETM数据经计算机录入、融合、校正形成的遥感图像。利用全国项目组提供的吉林省1∶25万地理底图提取制图所需的地理部分。参考吉林省区域地质调查所编制的吉林省1∶25万地质图和吉林省区域地质志。

三、钼矿产的遥感特征

(一)前撮落-火龙岭预测工作区

1. 遥感特征

本次工作共解译线要素434条,全部为遥感断层要素;环要素116个;色要素15处;圈出最小预测区6个。

预测工作区内解译出2条大型断裂(带),分别为敦化-密山岩石圈断裂、伊通-舒兰断裂带;解译出4条中型断裂(带),分别为桦甸-蛟河断裂带、柳河-吉林断裂带、双阳-长白断裂带、伊通-辉南断裂带。

预测工作区内的小型断裂比较发育,预测工作区内的小型断裂以北东向、北东东向为主,北西向、北西西向次之小型断裂,其中多表现为压性特点,北西向断裂多表现为张性特征。

区内解译出区域性规模脆韧性变形构造或构造带3条,为韧性变形趋势带。

区内的环形构造比较发育,共圈出116个环形构造。它们主要集中于不同方向断裂交会部位。其中,与隐伏岩体有关的环形构造47个,由中生代花岗岩类引起的环形构造55个,由古生代花岗岩类引起的环形构造1个,由闪长岩类引起的环形构造6个。

区内共解译出色调异常15处,14处由绢云母化、硅化引起,它们在遥感图像上均显示为浅色调异常;1处为侵入岩体内外接触带及残留顶盖。从空间分布上看,区内的色调异常明显与断裂构造及环形构造有关,在北东向断裂带上及北东向断裂带与其他方向断裂交会部位以及环形构造集中区,色调异常呈不规则状分布。区内的永吉县前撮落钼矿是环形构造集中区,在空间上与遥感色调异常有较密切的关系。

2. 遥感异常分布特征

提取遥感羟基异常面积 19 387 415 m²，其中，一级异常 4 003 151 m²，二级异常 3 464 901 m²，三级异常 11 919 363 m²。桦甸-双河镇断裂带与柳河-吉林断裂带交会处集中分布异常。环形构造发育，并有遥感浅色调异常分布。

提取遥感铁染异常面积 26 682 223 m²，其中，一级异常 20 086 185 m²，二级异常 3 561 040 m²，三级异常 3 034 998 m²。铁染异常主要在预测工作区中部分布，分布在桦甸-双河镇断裂带上。遥感浅色调异常分布。桦甸-双河镇断裂带与柳河-吉林断裂带交会，集中分布异常。环形构造发育，并有遥感浅色调异常分布。

(二) 西苇预测工作区

1. 遥感特征

该预测工作区共解译线要素 44 条，全部为遥感断层要素；环要素 6 个；圈出最小预测区 1 个；解译中型断裂(带)1 条，为伊通-辉南断裂带。

区内的小型断裂比较发育，以北东向、北东东向为主，北西向、北西西向次之，其中北西向断裂多表现为张性特征，其他方向断裂多表现为压性特征。

区内的环形构造比较发育，共圈出 6 个环形构造。它们主要集中于不同方向断裂交会部位。按其成因类型分为 3 类，其中，与隐伏岩体有关的环形构造 1 个，由中生代花岗岩类引起的环形构造 4 个，由古生代花岗岩引起的环形构造 1 个。

区内共解译出色调异常 3 处，由绢云母化、硅化引起，在遥感图像上均显示为浅色调异常。从空间分布上看，区内的色调异常明显与断裂构造及环形构造有关，在北东向断裂带上及北东向断裂带与其他方向断裂交会部位色调异常呈不规则状分布。

2. 遥感异常分布特征

该预测工作区解译线要素 44 条，全部为遥感断层要素；环要素 6 个；圈出最小预测区 1 个；解译中型断裂(带)1 条，为伊通-辉南断裂带。

预测工作区内的小型断裂比较发育，预测工作区内的小型断裂以北东向、北东东向为主，北西向、北西西向次之，其中北西向断裂多表现为张性特征，其他方向断裂多表现为压性特征。

预测工作区内的环形构造比较发育，共圈出 6 个环形构造。它们主要集中于不同方向断裂交会部位。其中，与隐伏岩体有关的环形构造 1 个，由中生代花岗岩类引起的环形构造 4 个。

区内共解译出色调异常 3 处，推测由绢云母化、硅化引起，显示为浅色调异常。从空间分布上看，区内的色调异常明显与断裂构造及环形构造有关，在北东向断裂带与其他方向断裂交会部位色调异常且呈不规则状分布。

(三) 刘生店-天宝山预测工作区

1. 遥感特征

该预测工作区共解译线要素 468 条，其中，449 条为遥感断层要素，19 条为脆韧性变形构造；环要素 4 个；圈出最小预测区 6 个。

预测工作区内解译出 1 条巨型断裂(带)，为华北地台北缘断裂带，南侧前青白口系广泛发育，古老基底为太古宙、古中元古代的深变质岩系，盖层浅海相地台型沉积建造组成，北侧以古生代海相火山-碎屑及陆源碎屑和碳酸盐岩为主的火山沉积岩。在断裂带内及其两侧有自太古宙—新生代碱性、酸性、中性、基性、超基性岩浆侵入和喷发。预测工作区内解译出 2 条大型断裂(带),分别为集安-松江岩石圈断裂、敦化-密山岩石圈断裂。预测工作区内解译出 7 条中型断裂(带),分别为敦化-杜荒子断裂带、丰满-崇善断裂带、富江-景山断裂带、红石-西城断裂带、江源-新合断裂带、三源浦-样子哨断裂带、望天鹅-春阳断裂带。

(1)敦化-杜荒子断裂带。西段汪清—复兴一带的晚三叠世火山岩及杜荒子一带的古近系受此断裂控制,同时走向东西的脉岩群十分发弃育,东段尚有海西晚期东南岔基性岩侵入。

(2)丰满-崇善断裂带。由吉林丰满向东南经横道子切过敦化-密山断裂带,再经崇善后进入朝鲜,断裂带切割由二叠系组成的北东向褶皱及中新生代地层,沿断裂带有第四纪玄武岩溢出。

(3)富江-景山断裂带。由两条主要断裂和数条与之平行的断裂组成,切割太古宙—白垩纪地层及岩体,西南段晚侏罗世辉长岩岩株成群分布。

(4)红石-西城断裂带。切割古元古界及中生代岩体,晚侏罗世安山岩沿断裂带方向呈长条状展布,早白垩世闪长岩、侏罗纪正长岩岩株沿断裂带侵入。

(5)江源-新合断裂带。控制并切割新元古界青龙村岩群有明显的控制作用,切割寒武纪—三叠纪地层及岩体,为一条形成较早、后期又有活动的断裂带。

(6)三源浦-样子哨断裂带。主要由两条断裂组成,构成三源浦-样子哨断陷盆地之西北侧和东南侧边缘城压性断裂,控制古元古代—古生代地层沉积,南段限制三源浦-三棵榆树中生代火山洼地的西北缘,由于北西向断裂的切割破坏,使两个分支断裂沿新发—石家店一线发生北西-南东向位移。

(7)望天鹅-春阳断裂带。切割中生代及新生代地层及岩体,控制晚侏罗世—早白垩世春阳盆地的展布,望天鹅及白头山火山口分布在该带上,是一条形成于侏罗纪、至第四纪仍在活动的断裂带。

区内的小型断裂比较发育,并以北东向、北东东向为主,且多表现为压性特征,北西向、北西西向小型断裂次之,多表现为张性特征,多集中分布于不同方向断裂带围成的小型块体内,构成多种样式小断裂密集分布区。

区内解译出 19 条区域性规模脆韧性变形构造,组成 3 个规模较大的脆韧性变形构造带。最大一条变形构造带分布于预测工作区中部呈近东西向较大的弧形展布,延长近百千米,东端伸出预测工作区,晚石炭世花岗闪长岩、晚二叠世花岗闪长岩、三叠世花岗岩、晚侏罗世闪长岩沿该带呈较宽带状分布,沿该带有青龙村群黑云斜长片麻岩、角闪斜长片麻岩捕虏体分布;另一条规模较大的变形构造带分布于预测工作区东南部,是一条与华北地台北缘断裂带相伴生的韧性剪切带。

区内的环形构造比较发育,共圈出 106 个环形构造。它们主要集中于不同方向断裂交会部位。区内的环形构造按成因类型分为 6 类,其中,与隐伏岩体有关的环形构造 53 个,由中生代花岗岩类引起的环形构造 26 个,由古生代花岗岩类引起的环形构造 12 个,由浅层—超浅层次火山岩体引起的环形构造 12 个,由基性岩类引起的环形构造 2 个,成因不明的环形构造 4 个。

预测工作区内共解译出色调异常 7 处,其中,6 处由绢云母化、硅化引起,1 处为侵入岩体内外接触带及残留顶盖。它们在遥感图像上均显示为浅色调异常。从空间分布上看,区内的色调异常明显与断裂构造及环形构造有关,在北东向断裂带上及北西向断裂带与其他方向断裂交会部位,色调异常呈不规则状分布。

区内的敦化三岔子钼矿是环形构造集中区。

2. 遥感异常分布特征

提取遥感羟基异常面积 126 827 309 m^2,其中,一级异常 24 416 059 m^2,二级异常 20 222 439 m^2,三级异常 82 188 811 m^2。该类异常主要分布于预测工作区东偏北部,新安-龙井断裂带和红石-西城断裂带与集安-松江岩石圈断裂、望天鹅-春阳断裂带交会处,多条小断裂密集分布区,环形构造集中分布区以及遥感浅色调异常区,为遥感羟基异常高度集中区。

提取遥感铁染异常面积 64 757 299m², 其中,一级异常 17 082 190m², 二级异常 8 938 628m², 三级异常 38 736 481m²。区内的铁染异常空间分布与断裂构造有较密切的关系,主要分布在新安-龙井断裂带、望天鹅-春阳断裂带附近,以及这两条断裂带附近的次级断裂上,小断裂密集分布区的不同方向,遥感铁染异常相对集中。

(四)季德屯-福安堡预测工作区

1. 遥感特征

该预测工作区共解译线要素 80 条,全部为遥感断层要素;环要素 10 个;圈出最小预测区 1 个。

区内解译出 1 条大型断裂(带),为依兰-伊通断裂带;解译出 4 条中型断裂(带),为新安-龙井断裂带、抚松-蛟河断裂带、德惠-舒兰断裂带、柳河-吉林断裂带。

抚松-蛟河断裂带:切割两个Ⅰ级构造单元地质体,蛟河盆地分布在该断裂带上。

德惠-舒兰断裂带:主要分布于第四系中,东段切割晚二叠世、早三叠世地层及岩体,以及白垩纪地层。

区内的小型断裂比较发育,以北东向、北东东向为主,北西向、北西西向次之,其中大部分表现为压性特征,少数表现为张性特征。

预测工作区内的环形构造比较发育,共圈出 10 个环形构造。它们主要集中于不同方向断裂交会部位。区内环形构造按成因类型可分为 2 类,其中,由中生代花岗岩类引起的环形构造 1 个,由古生代花岗岩类引起的环形构造 9 个。

2. 遥感异常分布特征

区内提取遥感羟基异常面积 1 187 625m², 其中,一级异常 156 911m², 二级异常 164 661m², 三级异常 866 051m²。该类异常在预测工作区中部,在依兰-伊通断裂带北西侧,多方向小型断裂密集分布区集中分布。

区内提取遥感铁染异常面积 1 907 455m², 其中,一级异常 22 406.670m², 二级异常 96 517m², 三级异常 1 788 531m²。铁染异常主要在预测工作区中部分布,新安-龙井断裂带和柳河-吉林断裂带交会处及多方向小型断裂密集分布区,铁染异常相对集中。

舒兰市福安堡钼矿床分布于新安-龙井断裂带与柳河-吉林断裂带交会部位锐角区,多个由古生代花岗岩引起的环形构造在此区集中分布,环形构造边部铁染异常集中分布。

舒兰市季德屯钼矿床形成于近东西向与北西向小型断裂交会部位,矿体明显受北西向或近东西向断裂控制。

(五)天合兴预测工作区

1. 遥感特征

该预测工作区共解译线要素 29 条,全部为遥感断层要素;环要素 1 个;圈出最小预测区 1 个。

图幅内线要素全部为遥感断层要素。

在遥感断层要素解译中按断裂的规模、切割深度、断裂对地质体的控制程度,结合已知的地质资料,依次划分为大型、中型和小型 3 类。预测工作区内解译出 2 条中型断裂(带),即富江-景山断裂带、双阳-长白断裂带。

富江-景山断裂带:由两条主要断裂和数条与之平行的断裂组成,切割自太古宙—白垩纪地层及岩体,西南段晚侏罗世辉长岩岩株成群分布。

双阳-长白断裂带：双阳盆地、烟筒山西的晚三叠世盆地、明城东的中侏罗世盆地和石嘴东的中侏罗世盆地等沿断裂带分布，北段西南侧七顶子—磐石一带燕山早期的花岗岩体和基性岩体群，中段石嘴红旗岭、黑石一带众多的燕山早期花岗岩小岩株和海西期基性—超基性岩体群均沿此断裂带呈北西向展布。

预测工作区内的小型断裂比较发育，预测工作区内的小型断裂以北东向、北东东向为主，北西向、北西西向次之，其中，北东向断裂多表现为压性特征，北西向断裂多表现为张性特征。

预测工作区内的环形构造比较发育，共圈出 1 个与隐伏岩体有关的环形构造，位于不同方向断裂交会部位。

预测工作区内共解译出色调异常 1 处，由绢云母化、硅化引起，在遥感图像上均显示为浅色调异常。从空间分布上看，区内的色调异常明显与断裂构造及环形构造有关，在北东向断裂带上及北东向断裂带与其他方向断裂交会部位色调异常呈不规则状分布。

2. 遥感异常分布特征

区内提取遥感羟基异常面积 12 023 763.912 m^2，其中，一级异常 85 500.000 m^2，二级异常 180 900.000 m^2，三级异常 11 919 363.912 m^2。该类异常分布在富江-景山断裂带上，在遥感图像上显示为浅色调异常。

区内提取遥感铁染异常面积 1 374 529 m^2，其中，一级异常 1 048 179 m^2，二级异常 171 550 m^2，三级异常 154 800 m^2。铁染异常主要在预测工作区北西部分布，即分布在双阳-长白断裂带与富江-景山断裂带上，在遥感图像上显示浅色调异常分布，为一与隐伏岩体有关的环形构造。

（六）大石河-尔站预测工作区

1. 遥感特征

该预测工作区共解译线要素 119 条，其中，遥感断层要素 118 条，遥感脆韧性变形构造带要素 1 条；环要素 26 个，带要素 1 块，色要素 1 块；圈出最小预测区 3 个。预测工作区内解译出 5 条中型断裂（带），即长岭-罗子沟断裂带、长岭-青沟子断裂带、抚松-蛟河断裂带、桦甸-蛟河断裂带、新安-龙井断裂带。

长岭-罗子沟断裂带：西段分布于第四系中，中段切割上古生界及印支期岩体，东段切割下古生界及海西期岩体，断层成群出现，控制燕山期岩浆活动和晚三叠世的火山喷发与沉积及蛟河县附近中基性岩浆的侵入活动，是一条形成于古生代末、中生代活动较强烈、进入第四纪有活动的大形构造带。

预测工作区内的小型断裂比较发育，以北东向、北东东向为主，北西向、北西西向次之，其中，北东向断裂多表现为压性特征，北西向断裂多表现为张性特征。

本预测工作区内的脆韧变形趋势带较发育，共解译出 1 条节理劈理断裂密集带构造，形成于元古宙—新生代地质体中，西南段为塔东岩群与晚三叠世二长花岗岩接触带，晚三叠世正长花岗岩沿该带侵入。

预测工作区内的环形构造比较发育，共圈出 26 个环形构造。它们主要集中于不同方向断裂交会部位，按其成因类型可分为 4 类，其中，与隐伏岩体有关的环形构造 5 个，由中生代花岗岩类引起的环形构造 11 个，由古生代花岗岩类引起的环形构造 3 个，成因不明的环形构造 7 个。

预测工作区内共解译出色调异常 1 处，由绢云母化、硅化引起，在遥感图像上均显示为浅色调异常，色调异常呈不规则状分布。

本预测共解译出 1 处遥感带要素，由变质岩组成，为新元古界塔东岩群。（由斜长角闪岩、角闪岩、透辉斜长变粒岩、白云石英岩、片岩，夹大理岩及磁铁矿组成）。

2. 遥感异常分布特征

区内提取遥感羟基异常面积 4 699 714 m^2，其中，一级异常 829 162 m^2，二级异常 1 010 358 m^2，三级

异常 2 860 230m²。

该异常在预测工作区北部沿长岭-罗子沟断裂带和新安-龙井断裂带分布,环形构造发育。

区内提取遥感铁染异常面积 3 919 553m²,其中,一级异常 578 754m²,二级异常 622 450m²,三级异常 2 678 349m²。铁染异常主要在预测工作区西北分布,沿长岭-罗子沟断裂带和抚松-蛟河断裂带交会部位分布,被多条小型断裂分割。

(七)六道沟-八道沟预测工作区

1. 遥感特征

该预测工作区共解译线要素 105 条,全部为遥感断层要素;环要素 18 个;圈出最小预测区 4 个。图幅内线要素全部为遥感断层要素。在遥感断层要素解译中按断裂的规模、切割深度、断裂对地质体的控制程度,结合已知的地质资料,依次划分为中型和小型 2 类。

预测工作区内解译出 1 条中型断裂(带),头道-长白山断裂带。该断裂带为太子河-浑江陷褶束和营口-宽甸台拱Ⅲ级构造单元的分界线,断裂切割元古宇、古生界及侏罗系,并切割海西期、燕山期侵入岩。断裂发生于古元古代,海西期和燕山期均有强烈活动,东段乃至喜马拉雅期仍继续活动。

预测工作区内的小型断裂比较发育,预测工作区内的小型断裂以北东向、北东东向为主,北西向、北西西向次之,其中,北东向断裂多表现为压性特征,北西向断裂多表现为张性特征。

预测工作区内的环形构造比较发育,共圈出 18 个环形构造。它们主要集中于不同方向断裂交会部位,按其成因类型可分为 2 类,其中,与隐伏岩体有关的环形构造 16 个,由中生代花岗岩类引起的环形构造 2 个。

2. 遥感异常分布特征

区内提取遥感羟基异常面积 2 044 273m²,其中,一级异常 75 600m²,二级异常 72 639m²,三级异常 1 896 034m²。该异常主要在预测工作区北部零星分布,即头道-长白山断裂带上,被多条小型断裂分割。

区内提取遥感铁染异常面积 3 366 659m²,其中,一级异常 506 096m²,二级异常 302 400m²,三级异常 2 558 163m²。铁染异常主要在预测工作区南部、中部、北部分布,即头道-长白山断裂带上,有多条隐伏环形构造分布。

第五节 自然重砂

一、技术流程

按照自然重砂基本工作流程,在矿物选取和重砂数据准备完善的前提下,根据《自然重砂资料应用技术要求》,应用本省 1∶20 万重砂数据制作吉林省自然重砂工作程度图,自然重砂采样点位图,以选定的 20 种自然重砂矿物为对象,相应制作自然重砂矿物分级图、等量线图、八卦图,并在这些基础图件的基础上,结合汇水盆地圈定自然重砂异常图、自然重砂组合异常图,并进行异常信息的处理。

预测工作区自然重砂异常图的制作仍然以吉林省 1∶20 万自然重砂数据为基础数据源,以预测工作区为单位制作图框,截取 1∶20 万自然重砂数据制作单矿物含量分级图,在单矿物含量分级图的基础上,依据单矿物的异常下限绘制预测工作区自然重砂异常图。

预测工作区矿物组合异常图是在预测工作区单矿物异常图的基础上,以预测工作区内存在的典型矿床或矿点所涉及的自然重砂矿物选择矿物组合,将预测工作区单矿物异常空间套合较好的部分,以人工方法进行圈定,制作预测工作区矿物组合异常图。

二、资料应用情况

预测工作区自然重砂基础数据主要源于全国1∶20万的自然重砂数据库。本次工作对吉林省1∶20万自然重砂数据库的重砂矿物数据进行了核实、检查、修正、补充和完善,重点对参与自然重砂异常计算的字段值进行核实检查,并根据实际资料进行修整和补充完善。数据评定结果质量优良,数据可靠。

三、自然重砂异常及特征分析

1. 前撮落-火龙岭预测工作区

主要指示矿物辉钼矿圈出2处自然重砂异常,矿物含量分级较高,面积分别为3.41km^2、5.98km^2。二者分布在钼矿成矿带的西南部水域集水口,对钼典型矿床不支持。分析其地质背景,异常所处水系源头均有燕山期的花岗岩体侵入,其中,1号异常(辉1)没有矿致源响应,追溯其源头应注意斑岩型钼矿化痕迹;与2号辉钼矿可能存在响应关系的矿致源有铜矿和金银矿。因此,在利用2号辉钼矿自然重砂异常信息追溯源头钼矿化的同时,对火山岩型的金银矿、铜矿也有间接指示作用。

主要的共生矿物白钨矿在钼矿控制的汇水盆地内都有较好的异常反映,显示出与钼矿积极的响应关系,具备优良的矿致性,对预测钼矿提供重要的间接指示信息。

由辉钼矿-白钨矿-铜族构成的组合异常有1处,面积3.45km^2,在空间上与2号辉钼矿异常叠合,释放综合性的自然重砂指示信息。

综上所述,该预测工作区自然重砂异常较发育,指示效果显著,可以提供重要的找矿预测信息。同时说明,在主要矿物缺少直接指示效果的状况下,具备间接指示效应的共伴生矿物将起到重要作用。

2. 西苇预测工作区

该预测工作区具有直接指示意义的辉钼矿没有异常反映。

3. 刘生店-天宝山预测工作区

主要指示矿物辉钼矿圈出3处异常,含量分级低,面积分别6.05km^2、1.63km^2、9.04km^2,分布在钼典型矿床的北部汇水区域,对典型矿床缺乏支撑作用。

地质背景显示,异常所处水系上游是燕山早期的酸性花岗岩建造,推测自然重砂异常与此有关,可直接指示水系上游的钼矿化痕迹。

主要共生矿物白钨矿圈出1处异常,含量分级较高,以分水岭为界,分布在与2号辉钼矿异常相邻的汇水盆地中,可对寻找源头钼矿化提供帮助。

综上所述,该预测工作区典型矿床控制的汇水区域自然重砂异常不发育,指示作用不大。圈定的重砂异常(辉钼矿、白钨矿)可对未知区域找矿预测做出贡献。

4. 季德屯-福安堡预测工作区

具备直接指示作用的辉钼矿没有自然重砂异常,选择紧密共生的白钨矿加以评价。

白钨矿圈出3处异常,面积分别为8.63km²、5.99km²、5.45km²,矿物含量分级较高,均分布在季德屯钼矿和福安堡钼矿控制水域的下游,地质背景为与成矿关系密切的印支期二长花岗岩,异常显示矿致性,对预测斑岩型钼矿有重要的指示意义。

根据以往人工重砂资料得知,印支期的二长花岗岩、碱长花岗岩及英云闪长岩中,锡石亦存在自然重砂异常,对预测钼矿有间接指示作用。

白钨矿-锡石组合异常有1处,在空间上与3号白钨矿异常叠加,是预测钼矿的有望异常。

综上所述,该预测工作区成矿地质条件优良,应用有益自然重砂矿物异常信息为评价钼矿提供依据。

5. 大石河-尔站预测工作区

代表性矿物白钨矿圈出4处异常,面积分别为2.85km²、4.10km²、4.22km²、4.29km²。其所分布的汇水区域没有矿致源,与大石河钼矿亦不存在响应关系,找矿信息不明朗。从地质背景上看,4处异常受燕山期的花岗岩类侵入体建造控制,表明自然重砂异常客体的形成应与燕山期的岩浆活动有关,可据此信息追溯自然重砂异常客体所处水系源头的矿化线索。

6. 天合兴预测工作区

该预测工作区主要的成矿矿种为斑岩型铜矿,钼矿以伴生形式存在。直接指示矿物铜族、辉钼矿没有异常反映,选择以下紧密相关的伴生矿物加以评价。

白钨矿有4处异常(1号、2号、3号、4号),呈条带状分布,面积分别为9.75km²、2.78km²、15.85km²、4.04km²。其中,1号异常与那尔轰金银矿积极响应,与那尔轰铜(钼)亦存在一定关系。因此,作为具备矿致性质的1号白钨矿异常,对指示金银矿、铜矿均有重要意义。

2号、3号、4号白钨矿异常分布在天合兴铜、钼矿的外围汇水区域,对天合兴铜、钼矿不支持,亦没有其他矿致源和斑岩体响应,释放的预测信息不明朗。

以往研究表明,区内黄铁矿重砂异常比较发育,在空间上与那尔轰铜(钼)矿存在响应关系,对预测伴生钼矿有间接指示效果。

另外,独居石异常的发育表明该区酸性岩浆活动频繁,对指示成矿地质环境有帮助。

综上所述,该预测工作区自然重砂矿物较发育,其异常信息结合矿产分布和地质背景即可做出正确的预测评价。

7. 六道沟-八道沟预测工作区

具有直接指示意义的辉钼矿、铜族没有异常反映。主要共生矿物白钨矿圈出4处异常,含量分级较高,面积分别为4.11km²、4.66km²、1.80km²、4.10km²。其中,1号异常对六道沟铜、钼矿积极支撑,是矿致异常,可直接用于找矿预测。异常形态显示,矿床处于剥蚀主期,矿物剥蚀量大,搬运强烈。

2号异常分布在1号异常的相邻汇水盆地,没有矿致源,在空间上与燕山期的中酸性岩体存在响应关系,推测异常应由此引起,可追溯水系源头寻找铜、钼矿化痕迹。

3号、4号异常分布在六道沟铜、钼矿南侧的汇水区域,与2号异常一样在空间上虽然对铜、钼矿不支持,但却受控于燕山期的中酸性侵入岩建造,为预测未知区相同类型铜、钼矿提供必要依据。

圈出由白钨矿-石英构成的组合异常2处,分别与1号、2号异常叠合,是有利的找矿预测地段。

第六章 矿产预测

第一节 矿产预测方法类型及预测模型区选择

一、吉林省矿产预测类型及预测方法类型

（一）本次选择的预测类型

吉林省钼矿的主要成矿类型有斑岩型、石英脉型、矽卡岩型。对应的预测方法类型为侵入岩体型、层控内生型，见表6-1-1。

表6-1-1 吉林省钼矿预测类型工作区分布表

序号	预测工作区名称	预测类型	预测方法类型	模型区名称	模型区重要建造	预测资源量方法
1	前撮落-火龙岭预测工作区	大黑山式斑岩型四方甸子石英脉型	侵入岩体型	大黑山模型区四方甸子模型区、	燕山期花岗闪长岩、二长花岗岩中酸性岩体＋矿化信息；（含辉钼矿石英脉及蚀变岩＋构造）	地质体积法
2	西苇预测工作区	大黑山式斑岩型	侵入岩体型	（参考大黑山模型区）	燕山期花岗闪长岩中酸性侵入岩＋矿化信息	地质体积法
3	天合兴预测工作区	天合兴式斑岩型	侵入岩体型	天合兴模型区	燕山期石英斑岩、花岗斑岩中酸性侵入岩＋矿化信息	地质体积法
4	季德屯-福安堡预测工作区	大黑山式斑岩型	侵入岩体型	季德屯模型区	燕山是似斑状二长花岗岩、石英闪长岩中酸性侵入岩＋矿化信息	地质体积法
5	大石河-尔站预测工作区	大石河式斑岩型	侵入岩体型	大石河式模型区	燕山期花岗闪长岩酸性侵入岩＋矿化信息	地质体积法
6	刘生店-天宝山预测工作区	大黑山式斑岩型	侵入岩体型	刘生店模型区、东风北山模型区	燕山期二长花岗岩中酸性侵入岩＋矿化信息	地质体积法
7	六道沟-八道沟预测工作区	铜山式矽卡岩型	层控内生型	铜山模型区	灰岩夹含燧石结核灰岩含矿建造＋燕山期花岗闪长岩中酸性侵入岩＋矿化信息	地质体积法

斑岩型矿床与燕山期中酸性侵入岩体有关,代表性矿床有大黑山钼矿床、天合兴钼矿床、大石河钼矿床、季德屯钼矿床、天宝山钼矿床、刘生店钼矿床,选择预测方法类型为侵入岩体型。石英脉型代表性矿床为四方甸子钼矿床,选择预测方法类型为侵入岩体型。

与古生代灰岩、大理岩和燕山期中酸性岩体有关的矽卡岩型钼矿,其代表性矿床是铜山铜、钼矿床,选择预测方法类型为层控内生型。

(二)模型区①的选择

每个预测工作区内选择典型矿床所在的最小预测区为模型区;预测工作区无典型矿床的,参照成因类型相同、成因时代相同或相近的其他预测工作区,见表6-1-1。

(三)编图重点

(1)搜集整理矿区区域地质资料、矿区地质构造图、矿床地质综合平面图/剖面图、矿区大比例尺图件、物探异常资料、化探异常资料。

(2)在矿床成矿地质、成矿构造、矿产、成矿作用特征研究成果基础上,以矿区地质构造图为底图,改编为岩性构造图,结合区域地质资料,综合矿床地质综合平面、剖面内容,编制矿床成矿要素图及成矿模式。

(3)在矿床成矿要素图的基础上,增加矿区大比例尺物探与化探异常资料、其他找矿标志,编制物探与化探找矿模式图、矿床预测要素图。

(4)在典型矿床预测要素图基础上,依据典型矿床所在位置区域地质资料,区域物探、化探、遥感、自然重砂异常特征分析资料,典型矿床外围或矿田范围内矿产资料,建立模型区预测模型,编制模型区预测要素图。要求全部表达:构造、成矿(矿田)构造、矿产特征、成矿作用特征、物化遥推断地质构造特征、物化遥自然重砂异常,及其他找矿标志等预测要素内容。

(四)钼矿典型矿床预测要素

1. 永吉大黑山钼矿床

(1)将1∶1万大黑山侵入岩建造构造图作为底图。

(2)重点突出与时空定位有关的控矿要素——燕山期中酸性侵入岩、成矿围岩(花岗闪长岩、花岗闪长斑岩及霏细状花岗闪长斑岩地质体)及控矿构造、叠加矿床(矿点和矿化点)、矿化蚀变信息、含矿体及矿区大比例尺物探与化探异常资料、其他找矿标志等。

(3)其次突出航磁、重力信息。

(4)主图外附加模型区化探剖面图,能够直观地反映该预测类矿床空间分布特征和预测信息。

2. 桦甸四方甸子钼矿床

(1)将1∶5000桦甸四方甸子侵入岩建造构造图作为底图。

(2)重点突出与时空定位有关的控矿要素——燕山期中酸性侵入岩、成矿围岩(细粒花岗岩、花岗闪长岩、细粒黑云母石英钾长花岗岩、含辉钼矿石英脉及蚀变岩)及控矿构造(双河镇-桦甸断裂的次级构造)及其他相关内容、矿床(矿点和矿化点)、矿化蚀变信息、含矿体及矿区大比例尺物探与化探异常资

---

① 矿区和模型区的关系:矿区范围为矿床形成的自然边界,是典型矿床研究工作的核心区,但是可能有局限。因此,把预测工作区中典型矿床(或矿田)所在位置的区域范围称为预测模型区。其范围能全面反映与该矿床成矿有关的地质特征、成矿构造特征、矿产(组合)特征、成矿作用特征以及典型矿床所在位置的区域地质构造特征、区域物探、化探、遥感、自然重砂异常,及其他找矿标志特征。

料、其他找矿标志。

(3)其次突出航磁、重力信息、自然重砂信息。

(4)主图外附加模型区化探剖面图,能够直观地反映该预测类矿床空间分布特征和预测信息。

3. 安图刘生店钼矿床

(1)将1∶1万安图刘生店侵入岩建造构造图作为底图。

(2)重点突出与时空定位有关的控矿要素——燕山期中酸性侵入岩、成矿围岩(二长花岗岩和二长花岗斑岩体)、矿床(矿点和矿化点)、矿化蚀变信息、含矿体及矿区大比例尺物探与化探异常资料、其他找矿标志。

(3)其次突出航磁、重力信息、自然重砂信息。

(4)主图外附加模型区化探剖面图,能够直观地反映该预测类矿床空间分布特征和预测信息。

4. 龙井天宝山多金属矿床

(1)将1∶1万龙井天宝山侵入岩建造构造图作为底图。

(2)重点突出与时空定位有关的控矿要素——燕山期中酸性侵入岩、成矿围岩(花岗闪长岩与斑状二长花岗岩体)、矿床(矿点和矿化点)、矿化蚀变信息、含矿体及矿区大比例尺物探与化探异常资料、其他找矿标志、成矿岩石组合图层。

(3)其次突出航磁、重力信息、自然重砂信息。

(4)主图外附加模型区化探剖面图,能够直观地反映该预测类矿床空间分布特征和预测信息。

5. 舒兰季德屯钼矿床

(1)将1∶1万舒兰季德屯钼矿床侵入岩建造构造图作为底图。

(2)重点突出与时空定位有关的控矿要素——燕山期中酸性侵入岩、成矿围岩(燕山早期似斑状二长花岗岩和石英闪长岩体)、矿床(矿点和矿化点)、矿化蚀变信息、含矿体及矿区大比例尺物探与化探异常资料、其他找矿标志、成矿岩石组合图层。

(3)其次突出航磁、重力信息、自然重砂信息。

(4)主图外附加模型区化探剖面图,能够直观地反映该预测类矿床空间分布特征和预测信息。

6. 靖宇天合兴铜、钼矿床

(1)将1∶5000靖宇天合兴铜、钼矿床侵入岩建造构造图作为底图。

(2)重点突出与时空定位有关的控矿要素——燕山期中酸性侵入岩、成矿围岩(石英斑岩、花岗斑岩体)、矿床(矿点和矿化点)、矿化蚀变信息、含矿体及矿区大比例尺物探与化探异常资料、其他找矿标志、成矿岩石组合图层。

(3)其次突出航磁、重力信息、自然重砂信息。

(4)主图外附加模型区化探剖面图,能够直观地反映该预测类矿床空间分布特征和预测信息。

7. 敦化大石河钼矿床

(1)将1∶1万敦化大石河钼矿床侵入岩建造构造图作为底图。

(2)重点突出与时空定位有关的控矿要素——燕山期中酸性侵入岩、成矿围岩(燕山早期似斑状细粒花岗岩闪长岩、二长花岗岩体)、矿床(矿点和矿化点)、矿化蚀变信息、含矿体及矿区大比例尺物探与化探异常资料、其他找矿标志、成矿岩石组合图层。

(3) 其次突出航磁、重力信息、自然重砂信息。

(4) 主图外附加模型区化探剖面图,能够直观地反映该预测类矿床空间分布特征和预测信息。

8. 临江六道沟铜、钼矿床

(1) 将 1∶2000 临江六道沟铜、钼矿床综合建造构造图作为底图。

(2) 重点突出与时空定位有关的控矿要素——成矿含矿体(古生代灰岩、大理岩地层)、赋矿地层(燕山期花岗闪长岩体)、矿床(矿点和矿化点)、矿化蚀变信息、含矿体及矿区大比例尺物探与化探异常资料、其他找矿标志、成矿岩石组合图层。

(3) 其次突出航磁、重力信息、自然重砂信息。

(4) 主图外附加模型区化探剖面图,能够直观地反映该预测类矿床空间分布特征和预测信息。

第二节　矿产预测模型与预测要素图编制

一、典型矿床预测要素与预测模型

1. 典型矿床预测要素

吉林省永吉大黑山侵入岩体型钼矿床预测要素见表 6-2-1。

表 6-2-1　永吉大黑山钼矿床预测要素表

预测要素		内容描述	类别
地质条件	岩石类型	花岗闪长岩、花岗闪长斑岩及霏细状花岗闪长斑岩	必要
	成矿时代	辉钼矿 Re-Os 同位素等时线年龄为(168.2±3.2)Ma(李立兴等,2009)	必要
	成矿环境	矿床位于东西向、北北东向压扭性断裂带在两组断裂交会处,矿体赋存于花岗闪长岩、花岗闪长斑岩及霏细状花岗闪长斑岩中	必要
	构造背景	矿区位于北叠加造山-裂谷系、小兴安岭-张广才岭叠加岩浆弧、张广才岭-哈达岭火山盆地区、南楼山-辽源火山盆地群	重要
矿床特征	控矿条件	岩体控矿:花岗闪长岩、花岗闪长斑岩及霏细状花岗闪长斑岩岩体控矿。构造控矿:东西向基底断裂和中生代北北东向断裂是矿区重要控岩、控矿构造,构造多次活动有利成矿	必要
	蚀变特征	大黑山钼矿区内岩石遭受了普遍的热液蚀变作用,主要有硅化、高岭土化、绢云母化,钾化、碳酸盐化不发育。蚀变与矿化关系密切,富矿体主要赋存在中等蚀变带中,蚀变具水平分带特征	重要
	矿化特征	钼矿化多呈薄膜状或稀疏浸染状,多高岭土化,石英呈浑圆状,基质主要为石英、斜长石及黑云母。角砾岩中见稀疏浸染状黄铁矿、辉钼矿,含矿性较差。在矿区北侧花岗闪长斑岩与花岗闪长岩接触部位见隐爆角砾岩筒	重要

续表 6-2-1

预测要素		内容描述	类别
综合信息	地球化学	①矿区原生晕主成矿元素 Mo 在花岗斑岩体中异常反映最强烈,其次为 W、Sn、Cu,亦有较好的异常显示,可作为寻找钼矿的重要伴生指示元素。外侧围岩中 Pb、Zn、Ag 异常,可作为斑岩性钼矿的前缘指示元素。 ②矿区次生晕异常:Mo、W、Sn、Sr、Cu、Pb、Zn、As、Ag 异常好,其中 Mo、W 的离散程度最大,变异最明显,异常规模最显著,空间上套合完整	重要
	地球物理	矿床处于"V"字形负重力低异常梯度带上。 1:5 万航磁图矿床主要表现是被一呈北东向环带状高磁异常环抱的呈似圆状负异常,与长岗岭含矿复式岩体有关。其周围环带高磁异常,与大黑山-头道沟地区岩浆活动关系密切	重要
	自然重砂	主要指示矿物辉钼矿圈出 2 处自然重砂异常,矿物含量分级较高,二者分布在钼成矿带的西南部水域集水口,对钼典型矿床不支持。主要的共生矿物白钨矿在钼矿控制的汇水盆地内都有较好的异常反映,显示出与钼矿积极的响应关系,具备优良的矿致性,对预测钼矿提供重要的间接指示信息。由辉钼矿-白钨矿-铜族组合异常释放的综合信息是重要预测依据	次要
	遥感	北东向柳河-吉林断裂带与北西向桦甸-双河镇断裂带交会处,遥感浅色调异常区。分布羟基异常。有多个由基性岩类引起的环形构造。与隐伏岩体有关的环形构造	次要
找矿标志		中细粒花岗闪长岩中绢英岩蚀变条带较发育,标志较为明显。在花岗闪长斑岩岩体上部有一个偏离矿化中心石英核(3 号硅化带)。 斑岩体上部、边部隐爆角砾岩发育,是找矿的明显标志。 在矿化岩体上有磁力、自然电位、重力负异常。在矿床围岩上磁力、自然电位和重力为环状正异常,η_s、ρ_s 为环状高值带。 1:20 万、1:5 万土壤化探异常明显,为钼、铜、钨、银、锡、铅异常。矿床原生晕具有钼、钨、银、铅、锡、锶、锌等元素组合异常,主成矿元素钼异常位于组合异常中央。 综上所述,大黑山斑岩钼矿有明显的地质、地球物理和地球化学找矿标志,这些标志对区域斑岩钼矿床的找矿和预测工作将起到一定的指导作用	重要

吉林省桦甸四方甸子侵入岩体型钼矿床预测要素见表 6-2-2。

表 6-2-2 季德屯钼矿床预测要素表

预测要素		内容描述	类别
地质条件	岩石类型	似斑状二长花岗岩、石英闪长岩、花岗闪长岩、斜长花岗岩	必要
	成矿时代	推测为燕山期	必要
	成矿环境	北西向断裂构造及岩体冷凝时产生的节理裂隙等控矿。燕山早期似斑状二长花岗岩和石英闪长岩提供矿物质并含矿	必要
	构造背景	矿区位于北叠加造山-裂谷系、小兴安岭-张广才岭叠加岩浆弧、张广才岭-哈达岭火山盆地区、南楼山-辽源火山盆地群	重要

续表 6-2-2

预测要素		内容描述	类别
矿床特征	控矿条件	燕山早期似斑状二长花岗岩和石英闪长岩为控矿岩体。构造破碎带既为容矿构造,也为控矿构造	必要
	蚀变特征	围岩蚀变主要有硅化、钾长石化、绿帘石化、高岭土化、绢云母化、云英岩化,其次可见黄铁矿化、辉钼矿化、黄铜矿化,各种蚀变相互叠加无明显分带性。与成矿关系密切的围岩蚀变主要有硅化、萤石化、钾长石化等。硅化(石英化),矿区硅化较发育,与矿体紧密伴生,含矿石英细脉、网脉及大脉发育地段往往是钼矿体的赋存部位,是矿区主要蚀变类型。矿体均产在蚀变带内,而且蚀变越强矿化越好	重要
	矿化特征	风化淋滤作用,地表矿体分布零星,矿体地表投影范围与土壤钼异常相吻合,总体呈椭球状,长轴方向 NW29°~300°,地表氧化带深度比较浅,一般 15~25m,在此深度范围内基本上无矿体,总体表现为矿化现象,矿体中氧化矿石无法分带。矿体与围岩没有明显的界线,呈渐变过渡关系。矿体围岩及夹石均为似斑状二长花岗岩及石英闪长岩。近矿围岩为矿化似斑状二长花岗岩、石英闪长岩(Mo 0.01%~0.03%),既矿化岩石	重要
综合信息	地球化学	矿区1:5万、1:20万化探及1:1万土壤 Mo 元素异常较好。异常均有不同程度的元素组合分带。主元素 Mo 面积大,且具浓集中心,Cu、Pb、Zn、Ag 等元素异常多分布在 Mo 异常的边部	重要
	地球物理	矿床处于早三叠世斑状二长花岗岩产生的1:25万重力低异常区。矿床处于1:5万航磁平静负磁场之中	重要
	自然重砂	矿床所在区域成矿地质条件优良,应用有益重砂矿物异常信息可为预测钼矿提供重要依据	次要
	遥感	北北西向新安-龙井断裂带与北东向柳河-吉林断裂带交会处。分布有由多个古生代花岗岩类引起的环形构造。有高度集中铁染异常及零星羟基异常分布	次要
找矿标志		燕山早期似斑状二长花岗岩和石英闪长岩是赋矿层,是间接找矿标志。 辉钼矿化及其石英脉与矿体关系密切,是该区的直接找矿标志。 云英岩化、硅化、钾长石化、绢云母化、绿帘石化蚀变岩石是该区的直接找矿标志。 矿化蚀变岩石是间接找矿标志。 构造破碎带是矿体赋存的有利部位,是间接找矿标志。 1:20万、1:5万水系沉积物 Mo 异常区,伴生 Ag、Cu、Pb、Zn 异常。1:1万土壤 Mo 异常是矿致异常。 区域上的化探异常,尤其与该矿区相似地质条件应该引起足够重视	重要

吉林省安图刘生店侵入岩体型钼矿床预测要素见表 6-2-3。

表 6-2-3 安图刘生店钼矿床预测要素表

预测要素		内容描述	类别
地质条件	岩石类型	蚀变二长花岗斑岩、二长花岗斑岩、二长花岗岩	必要
	成矿时代	推测为燕山期	必要
	成矿环境	矿床位于敦化-三道沟东西向深大断裂与北西向牛心山-刘生店断裂的交会处。燕山早期二长花岗斑岩和二长花岗岩含矿且控矿	必要
	构造背景	矿区位于东北叠加造山-裂谷系、小兴安岭-张广才岭叠加岩浆弧、太平岭-英额岭火山盆地区、老爷岭火山盆地群。矿床位于敦化-三道沟东西向深大断裂与北西向牛心山-刘生店断裂的交会处	重要

续表 6-2-3

预测要素		内容描述	类别
矿床特征	控矿条件	矿体围岩为燕山早期二长花岗斑岩,岩体中的裂隙—微裂隙控矿	必要
	蚀变特征	围岩蚀变主要有硅化、绢云母化、高岭土化、黄铁矿化、辉钼矿化、绿泥石化、碳酸盐化、褐铁矿化。其蚀变具面型分带现象,由内向外可划分为石英-绢云母化带和泥化带,二长花岗斑岩为矿床主要成矿母岩。蚀变水平分带、蚀变强度从里至外逐渐减弱特征,显示了斑岩型钼矿成矿特征	重要
	矿化特征	区内已发现工业矿体 7 条、贫矿体 3 条,均赋存于石英-绢云母化带之中,矿体的展布方向受蚀变带控制。在空间上呈厚板状,矿体连续性较好,产状稳定,规模较大,矿化强弱呈过渡性变化,二长花岗岩和二长花岗斑岩赋矿,与矿体无明显的突变界线,矿体范围随圈定矿体的工业指标而定。工业矿体为Ⅰ号、Ⅱ号矿体,资源储量为 2 万余吨,占全区资源储量的 75%(金属量)。贫矿体特征,圈出 3 条钼平均品位在 0.03%～0.059%之间的矿体,总厚度 64.85m。主要分布于工业矿体的外侧,多呈条带状展布	重要
综合信息	地球化学	1:20 万水系沉积物 Mo 异常具有二级分带,与 Mo 异常空间套合紧密的元素有 W、As、Au、Ag、Pb、Zn、Na_2O、K_2O。其中,W、As 与 Mo 呈同心套合状,Au、Ag、Pb、Zn、Na_2O、K_2O 的异常浓集中心分布在 Mo 异常的外带,构成较复杂元素组分富集的叠生地球化学场。1:1 万土壤 Mo 异常亦有较好的显示,呈带状分布,具有 2 个较明显的浓集中心,北西向延伸的趋势,Mo 矿体即分布在浓集中心内	重要
	地球物理	矿区位于 1:5 万航磁异常呈北西向展布,异常强度一般为 100～460γ,反映出弱磁性花岗岩体特征。钼矿体与围岩之间存在较明显物性差异,钼矿体具低阻-高极化率特征。低阻由断裂构造所致,高极化由蚀变岩引起	重要
	自然重砂	具备直接指示作用的辉钼矿没有自然重砂异常,主要伴生矿物白钨矿可圈出 3 处异常,面积分别为 8.63km²、5.99km²、5.45km²,矿物含量分级较高,均分布在季德屯钼矿和福安堡钼矿控制水域的下游,地质背景为与成矿关系密切的印支期二长花岗岩,异常显示矿致性,对预测斑岩型钼矿有重要的指示意义。根据以往人工重砂资料得知,印支期的二长花岗岩、碱长花岗岩以及英云闪长岩中,锡石亦存在重砂异常,对预测钼矿有间接指示作用。白钨矿-锡石组合异常有 1 个,空间上与 3 号白钨矿异常叠加,是预测钼矿的有望异常	次要
	遥感	矿区分布在江源-新合断裂带上,区域性规模脆韧性变形构造或构造带与节理劈理断裂密集带构造分布其北侧	次要
找矿标志		超壳层深断裂构造带附近的斑岩体分布区是发现钼矿的最佳靶区,是找矿的区域性标志。 燕山早期二长花岗斑岩为赋矿层位。 具有面状蚀变特征和分带现象,是找矿的直接标志。 1:20 万钼元素化探异常是找矿的间接标志。 矿区处于弱磁性分布范围,反映弱磁性花岗岩特征	重要

吉林省龙井天宝山侵入岩体型多金属矿床预测要素见表6-2-4。

表6-2-4 天宝山东风北山钼矿床预测要素表

预测要素		内容描述	类别
地质条件	岩石类型	花岗闪长岩与斑状二长花岗岩	必要
	成矿时代	燕山期,含矿岩体K-Ar年龄为185Ma（彭玉鲸等,2009）	必要
	成矿环境	矿床处于北东向两江断裂与北西向明月镇断裂带交会部位东侧,天宝山中生代火山盆地南侧。矿体赋存于燕山期花岗闪长岩与斑状二长花岗岩	必要
	构造背景	矿区位于晚三叠世—新生代构造单元分区:东北叠加造山-裂谷系、小兴安岭-张广才岭叠加岩浆弧、太平岭-英额岭火山盆地区、罗子沟-延吉火山盆地群。矿床处于北东向两江断裂与北西向明月镇断裂带交会部位东侧,天宝山中生代火山盆地南侧	重要
矿床特征	控矿条件	印支晚期—燕山期花岗闪长岩与斑状二长花岗岩提供成矿物质和热源。北西向和近东西向构造控矿	必要
	蚀变特征	围岩蚀变主要有钾化、硅化、绿泥石化、绿帘石化、绢云母化、沸石化、碳酸盐化、高岭土化等。矿体附近硅化、钾化、绿泥石化十分强烈,与矿化关系密切	重要
	矿化特征	花岗闪长岩与斑状二长花岗岩为含矿赋矿岩体,也为矿体主要围岩。天宝山矿区东风北山钼矿床共圈出96条矿（化）体。Ⅰ号、Ⅱ号、Ⅲ号矿带、矿（化）体受北西向石英片理化带,即石英细脉带和东西向斑状二长花岗岩与花岗闪长岩接触带控制。两构造的交会部位形成矿（化）体富集区段,矿体形态多为脉状,其次为扁豆状,走向325°~350°,倾向南西,倾角50°~65°,主要为43号、52号、57号钼矿体	重要
综合信息	地球化学	1:20万化探矿区具有二级Mo异常分带,异常强度不高。与Mo空间套合紧密地元素有W、Bi、Au、Cu、Ag、Pb、Zn、As、Sb、Hg。其中W、Bi与Mo呈同心套合状,Au、Cu、Ag、As、Sb、Hg构成Mo的中带,Pb、Zn、As、Sb、Hg主要构成Mo异常的外带	重要
	地球物理	天宝山东风北山钼矿床区域上处于总体呈北西西"之"字形展布的重力梯度带中段上。天宝山东风北山钼矿处在大面积1:5万航磁负磁场中的一条不明显北西向线性梯度带上,西部、南部、东部各有一处走向不同且形状略有差异的椭圆状局部负磁异常。负磁异常区与燕山期酸性侵岩体分布有关	重要
	自然重砂	主要指示矿物辉钼矿分布在钼典型矿床的北部汇水区域,对典型矿床缺乏支撑作用。主要共生矿物白钨矿圈出1处异常,含量分级较高,可对寻找源头钼矿化提供帮助	次要
	遥感	望天鹅-春阳断裂带上,两侧为敦化-杜荒子断裂带、新安-龙井断裂带,分布有与隐伏岩体相关的环形构造和由古生代花岗岩类引起的环形构造。有高度集中铁染异常、羟基异常分布	次要
找矿标志		北东东向与北西向断裂相交会,是该区成矿十分有利的部位。 花岗闪长岩与花岗闪长斑岩为成矿与赋矿层位。 硅化、钾长石化、绿泥石化形成工业矿体的重要条件。 具明显水系沉积物异常,主要异常元素有铜、铅、锌、镉、铋、银、钼等。异常规模大,分带明显	重要

吉林省舒兰季德屯侵入岩体型钼矿床预测要素见表6-2-5。

表6-2-5 桦甸四方甸子钼矿床预测要素表

预测要素		内容描述	类别
地质条件	岩石类型	细粒花岗岩、花岗闪长岩、细粒黑云母石英钾长花岗岩	必要
	成矿时代	推测为燕山期	必要
	成矿环境	矿床赋于以门头砬子-东沟断裂为主的、一组平行分布的石英脉带构造中。燕山期中—酸性的细粒花岗岩、花岗闪长岩、细粒黑云母石英钾长花岗岩为近矿围岩	必要
	构造背景	成矿区位于东北叠加造山-裂谷系、小兴安岭-张广才岭叠加岩浆弧、张广才岭-哈达岭火山盆地区、南楼山-辽源火山盆地群。矿床赋存于门头砬子-东沟断裂为主一组平行分布的石英脉带构造中	重要
矿床特征	控矿条件	①构造控矿:主要成矿控矿构造为双河镇-桦甸断裂的次级构造(门头砬子-东沟断裂)。 ②岩体控矿:区内与成矿关系密切的是燕山期中—酸性的细粒花岗岩、花岗闪长岩、细粒黑云母石英钾长花岗岩。即赋矿也为控矿岩体,提供成矿物质及热量	必要
	蚀变特征	围岩主要有细粒花岗岩、花岗闪长岩、细粒黑云母石英钾长花岗岩。其他矿体围岩为黑云母花岗岩。蚀变有硅化、高岭土化,局部钾化、绿泥石化。矿体围岩蚀变强度不同,蚀变带宽度不等的。其特征为,以石英脉为中心,两侧围岩发育宽度不等的蚀变带,靠近石英脉为硅化带,宽度一般为0.1~2.00m,带内发育辉钼矿化石英细脉,局部富集成矿;向外为高岭土化带,宽度0.5~5.0m,最宽处可达10m左右,其次局部分布钾长石化、绿泥石化、黄铁矿化等	重要
	矿化特征	该矿床主矿脉带断续延长约2km,矿石品位平均在0.2%~0.5%之间,远景储量达到中型矿床规模,目前共发现7条钼矿体,I号矿体是主要工业矿体。岩体被门头砬子-东沟断裂带切割,沿裂系充填含钼石英脉,裂隙周围具较强的矿化,大部分富集成钼矿体	重要
综合信息	地球化学	1:20万化探元素为Mo、Cu、Pb、Zn、Ag、W、As、Sb,其中Mo、W同心套合,Cu、Pb、Zn、Ag构成Mo的中带,Zn、As、Sb构成Mo的外带。异常轴与控矿构造一致	重要
	地球物理	赋矿的燕山期四方甸子酸性侵入岩体为1:5万航磁异常低缓正异常,航磁化极异常为低缓负异常	重要
	自然重砂	主要的共生矿物白钨矿在钼矿控制的汇水盆地内都有较好的异常反映,显示出与钼矿积极的响应关系,具备优良的矿致性,对预测钼矿提供重要的间接指示信息。由辉钼矿-白钨矿-铜族构成的组合异常有1个,面积3.45km²,空间上与2号辉钼矿异常叠合,释放综合性的自然重砂指示信息	次要
	遥感	桦甸-双河镇断裂带与柳河-吉林断裂带交会。左侧为遥感浅色调异常区,有零星铁染异常分布	次要
找矿标志		①燕山期中—酸性岩分布区及其附近是重要成矿区及找矿靶区,为直接找矿标志。 ②北西向深大断裂次级构造,为直接找矿标志。 ③地表具有流失孔和钼华的石英脉分布区,为直接找矿标志。 ④条带状分布的硅化、高岭土化蚀变带,为直接找矿标志。 ⑤北北西向条带状分布的高极化率($M_s>3.0\%$),中高阻($\rho_s=2500\Omega$),为间接找矿标志。 ⑥土壤钼异常或钼高背景区,分布有水系沉积物、土壤、岩石测量Mo异常多处,为间接找矿标志	重要

吉林省靖宇天合兴侵入岩体型铜、钼矿床预测要素见表6-2-6。

表6-2-6 临江六道沟铜、钼矿床预测要素表

预测要素		内容描述	类别
地质条件	岩石类型	花岗闪长岩、大理岩、矽卡岩	必要
	成矿时代	推测为燕山期	必要
	成矿环境	矿床受东西向断裂构造及北东向断裂构造控制,燕山期花岗闪长岩控矿,古生代灰岩、大理岩含矿层位	必要
	构造背景	矿区位于华北叠加造山-裂谷系、胶辽吉叠加岩浆弧、吉南-辽东火山盆地区、柳河-二密火山盆地区、长白火山盆地群。矿床受东西向断裂构造及北东向断裂构造控制	重要
矿床特征	控矿条件	北西向断裂构造及北东向断裂破碎带控矿;燕山期花岗闪长岩体与古生代灰岩、大理岩接触带的矽卡岩带控矿	必要
	蚀变特征	围岩蚀变种类包括青磐岩化、硅化、绢云母化、黄铁矿化、矽卡岩化。矿化蚀变包括矽卡岩型矿化蚀变和钾化斑岩型矿化蚀变	重要
	矿化特征	矿体主要产于花岗闪长岩体与古生代灰岩、大理岩接触带矽卡岩内,呈北西向展布。铜山矿床计有60多个大小不等的矿体。矿体形态复杂,为扁豆状、似层状、透镜状、不规则脉状。边界不清,须依化学分析圈定。矿体产状与地层产状火体一致,走向北西,倾向北东,倾角$45°\sim60°$	重要
综合信息	地球化学	1:5万测量数据对1:20万化探Cu、Mo具有三级分带和明显浓集中心异常,异常规模较大。Cu、Mo、Au、Pb、Zn、Ag异常套合好	重要
	地球物理	矿床于向南东方向弧形凸起重力高异常带上相互靠近的两个局部1:25万重力高异常边部,等值线弯曲处,梯度陡。燕山期花岗闪长岩体产生的局部重力低异常与古生代灰岩、大理岩产生的局部重力高异常的过渡部位的梯度带通常是矽卡岩带产出部位,是矽卡岩型铜、钼矿产出的有利地段	重要
	自然重砂	具有直接指示意义的辉钼矿、铜族没有异常反映。主要共生矿物白钨矿圈出4处异常,含量分级较高,面积分别为4.11km²、4.66km²、1.80km²、4.10km²。其中,1号异常对六道沟铜、钼矿积极支撑,是矿致异常,可直接用于找矿预测。白钨矿-石英构成的组合异常区是有利的找矿预测地段	重要
	遥感	分布在近东西向头道-长白断裂带北侧,与隐伏岩体有关的环形构造比较发育,矿区内及周围遥感铁染异常零星分布	次要
找矿标志		①碳酸盐岩石与中酸性小侵入体的接触带,外带200～300m范围内,近处层间破碎发育处,为直接找矿标志。 ②花岗闪长岩与碳酸盐类岩石的接触部或附近,为直接找矿标志。 ③不纯碳酸盐岩石是良好的成矿围岩,特别当有不同岩性互层泥质岩石作为上覆盖层时;成分复杂的矽卡岩是直接赋矿围岩,为直接找矿标志。 ④石英闪长玢岩中发育的钾化斑岩型铜、钼矿化及蚀变,矽卡岩化等蚀变均为良好的找矿标志。 ⑤接触构造线凹凸部分对成矿最为有利,并且当矽卡岩体赋存在火成岩体或岩枝接触面上盘的围岩间,最有利于金属矿物的积聚,为直接找矿标志。 ⑥Cu、Mo、Ag、Bi、Pb、Zn六元素组合是本矿床的成矿指示元素	重要

吉林省敦化大石河侵入岩体型钼矿床预测要素见表6-2-7。

表6-2-7 大石河钼矿床预测要素表

预测要素		内容描述	类别
地质条件	岩石类型	似斑状花岗闪长岩、斜长花岗岩	必要
	成矿时代	燕山期(185.6±2.7)Ma	必要
	成矿环境	区内主要容矿、导矿构造北东向黄松甸-西北岔断裂、东西向的前进乡-庙岭冲断裂。隐伏岩体似斑状花岗闪长岩、斜长花岗岩控矿。二合屯组一套低变质的片岩与成矿无关,仅为赋存层位	必要
	构造背景	矿区大地构造位于东北叠加造山-裂谷系、小兴安岭-张广才岭叠加岩浆弧、张广才岭-哈达岭火山盆地区、南楼山-辽源火山盆地群。区内主要容矿、导矿构造北东向黄松甸-西北岔断裂、东西向的前进乡-庙岭冲断裂	重要
矿床特征	控矿条件	①构造控矿:矿区位于区域性构造敦化-密山深断裂西北侧,张广才岭北东向隆起带上,为东西向、北东向、北西向3组断裂构造的交会部位。构造不但是储矿空间,而且经多期的构造活动,还能使分散有益元素活化、迁移,富集成矿,是元素迁移的驱动力。因此,构造是区内重要控矿因素。目前所发现的钼矿体,均产在深大断裂次级断裂内。 ②侵入岩控矿:岩浆活动为钼矿体形成提供成矿物质与热源。矿区内未发现与成矿有关的侵入岩体,可能与深部隐伏岩体有关	必要
	蚀变特征	主要蚀变为硅化、钾化、云英岩化、绢云母化和绿帘石化,蚀变特征反映蚀变以中—高温为主。区内围岩蚀变较发育,具明显分带现象,由内向外主要为石英-绢云母化带和绿泥石化带。钼矿体主要赋存于石英-绢云母化带之中	重要
	矿化特征	本矿床矿化带明显受热液蚀变分带的制约,由热源中心向外随温度梯度的变化形成了较明显的金属元素水平分带。根据金属矿物分布特征,从蚀变中心向外,可以划分为两个组合带。由钼、铁组成的内带和由铜、钨、铋等组成的外带。 钼矿区Ⅰ号矿段,钼矿化主要为浸染状和网脉状两种分布形式,浸染状多分布于片岩内,网脉状多沿片理裂隙充填而形成,矿化类型以网脉状钼矿化为主,浸染状钼矿化次之。主要金属矿物有黄铁矿,以自形、半自形粒状为主,其次为细脉状,辉钼矿呈片状、浸染星散状,常与石英、黄铁矿共生	重要
综合信息	地球化学	1:20万和1:5万化探Mo异常分布较好,分布较为集中,呈大面积分布,异常值较高	重要
	地球物理	岩石的极化率和电阻率变化较大,反映矿区内岩性不同和矿化蚀变强度变化较大	重要
	自然重砂	代表性矿物白钨矿圈出多处自然重砂异常,面积分别为2.85km²、4.10km²、4.22km²、4.29km²。可据此信息追溯自然重砂异常客体所处水系源头的矿化线索	次要
	遥感	矿区分布在北东、北北东断裂上,由多个中生代花岗岩类引起的环形构造,有零星铁染异常分布	次要
找矿标志		一是具备控制区域钼矿化的断裂带(二级构造);二是具有与二级控矿断裂相配套的次一级断裂交会部位。 酸性侵入岩是钼矿主要成矿物质来源,区域燕山期酸性侵入岩中的钼背景含量和与钼矿化相伴生的元素含量明显高于其他侵入岩。 硅化、绿泥石化、绢云母化、云英岩化等是本矿区唯一直接指示矿化的蚀变标志。 大石河钼矿区Mo、W(Cu)、Bi元素构成了成矿及近矿指示元素,As、Ag、Pb、Zn等元素构成前缘指示元素	重要

吉林省临江铜山层控内生型铜、钼矿床预测要素见表6-2-8。

表 6-2-8 靖宇县天合兴铜、钼矿床预测要素表

预测要素		内容描述	类别
地质条件	岩石类型	石英斑岩及花岗斑岩	必要
	成矿时代	推测为燕山期	必要
	成矿环境	东西向、南北向构造带是区域上的主要控岩和控矿断裂构造。燕山晚期的石英斑岩及花岗斑岩控矿	必要
	构造背景	晚三叠世—新生代构造单元分区：华北叠加造山-裂谷系、胶辽吉叠加岩浆弧、吉南-辽东火山盆地区、柳河-二密火山盆地区	重要
矿床特征	控矿条件	斑岩控矿：从上述的矿体的赋存空间、围岩性质、成矿阶段可以看出，该区域的铜钼成矿主要受控与燕山晚期的石英斑岩及花岗斑岩，酸性的岩浆活动为区域的成矿提供了成矿物质。以浸染状或细脉浸染状分布于石英斑岩、花岗斑岩、辉绿岩脉中或边部及构造裂隙中的铜矿体，其实质上是第一期侵入的花岗斑岩所带来的成矿物质在不同空间部位的就位形式，其中辉绿岩脉本身对成矿没有控制作用，而是它所在的构造空间。 构造控矿：从矿区岩体的空间分布、蚀变矿化特征分析，区域上的近南北向的继承性构造控制了区域的构造岩浆活动，而且控制含矿流体的区域分布和就位空间。因此南北向构造带是导岩、导矿、储矿的主要构造	必要
	蚀变特征	硅化：发育在斑岩体及其围岩中，以热液硅质交代为主，次有硅质细脉、网脉，少数为玉髓及细粒石英。在矿区的Ⅲ号和Ⅳ号矿带之间形成强硅化带。 绢云母化：分布广，主要分布在中等硅化带及近矿围岩中。 绿泥石化：多发育在中—基性岩脉或奥长花岗岩及变质岩中。 高岭土化：晚期蚀变水解作用形成，主要为斜长石、钾长石表面的高岭土化，或发育在断裂破碎带中。 还有碳酸盐化和萤石化，分布局限	重要
	矿化特征	矿区矿化面积大，矿体分布广且比较零散。以 Cu 品位≥0.3% 为边界，矿区共有 115 条矿体（包括 18 条钼矿体），其中 52 条为盲矿体。矿体呈脉状、透镜状、似层状，多产于石英斑岩、燕山期第二期花岗斑岩、辉绿辉长岩中。产于奥长花岗岩、黑云斜长片麻岩及变粒岩中的矿体矿化多为浸染状或细脉浸染状，矿体与围岩界线不明显。其中东西向的Ⅴ号、Ⅵ号矿化蚀变带控制的矿体，铜矿化一般以浸染状或细脉浸染状分布于辉绿岩脉中或边部及构造裂隙中	重要
综合信息	地球化学	1:20 万化探 Mo 异常具有二级分带，与 Mo 套合紧密的元素有 Cu、Pb、Zn、Ag、Bi，显示中—高温的组合特征。1:5 万化探 Mo 异常三级分带清晰，浓集中心明显，轴向近南北，与 Mo 套合紧密的元素有(Cu)Pb、Zn、Ag、As、Sb、Hg，显示中—低温的组合特征	重要
	地球物理	矿床处于北东向近椭圆状 1:25 万重力低局部异常的北东部内侧，位于剩余重力低异常的中部。矿床处于"S"形 1:5 万航磁梯度带的两个转折端上，总体呈北东走向。北矿段处于转折处低磁场区内侧，南矿段处于转折处高磁场区外侧的负磁场区一侧	重要
	自然重砂	矿床所在区域又白钨矿自然重砂异常存在，面积为 9.75km²，与那尔轰铜（钼）矿存在响应关系。具备致性性质，对指示铜（钼）矿有重要意义。以往研究表明，区内黄铁矿自然重砂异常比较发育，在空间上与那尔轰铜（钼）矿存在响应关系，对预测伴生钼矿有间接指示效果。另外，独居石异常的发育表明该区酸性岩浆活动频繁，对指示成矿地质环境有帮助	次要
	遥感	分布在双阳-长白断裂带边部，近南北向构造发育，赤松乡西环形构造边部，遥感浅色调异常区，矿区内及周围遥感铁染异常零星分布	次要
找矿标志		南北向与东西向构造的交会部位是寻找该类型矿床的有利构造部位；多期次岩浆侵位活动形成的中酸性的复式杂岩体（岩墙、岩脉群）地质体可作为找矿标志；隐暴角砾岩的存在可作为本类矿床的找矿标志；钾化、硅化、绢云母化及绿泥石化、深色岩石的退色蚀变，是间接找矿标志；孔雀石化、蓝铜矿化是直接找矿标志；电法低阻高极化带的存在是间接找矿标志；Cu、Mo、Sn、Bi、Ag、Pb、Zn 水系沉积物和土壤异常是直接找矿标志	重要

1. 典型矿床预测模型

大黑山典型矿床预测模型见图 6-2-1。

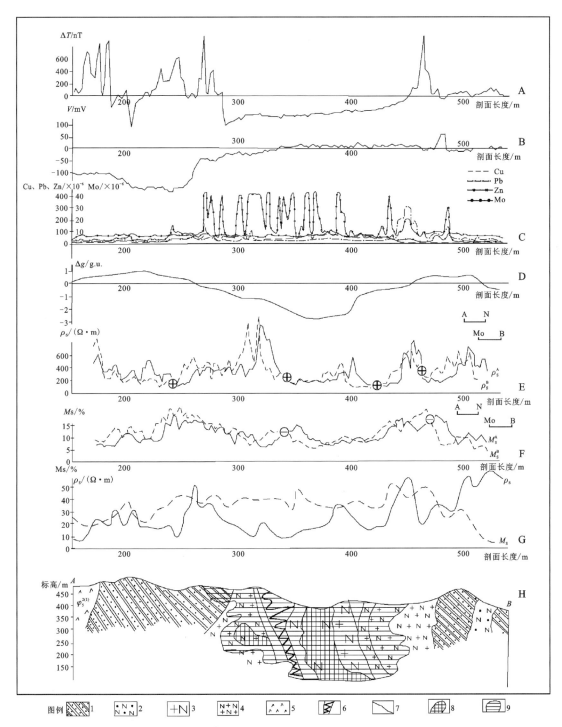

图 6-2-1　大黑山钼矿典型矿床地质矿产、地球物理、地球化学综合找矿模型

A.地磁异常曲线；B.自然电位异常曲线；C.化探异常曲线；D.剩余重力异常曲线；E.联剖视电阻率曲线；

F.联剖激电充电率曲线；G.激电中间梯度充电率和视电阻率曲线；H.地质剖面图

1.变质砂岩千枚状板岩、大理岩；2.霏细状斜长花岗岩；3.斜长花岗斑岩；4.中细粒斜长花岗岩；5.超基性岩；6.石英脉；

7.实测地质界线；8.富矿范围；9.贫矿范围

季德屯钼矿地质矿产及地球化学综合预测模型见图6-2-2,季德屯钼矿典型矿床所在地区地质矿产及物探剖析图见图6-2-3。

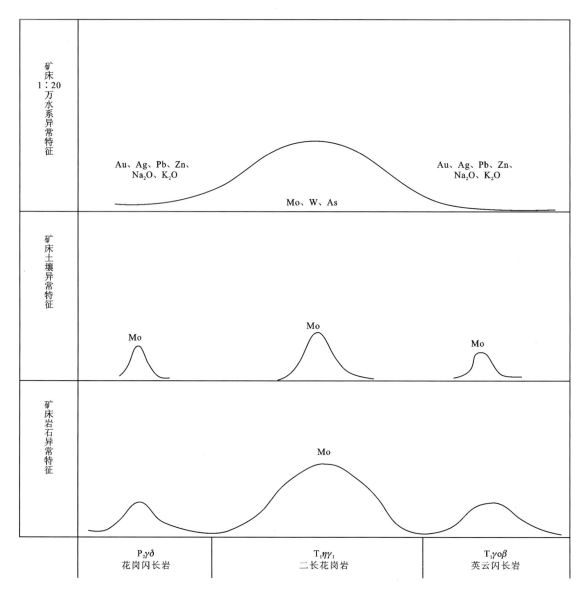

图6-2-2 季德屯钼矿地质矿产及地球化学综合预测模型

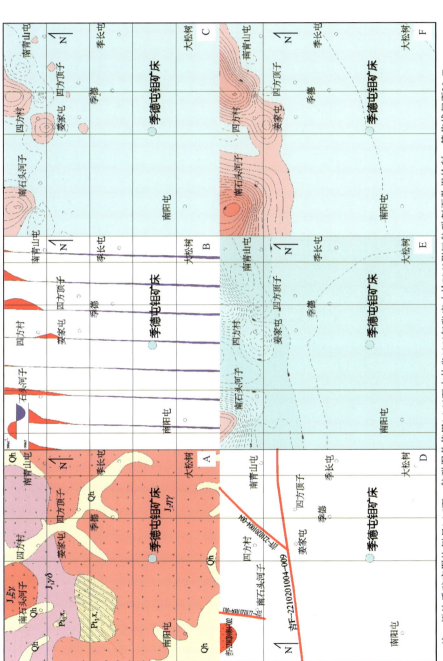

图 6-2-3 季德屯钼矿典型矿床所在区域地质矿产及物探剖析图

注：原地质矿产图比例尺1：5万；航磁图件使用1：10万吉林省1959年张广才岭7062测区航磁剖面数据绘制，等值线同距20nT，网络同距250m×250m。推断地质构造比例尺1：5万。

A. 地质矿产图；B. 航磁ΔT剖面平面图；C. 航磁ΔT化极平面图；D. 航磁推断地质构造图；E. 航磁ΔT化极垂向一阶导数等值线平面图；F. 航磁ΔT等值线平面图

1. 全新世；2. 新兴岩组；3. 中侏罗世碱长花岗岩；4. 中侏罗世二长花岗岩；5. 早侏罗世花岗闪长岩；6. 整合岩层界线；7. 实测性质不明断层；8. 磁法推断酸性岩体；9. 磁法推断断裂构造；10. 磁法推断出露、隐伏、半隐伏地质界线；11. 航磁异常零值线及注记，航磁异常正等值线及注记，航磁异常负等值线及注记；12. 钼矿

刘生店地质矿产及地球化学综合预测模型见图6-2-4,刘生店钼矿典型矿床所在地区地质矿产及物探剖析图见图6-2-5。

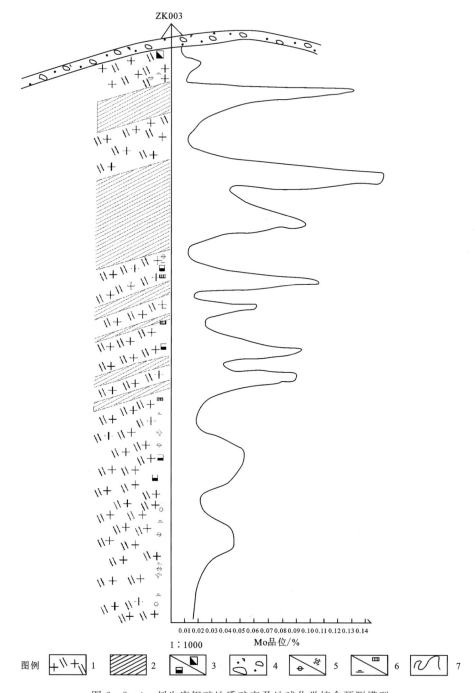

图6-2-4 刘生店钼矿地质矿产及地球化学综合预测模型

1.二长花岗岩;2.钼矿体(品位大于0.06%);3.辉钼矿化/褐铁矿化;4.残坡积物;5.绿帘石化/硅化;6.绢云母化/黄铁矿化;7.Mo异常曲线

第六章 矿产预测 · 119 ·

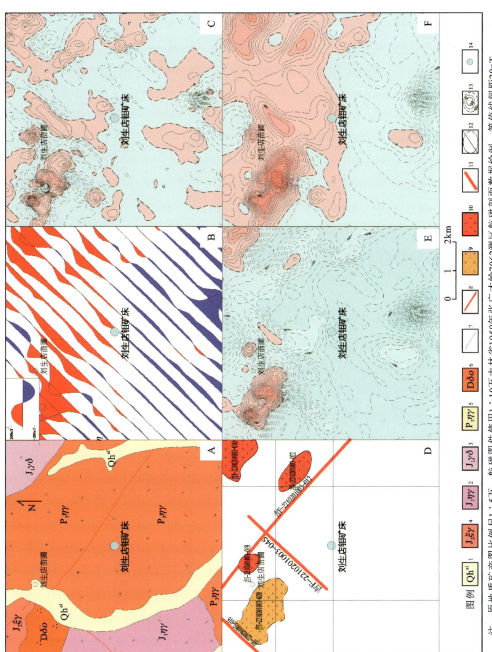

图 6-2-5 刘生店钼矿典型矿床所在地区地质矿产及物探剖析图

A. 地质矿产图；B. 航磁 ΔT 剖面平面图；C. 航磁 ΔT 化极等值线平面图；D. 航磁推断地质构造图；E. 航磁 ΔT 等值线平面图；F. 航磁 ΔT 化极等值线平面图
注：原地质矿产图比例尺1：5万；航磁图件使用1：10万吉林省1959年张广才岭7062测区航磁剖面数据绘制，等值线间距20nT，网络间距250m×250m。推断地质构造图比例尺1：5万。

1. 全新世；2. 中侏罗世正长花岗岩；3. 早侏罗世二长花岗岩；4. 晚二叠世二长花岗岩；5. 泥盆纪石英闪长岩；6. 整合地质界线；7. 性质不明断层；8. 性质不明断层；9. 磁法推断中性岩体；10. 磁法推断酸性岩体；11. 磁法推断裂构造及注记；12. 磁法推断出露、隐伏、半隐伏地质界线；13. 航磁异常点及注记；14. 钼矿

天宝山东风北山钼矿地质矿产及地球化学综合预测模型见图 6-2-6。

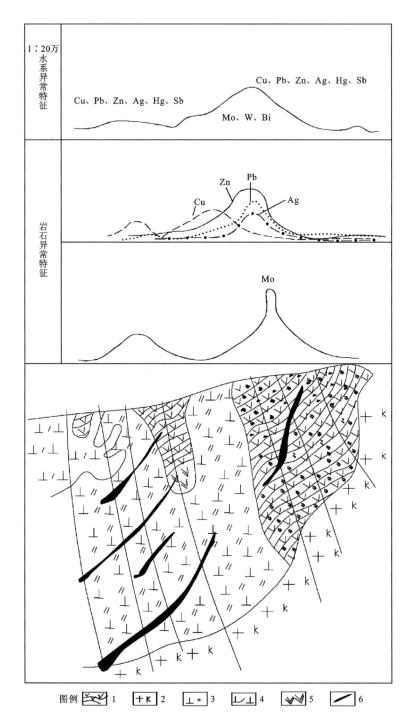

图 6-2-6 天宝山东风北山钼矿地质矿产及地球化学综合预测模型
1.安山质凝灰岩;2.钾长花岗岩;3.石英闪长岩;4.英安岩;5.矽卡岩;6.钼矿体

桦甸四方甸子钼矿综合找矿模型见图6-2-7,四方甸子钼矿典型矿床所在地区地质矿产及物探剖析图见图6-2-8。

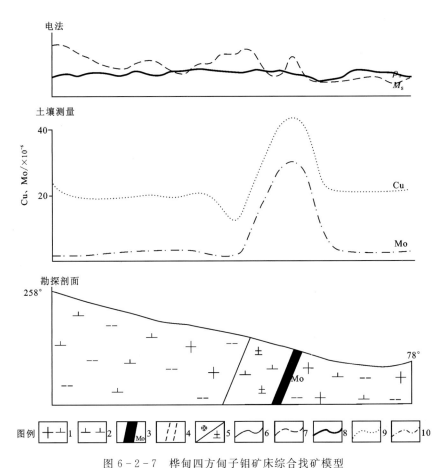

图6-2-7 桦甸四方甸子钼矿床综合找矿模型

1.花岗闪长岩;2.闪长岩;3.钼矿体;4.矿体界;5.硅化、高岭土化;6.地质界线;7.视充电率异常曲线1cm=5%;8.视电阻率异常曲线1cm=2000Ωm;9.Cu含量;10.Mo含量

临江六道沟铜、钼矿地球化学综合找矿模型见图6-2-9,临江六道沟铜、钼矿地质矿产及地球物理综合找矿模型见图6-2-10。

大石河钼矿地质矿产及地球化学综合预测模型见图6-2-11。

二、模型区深部及外围资源潜力预测分析

(一)典型矿床已查明资源储量及其估算参数

典型矿床已查明资源储量及参数主要应用典型矿床的已查明资源储量、面积、倾角、延深、品位、密度,在确定上述参数后,计算出典型矿床的体积含矿率。具体参数确定如下。

资源储量:应用典型矿床通过评审备案已经上储量表的已查明资源量。

面积:典型矿床所在区域含矿地质体的面积。

倾角(α):以典型矿床勘查报告中确定的含矿地质体的平均倾角为准。

延深:以典型矿床勘查区内的最大勘探深度为依据。

品位:以典型矿床储量计算中应用的矿区平均品位为依据。

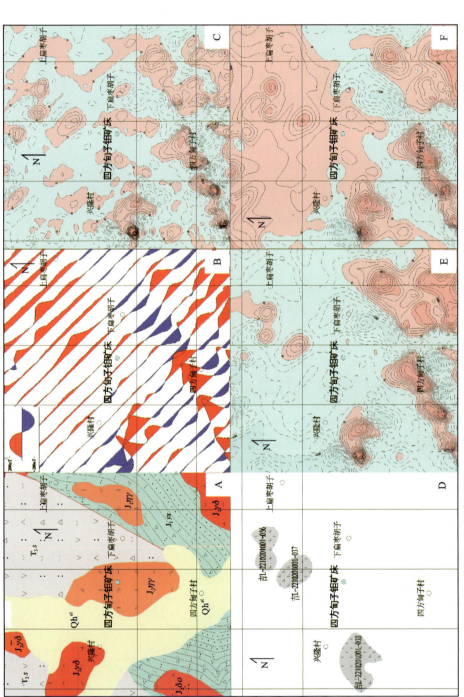

图 6-2-8 四方甸子钼矿典型矿床所在地区地质矿产及物探剖析图

A. 地质矿产图；B. 航磁 ΔT 剖面平面图；C. 航磁 ΔT 等值线平面图；D. 航磁推断地质构造图；E. 航磁 ΔT 化极垂向一阶导数等值线平面图；F. 航磁 ΔT 化极等值线平面图

1. 全新世；2. 玉兴屯组；3. 四合屯组；4. 中侏罗世二长花岗岩；5. 中侏罗世花岗闪长岩；6. 中侏罗世石英闪长岩；7. 性质不明断层；8. 整合地质界线；9. 磁法推断断火山岩地层；10. 磁法推断出露、隐伏、半隐伏地质界线；11. 航磁异常零值线及注记，航磁异常正常负等值线及注记；12. 钼矿

注：原地质矿产图比例尺 1:5万；航磁图件使用1:10万吉林省1972年吉林中部7183b测区航磁剖面数据数据绘制，等值线间距200nT，网格间距150m×150m。

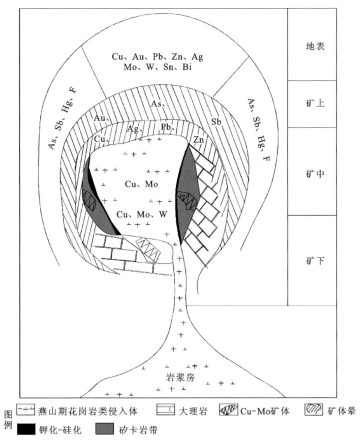

图 6-2-9 临江六道沟铜、钼矿地球化学综合找矿模型

密度：以典型矿床储量计算中应用的矿石密度为依据。

体积含矿率：在确定上述参数后，计算体积含矿率[＝已查明资源储量/(面积×sinα×延深)]。

1. 前撮落-火龙岭预测工作区

大黑山钼典型矿床体积含矿率为 0.005 855 772t/m³。四方甸子典型矿床体积含矿率为 0.000 014 111t/m³。

2. 刘生店-天宝山预测工作区

刘生店钼矿床体积含矿率为 0.000 018 625t/m³。东风北山钼矿床体积含矿率为 0.000 002 037t/m³。

3. 季德屯-福安堡预测工作区

舒兰季德屯钼矿床体积含矿率为 0.000 052 675t/m³。

4. 天合兴预测工作区

靖宇天合兴铜、钼矿床体积含矿率为 0.000 001 198t/m³。

5. 大石河-尔站预测工作区

敦化大石河钼矿床体积含矿率为 0.000 026 633t/m³。

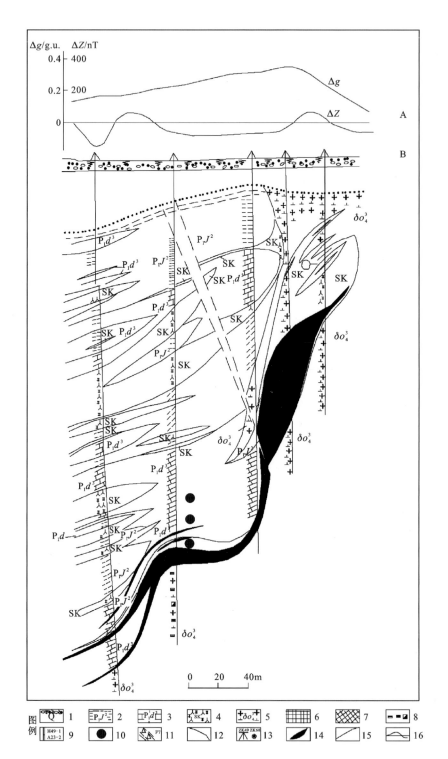

图 6-2-10 临江六道沟铜、钼矿地质矿产及地球物理综合找矿模型

A.重力剩余异常曲线、磁法异常曲线综合剖面图；B.地质剖面图

1.第四系；2.下二叠统角岩；3.下二叠统大理岩；4.矽卡岩；5.海西期晚期石英闪长岩；6.磁铁矿；7.磁黄铁矿、辉钼矿；8.磁黄铁矿化、黄铁矿化、黄铜矿化、辉钼矿化；9.取样位置及编号；10.矿体号；11.断裂破碎带；12.地质界线；13.钻孔及编号；14.含铜硫铁矿体；15.剩余重力 Δg 异常曲线；16.磁法 ΔZ 异常曲线

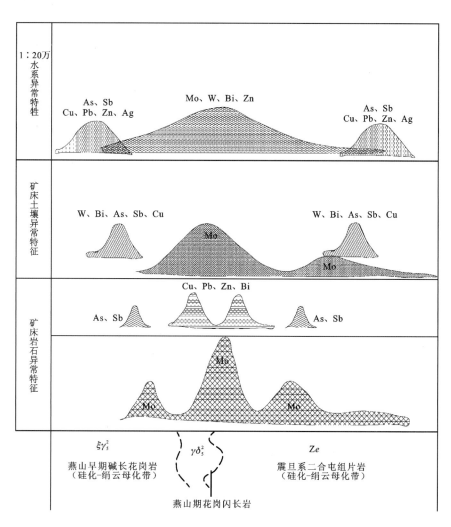

图 6-2-11 大石河钼矿地质矿产及地球化学综合预测模型

6. 六道沟-八道沟预测工作区

临江铜山铜、钼矿床体积含矿率为 0.000 280 355 t/m³。

（二）典型矿床深部及外围预测资源量及其估算参数

1. 前撮落-火龙岭预测工作区

1）大黑山钼矿床深部资源量预测

本次预测工作将它归为 A 类最小预测区。矿体最大延深 530m。根据矿体倾角计算，实际垂深 520m。根据该含矿地质体在区域上的产状、走向、延伸等均比较稳定进行推测，该套岩体在 1000m 深度仍然存在，所以本次预测工作的矿床深部预测深度选择 480m。面积采用原典型矿床面积。应用预测资源量公式（预测资源量＝面积×预测深度×体积含矿率）。预测大黑山钼矿其深部资源潜力可达超大型以上。

2）四方甸子钼矿床深部资源量预测

本次预测工作将它归为 A 类最小预测区。矿体最大延深 300m。根据矿体倾角计算，实际垂深

290m,根据该含矿地质体在区域上的产状、走向、延伸等均比较稳定进行推测,该套含矿地质体在800m深度仍然存在,所以本次预测工作的矿床深部预测深度选择510m。面积采用原典型矿床面积。应用预测资源量公式(预测资源量＝面积×预测深度×体积含矿率)。预测四方甸子钼矿其深部资源潜力可达中型。

2. 刘生店-天宝山预测工作区

安图刘生店钼矿床深部资源量预测:本次预测工作将它归为A类最小预测区。矿体最大延深360m。根据矿体倾角计算,实际垂深360m。根据该含矿岩体在区域上的产状、走向、延伸等均比较稳定进行推测,该套含矿地质体在700m深度仍然存在,所以本次预测工作的矿床深部预测深度选择340m。面积采用原典型矿床面积。应用预测资源量公式(预测资源量＝面积×预测深度×体积含矿率),预测刘生店钼矿深部资源潜力可达中型以上。

天宝山东风北山钼矿床深部资源量预测:矿体最大延深500m。根据矿体倾角计算,实际垂深390m。根据该含矿地质体在区域上的产状、走向、延伸等均比较稳定进行推测,该套含矿地质体在1000m深度仍然存在,所以本次预测工作的矿床深部预测深度选择610m。面积采用原典型矿床面积。本次预测工作将它归为A类最小预测区。应用预测资源量公式(预测资源量＝面积×预测深度×体积含矿率),天宝山东风北山钼矿深部资源潜力为小型。

3. 季德屯-福安堡预测工作区

季德屯钼矿床深部资源量预测:本次预测工作将它归为A类最小预测区。矿体沿倾向最大延深540m。根据矿体倾角计算,实际垂深540m。近年来的该区钼矿地质勘探工作证实该套含矿地质体在1000m深度仍然稳定延深。由于该含矿地质体在区域上的产状、走向、延伸等均比较稳定,但考虑到后期岩浆作用较强,所以本矿床的深部预测深度选择1000m。矿床深部预测实际深度为460m。面积采用原典型矿床面积。应用预测资源量公式(预测资源量＝面积×预测深度×体积含矿率),预测季德屯钼矿深部的资源潜力为大型。

4. 天合兴预测工作区

天合兴铜、钼矿床深部资源量预测:本次预测工作将它归为A类最小预测区。矿体沿倾向最大延深500m。根据矿体倾角计算,实际垂深440m。近年来,该区钼矿最大勘探深度垂深1000m且矿体没有歼灭迹象,说明该套含矿层位在1000m深度仍然稳定延深。由于该含矿地质体在区域上的产状、走向、延伸等均比较稳定,所以本次预测工作的矿床深部预测深度选择1000m。矿床深部预测实际深度为560m。面积采用原典型矿床面积。应用预测资源量公式(预测资源量＝面积×预测深度×体积含矿率),预测天合兴铜、钼矿深部资源潜力为小型。

5. 大石河-尔站预测工作区

大石河钼矿床深部资源量预测:本次预测工作将它归为A类最小预测区。矿体沿倾向最大延深500m。根据矿体倾角计算,实际垂深500m。根据该含矿层位在区域上的产状、走向、延伸等均比较稳定进行推测,该套含矿地质体在1000m深度仍然存在,所以本次预测工作的矿床深部预测深度选择1000m。矿床深部预测实际深度为500m。面积采用原典型矿床面积。应用预测资源量公式(预测资源量＝面积×预测深度×体积含矿率),预测大石河钼矿深部资源潜力可达大型。

6. 六道沟-八道沟预测工作区

临江铜山铜、钼矿床深部资源量预测:钼矿矿体沿倾向最大延深270m。根据矿体倾角计算,实际垂深210m。根据该含矿地质体在区域上的产状、走向、延伸等均比较稳定进行推测,该套含矿地质体在800m深度仍然存在,所以本次预测工作的矿床深部预测深度选择800m。面积采用原典型矿床面积。本次预测工作将它归为A类最小预测区。应用预测资源量公式(预测资源量＝面积×预测深度×体积含矿率),预测铜山钼矿其深部资源潜力为小型以下。

(三)模型区预测资源总量及估算参数确定

1)前撮落-火龙岭预测工作区

该预测工作区有2个模型区:DHA1模型区和DHA2模型区。DHA1模型区为永吉大黑山钼矿床A类最小预测区,即大黑山典型矿床所在的最小预测区。DHA2模型区为桦甸四方甸子钼矿床A类最小预测区,即四方甸子典型矿床所在的最小预测区。

(1)模型区预测资源总量。

a. DHA1模型区预测资源总量为大黑山典型矿床+永吉一心屯已查明资源量与大黑山典型矿床深部及外围预测资源量之和,即已查明资源量+深部及外围预测资源量。

b. DHA2模型区预测资源总量为四方甸子典型矿床已查明资源量与典型矿床深部及外围预测资源量之和,即已查明资源量+深部及外围预测资源量。

(2)面积。

a. DHA1模型区面积的确定:利用燕山期花岗闪长岩、花岗闪长斑岩含矿建造+化探异常+大黑山典型矿床矿化信息,加以人工修正后的最小预测区面积。

b. DHA2模型区面积的确定:利用燕山期花岗闪长岩、二长花岗岩含矿建造+化探异常+四方甸子典型矿床矿化信息,加以人工修正后的最小预测区面积。

(3)延深。

a. DHA1模型区内典型矿床的总延深即最大预测深度。区域上,该套含矿层位在1000m深度仍然比较稳定,所以模型区的延深选择1000m,沿用大黑山典型矿床的最大预测深度。

b. DHA2模型区内典型矿床的总延深即最大预测深度。区域上,该套含矿层位在800m深度仍然比较稳定,所以模型区的延深选择800m,沿用四方甸子典型矿床的最大预测深度。

(4)含矿地质体面积参数。即含矿地质体面积与模型区面积的比值,其计算结果见表6-2-9。

表6-2-9 前撮落-火龙岭预测工作区模型区预测资源总量及其估算参数

编号	模型区名称	模型区预测资源总量(规模)	模型区面积/m²	垂深/m	含矿地质体面积/m²	含矿地质体面积参数
A2210201001	永吉大黑山钼矿床A类最小预测区	大型	72 377 500	480	519 671.647 5	0.007 180 017
A2210203001	桦甸四方甸子钼矿床A类最小预测区	中型	26 966 625	510	3 633 579.808	0.134 743 588

(5)含矿地质体含矿系数。

模型区含矿地质体含矿系数＝模型区预测资源总量/(模型区总体积×含矿地质体面积参数)

其中,模型区总体积＝模型区面积×垂深

实际工作中用典型矿床含矿地质体面积与模型区含矿地质体面积相比得出含矿地质体面积参数来修正典型矿床的含矿地质体积含矿率,从而得出含矿地质体含矿系数,见表6-2-10。

表 6-2-10　前撮落-火龙岭预测工作区模型区含矿地质体含矿系数

模型区编号	名称	含矿系数/(t·m^{-3})	含矿地质体面积参数	预测深度/m
A2210201001	永吉大黑山钼矿床A类最小预测区	0.005 855 772	0.007 180 017	1000
A2210203001	桦甸四方甸子钼矿床A类最小预测区	0.000 014 111	0.134 743 588	800

2)刘生店-天宝山预测工作区

该预测工作区有2个模型区:LTA1模型区和LTA2模型区。LTA1模型区为安图刘生店钼矿床A类最小预测区,即刘生店钼矿床典型矿床所在的最小预测区。LTA2模型区为龙井天宝山东风北山钼矿床A类最小预测区,即天宝山东风北山钼矿典型矿床所在的最小预测区。

(1)模型区预测资源总量。

a.LTA1模型区预测资源总量为刘生店典型矿床已查明资源量与刘生店典型矿床深部及外围预测资源量之和,即已查明资源量+深部及外围预测资源量。

b.LTA2模型区预测资源总量为天宝山东风北山典型矿床已查明资源量与天宝山东风北山典型矿床深部及外围预测资源量之和,即已查明资源量+深部及外围预测资源量。

(2)面积。

a.LTA1模型区面积的确定:利用刘生店钼矿床所在矿区二长花岗斑岩含矿建造+化探异常+已知矿床矿化信息,加以人工修正后的最小预测区面积。

b.LTA2模型区面积的确定:利用天宝山东风北山钼矿床所在矿区花岗闪长岩、似斑状二长花岗岩含矿建造+化探异常+已知矿床矿化信息,加以人工修正后的最小预测区面积。

(3)延深。模型区内典型矿床的总延深,即最大预测深度。

a.LTA1含矿层位延深比较稳定,模型区的延深选择700m,沿用刘生店钼矿典型矿床的最大预测深度。

b.LTA2含矿层位延深比较稳定,模型区的延深选择1000m,沿用天宝山东风北山钼矿典型矿床的最大预测深度。

(4)含矿地质体面积参数。即含矿地质体面积与模型区面积之比,其计算结果见表6-2-11。

表 6-2-11　刘生店-天宝山预测工作区模型区预测资源总量及其估算参数

编号	名称	模型区预测资源总量(规模)	模型区面积/m^2	垂深/m	含矿地质体面积/m^2	含矿地质体面积参数
A2210201002	安图刘生店钼矿床A类最小预测区	中型	83 749 027.5	340	4 267 626.7	0.050 957 328
A2210201003	龙井天宝山东风北山钼矿床A类最小预测区	小型	16 000 000	610	4 762 835.662	0.297 677 229

(5)含矿地质体含矿系数。

模型区含矿地质体含矿系数=模型区预测资源总量/(模型区总体积×含矿地质体面积参数)

其中,模型区总体积=模型区面积×垂深

实际工作中用典型矿床含矿地质体面积与模型区含矿地质体面积相比得出含矿地质体面积参数来修正典型矿床的含矿地质体积含矿率,从而得出含矿地质体含矿系数,见表6-2-12。

表6-2-12 刘生店-天宝山预测工作区模型区含矿地质体含矿系数

模型区编号	名称	含矿系数/(t·m^{-3})	含矿地质体面积参数	预测深度/m
A2210201002	安图刘生店钼矿床 A类最小预测区	0.000 018 625	0.050 957 328	700
A2210201003	龙井天宝山东风北山钼矿床 A类最小预测区	0.000 002 037	0.297 677 229	1000

3)季德屯-福安堡预测工作区

该预测工作区有1个模型区:JDA1模型区。JDA1模型区为舒兰季德屯钼矿床A类最小预测区,即季德屯钼矿典型矿床所在最小预测区。

(1)模型区预测资源总量。JDA1模型区预测资源总量为季德屯典型矿床已查明资源量与季德屯典型矿床深部及外围预测资源量之和,即已查明资源量+深部及外围预测资源量。

(2)面积。JDA1模型区的面积是季德屯典型矿床所在区似斑状二长花岗岩含矿建造+化探异常+季德屯矿化信息,加以人工修正后的最小预测区面积。

(3)延深。JDA1模型区内典型矿床的总延深,即最大预测深度。根据近年该区钼矿地质勘探工作,推测该套含矿层位在1000m深度仍然稳定延深,根据该含矿层位在区域上的产状、走向、延伸等均比较稳定,所以模型区的延深选择1000m。沿用季德屯钼矿典型矿床的最大预测深度。

(4)含矿地质体面积参数。即含矿地质体面积与模型区面积之比,其计算结果见表6-2-13。

表6-2-13 季德屯-福安堡预测工作区模型区预测资源总量及其估算参数

编号	名称	模型区预测 资源总量(规模)	模型区 面积/m^2	垂深/m	含矿地质体 面积/m^2	含矿地质体 面积参数
A2210201004	舒兰季德屯钼矿床 A类最小预测区	大型	13 332 265.97	460	8 616 683.838	0.646 303 026

(5)含矿地质体含矿系数。

模型区含矿地质体含矿系数=模型区预测资源总量/(模型区总体积×含矿地质体面积参数)

其中,模型区总体积=模型区面积×延深

实际工作中用典型矿床含矿地质体面积与模型区含矿地质体面积相比得出含矿地质体面积参数来修正典型矿床的含矿地质体积含矿率,从而得出含矿地质体含矿系数,见表6-2-14。

表6-2-14 季德屯-福安堡预测工作区模型区含矿地质体含矿系

模型区编号	名称	含矿系数/(t·m^{-3})	含矿地质体面积参数	预测深度/m
A2210201004	舒兰季德屯钼矿床 A类最小预测区	0.000 052 675	0.646 303 026	1000

4)天合兴预测工作区

该预测工作区有1个模型区:THA1模型区。THA1模型区为靖宇天合兴铜、钼矿床A类最小预测区,即天合兴铜、钼矿典型矿床所在的最小预测区。

(1)预测资源总量。模型区预测资源总量为天合兴典型矿床已查明资源量与深部及外围预测资源量之和,即已查明资源量+深部及外围预测资源量。

(2)面积。THA1模型区的面积是天合兴典型矿床所在区石英斑岩、花岗斑岩含矿建造+化探异常+典型矿床矿化信息,加以人工修正后的最小预测区面积。

(3)延深。THA1模型区内典型矿床的总延深,即最大预测深度。根据近年该区钼矿地质勘探工作,推测该套含矿层位在1000m深度仍存在,根据该含矿层位在区域上的产状、走向、延伸等均比较稳定,所以模型区的延深选择1000m。沿用天合兴典型矿床的最大预测深度。

(4)含矿地质体面积参数。即含矿地质体面积与模型区面积之比,其计算结果见表6-2-15。

表6-2-15 天合兴预测工作区模型区预测资源总量及其估算参数

编号	名称	模型区预测资源总量(规模)	模型区面积/m^2	垂深/m	含矿地质体面积/m^2	含矿地质体面积参数
A2210202001	靖宇天合兴铜、钼矿床A类最小预测区	小型	8 008 707.888	560	1 910 888.418	0.238 601 338

(5)含矿地质体含矿系数。

模型区含矿地质体含矿系数=模型区预测资源总量/(模型区总体积×含矿地质体面积参数)

其中,模型区总体积=模型区面积×垂深

实际工作中用典型矿床含矿地质体面积与模型区含矿地质体面积相比得出含矿地质体面积参数来修正典型矿床的含矿地质体积含矿率,从而得出体含矿系数,见表6-2-16。

表6-2-16 天合兴预测工作区模型区含矿地质体含矿系数

模型区编号	名称	含矿系数/($t \cdot m^{-3}$)	含矿地质体面积参数	预测深度/m
A2210202001	靖宇天合兴铜、钼矿床A类最小预测区	0.000 001 198	0.238 601 338	1000

5)大石河-尔站预测工作区

该预测工作区有1个模型区:DSA1模型区。DSA1模型区为敦化大石河钼矿床A类最小预测区,即大石河钼矿典型矿床所在的最小预测区。

模型区预测资源总量:DSA1模型区预测资源总量为大石河典型矿床已查明资源量与深部及外围预测资源量之和,即已查明资源量+深部及外围预测资源量。

面积:DSA1模型区的面积是大石河典型矿床所在区花岗闪长岩含矿建造+化探异常+大石河矿床矿化信息,加以人工修正后的最小预测区面积。

延深:DSA1模型区内典型矿床的总延深,即最大预测深度。大石河钼矿现在最大的勘探深度均达到500m矿体仍未尖灭,但从区域上和矿区上含矿建造具有一定的规模,沿走向和倾向延伸比较稳定,推测含矿地质体延深仍然比较稳定,所以模型区的延深选择1000m,沿用大石河典型矿床的最大预测深度。

含矿地质体面积参数。即含矿地质体面积与模型区面积之比,其计算结果见表 6-2-17。

表 6-2-17　大石河-尔站预测工作区模型区预测资源总量及其估算参数

编号	名称	模型区预测资源总量(规模)	模型区面积/m²	垂深/m	含矿地质体面积/m²	含矿地质体面积参数
A2210204005	敦化大石河钼矿床A类最小预测区	大型	33 000 000	500	7 539 100	0.228 457 576

(5)含矿地质体含矿系数。

模型区含矿地质体含矿系数＝模型区预测资源总量/(模型区总体积×含矿地质体面积参数)

其中,模型区总体积＝模型区面积×垂深

实际工作中用典型矿床含矿地质体面积与模型区含矿地质体面积相比得出含矿地质体面积参数来修正典型矿床的含矿地质体积含矿率,从而得出体含矿系数,见表 6-2-18。

表 6-2-18　大石河-尔站预测工作区模型区含矿地质体含矿系数

模型区编号	名称	含矿系数/(t·m⁻³)	含矿地质体面积参数	预测深度/m
A2210204005	敦化大石河钼矿床A类最小预测区	0.000 026 633	0.228 457 576	1000

6)六道沟-八道沟预测工作区

该预测工作区有 1 个模型区:LDA1 模型区。LDA1 模型区为临江铜山铜、钼矿床 A 类最小预测区,即铜山铜、钼矿典型矿床所在的最小预测区。

模型区预测资源总量:LDA1 模型区预测资源总量为铜山铜、钼矿典型矿床探明＋深部及外围预测资源量之和,即已查明资源量＋深部及外围预测资源量。

面积:LDA1 模型区的面积是铜山铜、钼矿典型矿床所在区古生代灰岩、大理岩＋石英斑岩、花岗斑岩建造＋化探异常＋典型矿床矿化信息,加以人工修正后的最小预测区面积。

延深:LDA1 模型区内典型矿床的总延深,即最大预测深度。铜山铜、钼矿典型矿床现在最大的勘探深度均达到 270m,由于典型矿床的含矿建造深度达到 800m,所以模型区的延深选择 800m,沿用铜山铜、钼矿典型矿床的最大预测深度。

含矿地质体面积参数。即含矿地质体面积与模型区面积之比,其计算结果见表 6-2-19。

表 6-2-19　六道沟-八道沟预测工作区模型区预测资源总量及其估算参数

编号	名称	模型区预测资源总量(规模)	模型区面积/m²	垂深/m	含矿地质体面积/m²	含矿地质体面积参数
A2210501001	临江铜山铜、钼矿床A类最小预测区	小型以下	1 269 257.5	590	27 159.455	0.021 397 908

(5)含矿地质体含矿系数。

模型区含矿地质体含矿系数＝模型区预测资源总量/(模型区总体积×含矿地质体面积参数)

其中,模型区总体积＝模型区面积×垂深

实际工作中用典型矿床含矿地质体面积与模型区含矿地质体面积相比得出含矿地质体面积参数来修正典型矿床的含矿地质体积含矿率,从而得出体含矿系数,见表6-2-20。

表 6-2-20　六道沟-八道沟预测工作区模型区含矿地质体含矿系数

模型区编号	名称	含矿系数/(t·m^{-3})	含矿地质体面积参数	预测深度/m
A2210501001	临江铜山铜、钼矿床A类最小预测区	0.000 280 355	0.021 397 908	800

三、预测工作区预测要素图编制及解释及区域预测模型

(一)区域预测要素图编制及解释

编制区域成矿要素图应按照矿产预测方法类型来确定预测底图。侵入岩体型预测工作区以侵入岩建造构造图为预测底图。层控内生型预测工作区以综合建造构造图为底图,并突出表示特定地层或建造。

在编制地质构造基础类预测底图的过程中应充分应用重磁、遥感、化探推断解释资料。编制同比例尺重磁、遥感、化探、推断解译地质构造图,对于隐伏侵入体、火山机构、隐伏或隐蔽构造、盆地基底构造应进行定量反演,大致确定隐伏侵入体的埋深、成矿侵入体的三维形态变化,为预测提供依据。

1. 侵入岩体型预测工作区预测要素图编制

(1)根据不同目的确定研究比例尺:当以编制岩浆矿床或岩浆热液类型矿床预测底图为目的时,应使用1∶5万的。

(2)补充编制大比例尺地质图并建立数据库。

(3)划分构造岩浆旋回,确定岩浆旋回(或期次)与目的时段。

(4)确定编图区范围及比例尺。

(5)查阅区调原始资料,填制岩体建造构造研究原始记录表,按实测剖面和路线为单元填写。

(6)搜集岩浆岩各类专题研究资料,尤其是近10年来有关数据资料。

(7)全面研究侵入岩体特征:时代、期次、产状、岩体特征、围岩岩性特征、侵位特征、演化特征等。

(8)划分岩体类型,确定岩体大地构造环境。

(9)分析侵入岩体构造特征及控制侵入岩的区域构造特征、侵入接触构造特征及控制侵入接触构造的区域构造特征。

(10)划分区域侵入岩浆构造带,分析其规模、产状、边界、活动期次及与控制侵入岩浆构造、控制侵入接触构造的关系,建立区域侵入岩浆带构造体系。

(11)综合物探、化探、遥感推断资料。

(12)分析大地构造与区域侵入岩浆构造带关系(演化、空间、物质)。

(13)分析侵入岩浆构造带与成矿作用关系(时间、空间、物质)。

(14)对不同构造岩浆旋回(期次)分别完成上述程序,形成不同图层。

(15)按照统一数据格式,划分空间数据及属性数据,建立空间数据库,使用GIS平台完成全过程编图及建库。

(16)编写说明书。

2. 层控内生型预测工作区预测要素图编制

(1)确定研究区边界范围。

(2)根据与成矿关系密切的侵入岩浆建造构造、变质建造构造等基本特征,确定大地构造相类型以及综合地质构造单元划分方案。

(3)根据综合地质构造单元界线,并在综合地质构造单元区块内表达侵入岩浆建造、变质建造等内容。

(4)全面综合侵入岩浆建造构造、变质建造构造确定大地构造演化特征。

(5)编制综合地质构造图。

(6)按照前述五类专题数据库数据格式,增加物探、化探、遥感推断资料信息,建立空间数据库,使用GIS平台完成编图及建库。

(7)编写说明书。

根据上述预测工作区地质及物探、化探、遥感、自然重磁信息成矿规律研究,提取预测工作区预测要素。根据预测工作区预测要素建立区域预测模型。

吉林省前撮落-火龙岭预测工作区侵入岩体型钼矿预测要素见表6-2-21。

表6-2-21 吉林省前撮落-火龙岭预测工作区侵入岩体型钼矿预测要素

预测要素	内容描述	类别
岩石类型	花岗闪长岩-二长花岗岩	必要
成矿时代	辉钼矿 Re-Os 同位素等时线年龄为(168.2±3.2)Ma(李立兴等,2009)	必要
成矿环境	小兴安岭-张广才岭弧盆系、双阳-永吉-蛟河上叠裂陷盆地内,与钼矿有关的建造为侏罗纪中酸性侵入岩浆(热液)建造,其岩石类型为花岗闪长岩-二长花岗岩,区内与钼矿产侵入岩浆(热液)有关的构造主要为北东—南西向大型断裂带控制。热液型钼矿产(体)就位于近南北-北东东向的断裂	必要
构造背景	晚三叠世—新生代构造单元分区:东北叠加造山-裂谷系、小兴安岭-张广才岭叠加岩浆弧、张广才岭-哈达岭火山盆地区、南楼山-辽源火山盆地群。伊通-舒兰断裂带北东-南西侧、辉发河断裂带北侧	重要
控矿条件	区域北东向断裂带和北西向断裂带,以及两者交会处是最佳的部位。 与构造有关的燕山期中酸性岩石带状分布地区	必要
蚀变特征	高岭土化、绢云母化、钾化、碳酸盐化不发育	重要
矿化特征	矿化类型主要表现为黄铁矿化、钼矿化、铜矿化、金矿化等	重要
地球化学	1:20万化探 Mo 异常23处。矿床所在区域的 Mo 异常分带清晰,浓集中心明显,异常强度高。与Mo 空间套合紧密的元素有 W、Ag、Cu、Pb、Zn、As、Sb,形成较复杂异常组分富集的叠生地球化学场,是成矿主要场所	重要
地球物理	矿床处在被一呈北东向环带状1:5万航磁高磁异常环抱的呈似圆状前撮落负磁异常内,区域布格重力场处在环形重力梯级带所围成的似圆状形态复杂的负重力异常区内	重要
自然重砂	主要指示矿物辉钼矿圈出2处自然重砂异常,矿物含量分级较高,对钼典型矿床不支持。主要的共生矿物白钨矿在钼矿控制的汇水盆地内都有较好的异常反映,显示出与钼矿积极的响应关系,具备优良的矿致性,对预测钼矿提供重要的间接指示信息。由辉钼矿-白钨矿-铜族构成的组合异常有1处,空间上与2号辉钼矿异常叠合,释放出综合性的自然重砂指示信息	次要

续表 6-2-21

预测要素	内容描述	类别
遥感	矿区受北东向柳河-吉林断裂带与北西向桦甸-双河镇断裂带控制,处在不同方向小断裂交会部位,形成遥感浅色调异常区。有多个与基性岩类和隐伏岩体有关的环形构造分布。矿区及周围分布有羟基异常	次要
找矿标志	发育青磐岩化、云英岩化以及硅化等。与构造有关的燕山期中酸性岩石带状分布地区。1:20万、1:5万土壤化探异常明显,为钼、铜、钨、银、锡、铅异常。有白钨矿自然重砂异常,伴生矿物有钛铁矿、锆石、金红石、铬铁矿、黄铁矿及少量辰砂、自然金	重要

吉林省西苇预测工作区侵入岩体型钼矿预测要素见表 6-2-22。

表 6-2-22　吉林省西苇预测工作区侵入岩体型钼矿预测要素

预测要素	内容描述	类别
岩石类型	燕山期花岗闪长岩、二长花岗岩	必要
成矿时代	推测为燕山期	必要
成矿环境	大兴安岭弧形盆地、锡林浩特岩浆弧、白城上叠裂陷盆地内,燕山早期中酸性侵入岩黑云母斜长花岗岩、黑云母花岗岩为主要含矿、赋矿层位,北东向断裂带与北西向糜棱岩化带交会部位及次级北西向断裂构造控制矿体展布,也为容矿构造	必要
构造背景	晚三叠世—新生代构造单元分区:东北叠加造山-裂谷系、小兴安岭-张广才岭叠加岩浆弧、张广才岭-哈达岭火山盆地区、南楼山-辽源火山盆地群。区内与钼矿产有关的构造为北东-南西向大型断裂带	重要
控矿条件	燕山期花岗闪长岩。 北东向与北西向糜棱岩化带交会部位,次级北西向断裂构造	必要
蚀变特征	燕山期中酸性侵入岩蚀变岩有钾长石化、云英岩化、硅化、碳酸盐化	重要
矿化特征	矿体均呈北西向平行展布,呈脉状、透镜状,控制长 900m,宽 0.8~4.0m	重要
地球化学	应用1:5万补充1:20万化探数据圈出1处 Mo 异常。该异常规模较大,异常强度为 7.3 衬度值,呈北东向延伸。与 Mo 空间交叠紧密的元素有 W、Ag、Cu、Pb、Zn、As、Sb,其组合异常场反映的是西苇斑岩型钼矿的成矿岩浆系统,呈同心-离心结构,形成较复杂异常组分富集的叠生地球化学场	重要
地球物理	表现为低缓磁异常和重力低异常。断裂构造及岩浆热液活动使岩体磁性明显降低,并有利成矿。低缓磁异常和重力低异常是钼矿找矿的综合物探标志	重要
自然重砂	没有相应重砂矿物异常分布,对预测工作区没有找矿指示作用	次要
遥感	矿区位于伊通-辉南断裂带边部,沿北东向断裂分布,受由古生代花岗岩引起的环形构造控制。区内为遥感浅色调异常区	次要
找矿标志	蚀变岩特别是发育云英岩化、硅化等是直接找矿标志。 区域北东向断裂带和北西向断裂带,以及两者交会处是最佳的部位,为找矿有利地段。 1:20万化探异常是寻找钼矿有利地区,特别是 Mo 元素峰值在 $4.0×10^{-6}$ 以上地段是矿体赋存有利地段。 矿区内发现的矿体均在土壤钼异常内,因此土壤异常是矿致异常	重要

吉林省刘生店-天宝山预测工作区侵入岩体型钼矿预测要素见表6-2-23。

表6-2-23 吉林省刘生店-天宝山预测工作区侵入岩体型钼矿预测要素

预测要素	内容描述	类别
岩石类型	燕山期花岗闪长岩、二长花岗岩、石英闪长岩	必要
成矿时代	推测为燕山期	必要
成矿环境	矿区位于东北叠加造山-裂谷系、小兴安岭-张广才岭叠加岩浆弧、太平岭-英额岭火山盆地区、老爷岭火山盆地群。燕山期闪长岩-花岗闪长岩、二长花岗岩为含矿建造,北西向和近东西向大断裂的次一级构造成矿	必要
构造背景	矿区位于江域岩浆弧、伊泉岩浆弧以及蛟河上叠裂陷盆地、汪清上叠裂陷盆地,南楼山-辽源中生代火山盆地群、敦化-密山走滑-伸展复合地堑、罗子沟-延吉火山盆地群,吉林中东部火山岩浆岩段的叠合部位	重要
控矿条件	北西向和近东西向大断裂的次一级构造岩体中的裂隙—微裂隙控制。燕山期花岗闪长岩、二长花岗岩、石英闪长岩中酸性岩体提供成矿物质和热源	必要
蚀变特征	蚀变水平分带、蚀变强度从里至外逐渐减弱特征,典型斑岩型蚀变特征	重要
矿化特征	燕山期闪长岩-花岗闪长岩、二长花岗岩赋矿,与矿体无明显的突变界线,构造的交会部位形成矿(化)体富集区段,矿体形态多为脉状,其次为扁豆状,矿体的展布方向受蚀变带控制	重要
地球化学	应用1:20万化探数据圈出28处Mo异常。对刘生店钼矿积极支持的Mo异常具有二级分带,异常规模大、带状分布;天宝山钼矿所在区域具有清晰三级分带的钼元素异常,异常强度较高面积大,带状分布,呈近东西向延伸的趋势。与钼元素异常空间套合紧密的元素有Cu、Ag、Pb、Zn、As、Sb、Hg、Sn、Bi,呈同心状套合	重要
地球物理	刘生店斑岩型钼矿床围岩为燕山早期二长花岗斑岩和二长花岗岩,矿体主要赋存于石英-绢云母化带中,围岩蚀变形态控制钼矿体产状。钼矿床位于局部高磁异常向低磁异常、局部重力低异常向重力高异常过渡部位,该部位一般有线性梯度带出现,与断裂构造有关,起控矿作用	重要
自然重砂	主要指示矿物辉钼矿、白钨矿的自然重砂异常分布在矿床的外围汇水区域,典型矿床不支持,找矿指示效果不明显	次要
遥感	矿区位于北西向江源-新合断裂带上,由多个与中生代花岗岩类引起的环形构造沿北西向展布。有区域性规模脆韧性变形构造或构造带与节理劈理断裂密集带构造分布。矿区及周围有铁染、羟基异常高度集中。区内为遥感浅色调异常	次要
找矿标志	北西向断裂及两组不同方向断裂的交会处。韧性剪切带规模大,延伸长且有足够的宽度,在早侏罗世又经历了多期变形,对成矿有利。燕山早期中酸性岩体。具有面状蚀变特征和分带现象。与铅锌(钼)等多金属有关的化探异常和自然重砂异常的集中区。弱磁性分布范围,反映弱磁性花岗岩特征	重要

吉林省季德屯-福安堡预测工作区侵入岩体型钼矿预测要素见表 6-2-24。

表 6-2-24　吉林省季德屯-福安堡预测工作区侵入岩体型钼矿预测要素

预测要素	内容描述	类别
岩石类型	二长花岗岩、二长花岗斑岩和花岗闪长岩与斑状二长花岗岩	必要
成矿时代	辉钼矿 Re-Os 同位素等时线年龄为(166.9±6.7)Ma(李立兴等,2009)	必要
成矿环境	小兴安岭-张广才岭弧盆系、双阳-永吉-蛟河上叠裂陷盆地内,成矿地质条件与大黑山钼矿相似,燕山早期似斑状二长花岗岩和花岗闪长岩为含矿岩体和主要围岩,区内构造破碎带为容矿构造。与钼矿有关的构造为北东-南西向大型断裂带	必要
构造背景	矿区位于东北叠加造山-裂谷系、小兴安岭-张广才岭叠加岩浆弧、张广才岭-哈达岭火山盆地区、南楼山-辽源火山盆地群。伊通-舒兰断裂带构造展布方向主要为北东向,北西向次之	重要
控矿条件	北东向、北西向断裂构造,燕山期中酸性花岗岩侵入体	必要
蚀变特征	主要有硅化、钾长石化、绿帘石化、高岭土化、绢云母化、云英岩化,其次可见黄铁矿化、辉钼矿化、黄铜矿化,与成矿关系密切的围岩蚀变主要有硅化、萤石化、钾长石化等。硅化(石英化),矿区硅化较发育,与矿体紧密伴生,含矿石英细脉、网脉及发育地段是钼矿体的赋存部位,矿体均产在蚀变带内,而且蚀变越强矿化越好	重要
矿化特征	矿体赋存在似斑状二长花岗岩和石英闪长岩中。矿体与围岩没有明显的界线,呈渐变过渡关系。矿体围岩及夹石均为似斑状二长花岗岩及石英闪长岩	重要
地球化学	应用1:20万化探数据圈出 Mo 异常8处。对福安堡、季德屯钼矿积极支持的 Mo 异常具有清晰三级分带和明显浓集中心,强度较高,呈面状分布。与 Mo 异常空间套合紧密的元素有 W、As、Au、Ag、Pb、Zn、Na_2O、K_2O。其中,W、As 与 Mo 呈同心套合状,Au、Ag、Pb、Zn、Na_2O、K_2O 的异常浓集中心分布在 Mo 异常的外带	重要
地球物理	含钼矿的二长花岗岩表现为低重力异常与低磁异常的特征。重力低异常与磁力低异常为预测标志	重要
自然重砂	具备直接指示作用的辉钼矿没有重砂异常,主要伴生矿物白钨矿圈出3处异常,矿物含量分级较高,均对季德屯钼矿和福安堡钼矿有重要的指示意义。白钨矿-锡石组合异常可释放综合指示信息	次要
遥感	位于北西新安-龙井断裂带与北东柳河-吉林断裂带交会部位,有多个古生代花岗岩类引起的环形构造和一个中生代花岗岩类引起的环形构造呈团状分布,矿区周围有铁染异常分布	次要
找矿标志	燕山期与构造有关的中酸性岩石带状分布地区,发育云英岩化、硅化等是间接找矿标志。云英岩化、硅化、钾长石化、绢云母化、绿帘石化蚀变岩石是该区的直接找矿标志。矿化蚀变是间接找矿标志。区域北东向断裂带和北西向断裂带,以及两者交会处是最佳的成矿部位。构造破碎带是矿体赋存的有利部位,是间接找矿标志	重要

吉林省天合兴预测工作区侵入岩体型钼矿预测要素见表 6-2-25。

表 6-2-25　吉林省天合兴预测工作区侵入岩体型钼矿预测要素

预测要素	内容描述	类别
岩石类型	晚侏罗世花岗闪长岩、早白垩世花岗斑岩	必要
成矿时代	推测为燕山期	必要
成矿环境	吉南-辽东火山盆地区、柳河-二密火山盆地区,燕山晚石英斑岩及花岗斑岩赋矿,南北向构造带为主要的导岩、导矿、储矿的构造	必要
构造背景	晚三叠世—新生代构造单元分区:华北叠加造山-裂谷系、胶辽吉叠加岩浆弧、吉南-辽东火山盆地区、柳河-二密火山盆地区。矿产赋存于南北向和近东西向断裂的交会部位	重要
控矿条件	燕山晚期近南北向展布的花岗岩类赋矿。 区域上的近南北向继承性构造控制区域构造岩浆活动,控制含矿流体就位空间。因此,区域上的近南北向构造带是导矿、储矿的主要构造	必要
蚀变特征	蚀变有硅化、绢云母化、绿泥石化、碳酸盐岩化、高岭土化和萤石化	重要
矿化特征	矿化为黄铁矿化、铜(钼)、铅锌矿化矿体呈脉状、透镜状、似层状,多产于石英斑岩、花岗斑岩,矿体与围岩界线不明显	重要
地球化学	主要找矿指示元素有 Cu、Pb、Zn、Ag、Sn、Mo、Bi、As。其中 Cu、Ag 异常规模大,强度高,浓集中心明显,北西向延伸,构成组合异常的中带	重要
地球物理	椭圆状重力低局部异常的边部内侧,梯度陡。椭圆状正、负磁异常过渡带零值线两侧附近,磁异常梯度带转折端低、负磁场区一侧。电法低阻高极化率的存在是间接找矿标志	重要
自然重砂	以金、白钨矿、独居石、黄铁矿组合为代表,圈定一个规模较大的Ⅰ级组合异常,矿物含量分级以 4 级～5 级为主,是重要的自然重砂找矿标志	次要
遥感	分布在双阳-长白断裂带边部,近南北向构造发育,赤柏松乡西环形构造边部,遥感浅色调异常区,矿区内及周围遥感铁染异常零星分布	次要
找矿标志	区域上南北向与东西向构造的交会部位是寻找该类型矿床的有利构造部位。 区域上多期次岩浆侵位活动形成的中酸性的复式杂岩体(岩墙、岩脉群)地质体。 隐爆角砾岩的存在可作为本类矿床的找矿标志。 钾化、硅化、绢云母化及绿泥石化,深色岩石的退色蚀变,是间接找矿标志。 Cu、Mo、Sn、Bi、Ag、Pb、Zn 水系沉积物和土壤异常是直接找矿标志	重要

吉林省大石河-尔站预测工作区侵入岩体型钼矿预测要素见表 6-2-26。

表 6-2-26　吉林省大石河-尔站预测工作区侵入岩体型钼矿预测要素

预测要素	内容描述	类别
岩石类型	燕山期花岗闪长岩和二长花岗岩、燕山晚期花岗斑岩	必要
成矿时代	燕山期(185.6±2.7)Ma	必要
成矿环境	小兴安岭-张广才岭弧盆系、双阳-永吉-蛟河上叠裂陷盆地内,燕山期花岗闪长岩和二长花岗岩与钼及多金属矿关系密切,敦化-密山深断裂西北侧,张广才岭北东向隆起带上,东西向、北东向、北西向 3 组断裂构造的交会部位	必要

续表 6-2-26

预测要素	内容描述	类别
构造背景	晚三叠世—新生代构造单元分区:东北叠加造山-裂谷系、小兴安岭-张广才岭叠加岩浆弧、张广才岭-哈达岭火山盆地区、南楼山-辽源火山盆地群。与钼矿有关的构造主要为北东向断裂	重要
控矿条件	区域北东向断裂带和北西向断裂带,以及两者交会处是最佳的部位。 燕山期中酸性岩体及深部隐伏中酸性岩体有关	必要
蚀变特征	主要蚀变为硅化、钾化、云英岩化、绢云母化和绿帘石化,围岩蚀变具明显分带现象,由内向外主要为石英-绢云母化带和绿泥石化带。钼矿体主要赋存于石英-绢云母化带之中	重要
矿化特征	矿化类为黄铁矿化、钼、铜矿化等。钼矿化主要为浸染状和网脉状两种分布形式,浸染状多分布于片岩内,网脉状多沿片理裂隙充填而形成,矿化类型以网脉状钼矿化为主,浸染状钼矿化次之	重要
地球化学	应用1:20万化探数据圈出11处Mo异常。矿床所在区域的Mo异常具有较好的二级分带,强度高。与Mo空间套合紧密的元素有W、Ag、Cu、Pb、Zn、As、Sb,空间套合紧密,构成的组合异常地球化学场是重要找矿区域	重要
地球物理	钼矿产于燕山期酸性侵入体中,具有重力低、磁力低异常特征,为本区斑岩型钼矿找矿标志。本区具有"燕山期酸性侵入体、重力低、磁力低"3项特征的地段即可作为寻找钼矿的靶区	重要
自然重砂	主要伴生指示矿物白钨矿异常对典型矿床不支持,找矿指示作用不明朗	次要
遥感	矿区位于北西向长岭-青沟子断裂带与北西向新安-龙井断裂带断裂中间被抚松-蛟河断裂带切割,由多个中生代花岗岩类引起的环形构造分布,铁染异常分布在矿区周围	次要
找矿标志	区域性断裂带及相配套的次一级断裂交会部位。燕山期中酸性侵入岩或隐伏中酸性岩体硅化、绿泥石化、绢云母化、云英岩化等是直接指示矿化的蚀变标志。Mo、W(Cu)、Bi等构成了成矿及近矿指示元素,As、Ag、Pb、Zn等元素构成前缘指示元素	重要

吉林省六道沟-八道沟预测工作区层控内生型钼矿预测要素见表6-2-27。

表 6-2-27 吉林省六道沟-八道沟预测工作区层控内生型钼矿预测要素

预测要素	内容描述	类别
岩石类型	晚侏罗世闪长岩、花岗闪长岩、二长花岗岩、碎屑岩-碳酸盐岩	必要
成矿时代	推测为燕山期	必要
成矿环境	吉南-辽东火山盆地、长白火山盆地群、中生代鸭绿江构造岩浆岩带中,区域东西向断裂构造及北东向断裂构造为容矿构造,燕山期花岗闪长岩体与古生代灰岩、碳酸盐岩地层接触带成矿,矿体赋存于灰岩中	必要
构造背景	华北叠加造山-裂谷系、胶辽吉叠加岩浆弧、吉南-辽东火山盆地区、长白火山盆地群	重要
控矿条件	北东向鸭绿江断裂,以及北西向次级断裂。 侏罗纪闪长岩、花岗闪长岩、二长花岗岩。 古生代碎屑岩-碳酸盐岩沉积岩建造	必要

续表 6-2-27

预测要素	内容描述	类别
蚀变特征	围岩蚀变种类包括青磐岩化、硅化、绢云母化、黄铁矿化、矽卡岩化	重要
矿化特征	矽卡岩型矿化蚀变和钾化斑岩型矿化蚀变。矿化发育在燕山期侵入岩与地层接触部位。有铜矿化、钼矿化、黄铁矿化、次生孔雀石化等	重要
地球化学	应用1:5万化探数据圈出Mo异常26处。Mo异常具有清晰的三级分带和明显的浓集中心,异常强度较高,带状分布,东西向或北东向延伸的趋势,是主要找矿指示元素。与Mo空间套合紧密的元素主要有Cu、Ag、Pb、Zn、As、Sb、W、Bi,其组合异常场反映了临江铜山铜、钼矿的成矿岩浆系统,浓集中心即为铜、钼矿的分布位置,是主要的找矿预测工作区	重要
地球物理	矿床产于燕山期花岗岩体与古生代灰岩地层接触带的矽卡岩中,燕山期花岗岩体表现为重力低异常、中等磁异常,古生代地层表现为重力高异常、低磁异常或负磁异常,接触带对应重力异常梯度带、磁异常梯度带或出现蚀变带磁异常	重要
自然重砂	具有直接指示意义的辉钼矿、铜族没有异常反映。主要共生矿物白钨矿对六道沟铜、钼矿积极支撑,是矿致异常,可直接用于找矿预测	次要
遥感	矿区位于头道-长白山断裂带上,区内以北东向断裂为主,北西向断裂次之,区内有多个与隐伏岩体有关的环形构造沿北东向展布,并有零星的羟基异常和铁染异常分布	次要
找矿标志	碳酸盐岩石与中酸性小侵入体的接触带。石英闪长玢岩中发育的钾化斑岩型铜、钼矿化及蚀变,矽卡岩化等蚀变均为良好的找矿标志。Cu、Mo、Ag、Bi、Pb、Zn 六元素组合异常是成矿指示元素	重要

大黑山典型矿床所在区域地质矿产及物探剖析图见图6-2-12。

西苇区域地质矿产、地球物理及地球化学综合预测模型见图6-2-13。

刘生店典型矿床所在区域地质矿产及物探剖析图见图6-2-14,天宝山东风北山所在区域地质矿产、地球物理及地球化学综合预测模型见图6-2-15。

季德屯典型矿床所在区域地质矿产及物探剖析图见图6-2-16,季德屯典型矿床所在区域地质矿产、地球物理及地球化学综合预测模型见图6-2-17。

天合兴典型矿床所在区域地质矿产、地球物理及地球化学综合预测模型见图6-2-18。

大石河典型矿床所在区域地质矿产及物探剖析图见图6-2-19,大石河典型矿床所在区域地质矿产、地球物理及地球化学综合预测模型见图6-2-20。

六道沟典型矿床所在区域地质矿产、地球物理及地球化学综合预测模型见图6-2-21。

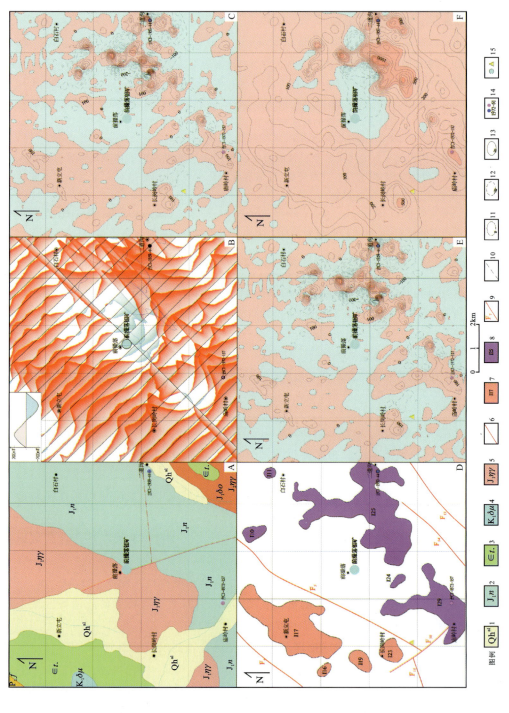

图 6-2-12 大黑山钼矿典型矿床所在区域地质矿产及物探剖析图

A. 地质矿产图；B. 航磁 ΔT 剖面平面图；C. 航磁 ΔT 化极垂向一阶导数等值线平面图；D. 航磁 ΔT 化极等值线平面图；E. 航磁 ΔT 化极向上延拓构造图；F. 航磁 ΔT 等值线平面图

1. 全新世；2. 南楼山组；3. 头道岩组；4. 早白垩世闪长玢岩；5. 早侏罗世二长花岗岩；6. 实测性质不明断层界线；7. 磁法推断中酸性岩体及注记；8. 磁法推断超基性岩体及注记；9. 磁法推断三级断裂及注记；10. 磁法推断隐伏、半隐伏地质界线；11. 航磁异常零等值线及注记；12. 航磁异常负等值线及注记；13. 航磁异常正等值线及注记；14. 航磁甲、乙类异常点及注记；15. 钼矿/硫铁矿

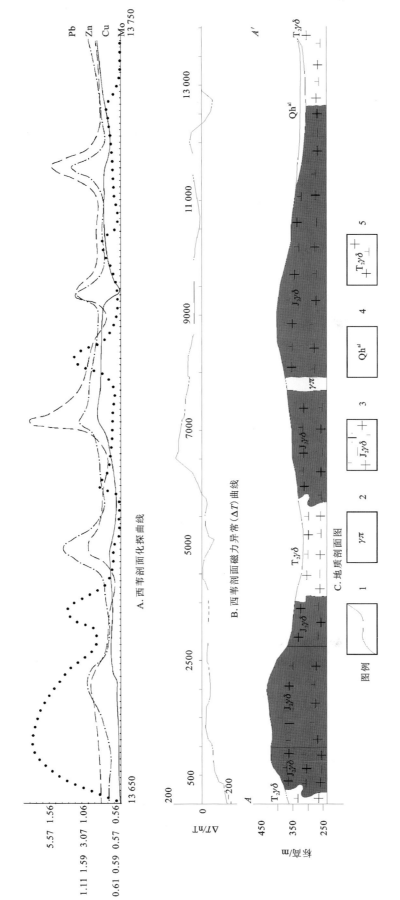

图 6-2-13 西苇钼矿区域地质矿产、地球物理及地球化学综合预测模型

图例 1. 整合岩层界线；2. 花岗岩；3. 侏罗纪花岗闪长岩；4. 冲洪积物；5. 三叠纪花岗闪长岩

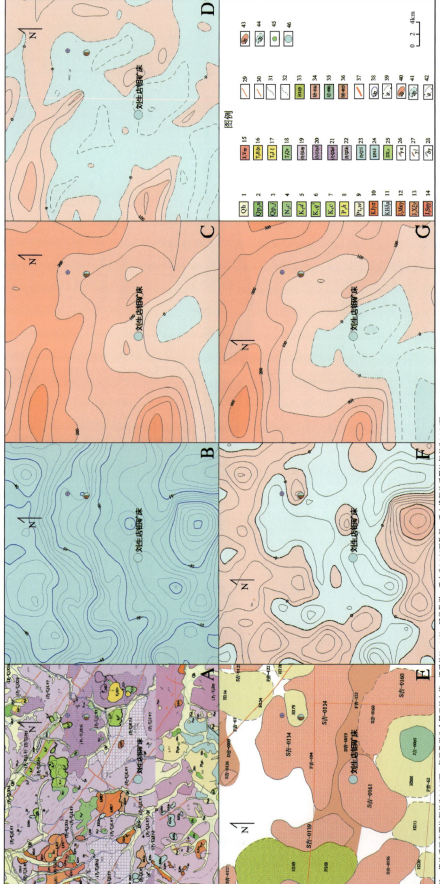

图 6-2-14 刘生店钼矿典型矿床所在区域地质矿产及物探剖析图

A. 原地质矿产图；B. 布格重力异常图；C. 航磁 ΔT 化极平面图；D. 航磁 ΔT 化极垂向一阶导数等值线平面图；E. 重磁断裂地质构造图；F. 剩余重力异常图；G. 航磁 ΔT 化极等值线平面图

1. I 级阶地及现代河床；2. 南坪组；3. 军舰山组；4. 大拉子组；5. 泉头组；6. 万宝组；7. 长财组；8. 红山屯组；9. 白垩纪花岗斑岩；10. 白垩纪闪长玢岩；11. 侏罗纪中粒碱长花岗岩；12. 侏罗纪中粒辉长岩；13. 侏罗纪中细粒二长花岗岩；14. 侏罗纪似斑状二长花岗岩；15. 侏罗纪中粒石英碱长花岗岩；16. 三叠纪中粒碱长正长岩；17. 三叠纪中粒斜长花岗岩；18. 三叠纪中细粒辉长岩；19. 二叠纪中细粒二长花岗岩；20. 二叠纪似斑状二长花岗岩；21. 二叠纪中细粒花岗闪长岩；22. 二叠纪中细粒石英闪长岩；23. 二叠纪中细粒中酸性岩体及注记；24. 泥盆纪中细粒闪长岩；25. 泥盆纪橄榄辉长岩；26. 二叠纪中细粒二长花岗岩；27. 花岗斑岩脉；28. 闪长岩脉；29. 花岗细晶岩脉；30. 整合岩层界线；31. 角度不整合界线；32. 二叠纪地层界线；33. 剩余重力异常；34. 基性脉岩及注记；35. 重力推断岩浆岩；36. 重力推断地层界线及注记；37. 布格重力异常等值线及注记；38. 闪长岩界线；39. 剩余重力异常 (14km×14km) 零等值线及注记；40. 剩余重力异常 (14km×14km) 负等值线及注记；41. 航磁异常正等值线及注记；42. 航磁异常零等值线及注记；43. 航磁异常负等值线及注记；44. 航磁异常点；45. 钼矿

注：原地质矿产图比例尺为1:25万；航磁数据为全国项目办统一调平的2km×2km网格数据，重力为1:20万数据，重力异常图比例尺为1:25万。

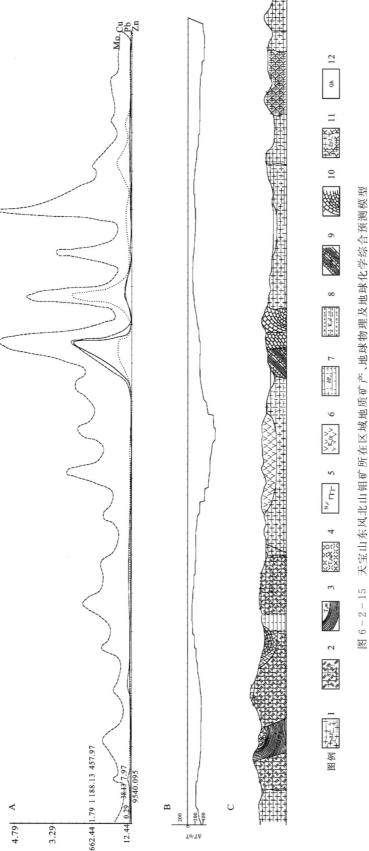

图 6-2-15 天宝山东风北山钼矿所在区域地质矿产、地球物理及地球化学综合预测模型

A. 天宝山剖面化探曲线；B. 天宝山剖面磁力异常（ΔT）曲线；C. 地质剖面图

图例 1. 侏罗纪花岗闪长岩；2. 二叠纪二长花岗岩；3. 砂岩建造；4. 三叠纪天桥岭组流纹岩建造；5. 船底山组玄武岩建造；6. 安山岩建造；7. 闪长岩；8. 砂砾岩建造；9. 变质砂岩夹大理岩建造；10. 灰岩建造；11. 正长花岗岩；12. 冲洪积物建造

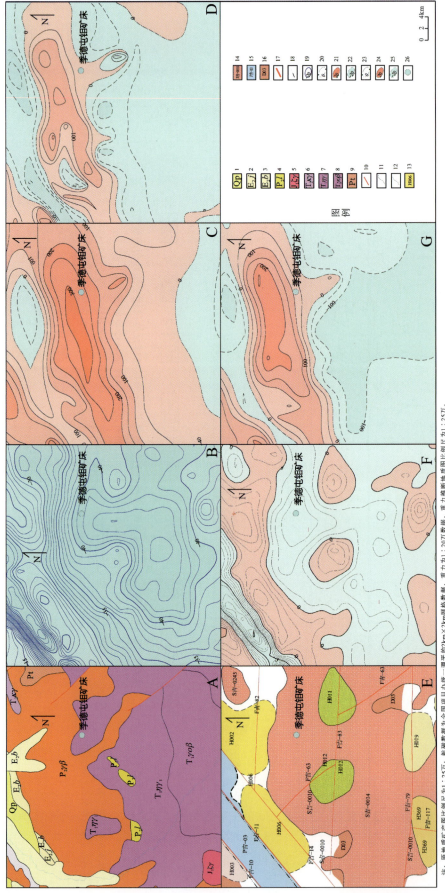

图 6-2-16 季德屯钼矿典型矿床所在区域地质矿产及物探剖析图

A.地质矿产图;B.布格重力异常图;C.航磁 △T 等值线平面图;D.航磁 △T 化极等值线平面图;E.重磁推断地质构造图;F.剩余重力异常图;G.航磁 △T 化极等值线平面图

1.原地质矿产图比例尺为1:25万;航磁数据为全国项目办统一调平的2km×2km网格数据,重力为:20万数据,重力推断地质图比例尺:25万。

1.第四纪花岗岩;2.吉舒组;3.桦桔沟组;4.林西组;5.早侏罗世正长花岗岩;6.中三叠世碱长花岗岩;7.早三叠世花岗岩;8.早三叠世英云闪长岩;9.中元古代花岗岩;10.实测断层;11.整合岩层界线;12.角度不整合界线;13.重力推断中酸性岩体及注记;14.重力推断盆地及注记;15.重力推断岩浆岩带及注记;16.重力推断岩浆岩带及注记;17.重力推断断裂及注记;18.重力推断三级构造单元;19.布格重力异常等值线及注记;20.剩余重力异常(14km×14km)等值线及注记;21.剩余重力异常(14km×14km)正等值线及注记;22.剩余重力异常(14km×14km)负等值线及注记;23.航磁异常正等值线及注记;24.航磁异常零值线及注记;25.航磁异常负等值线及注记;26.钼矿

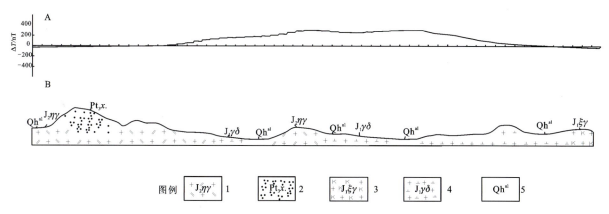

图 6-2-17 季德屯钼矿典型矿床所在区域地球物理及地质矿产综合预测模型

A.季德屯剖面磁力异常(ΔT)曲线；B.地质剖面图

1.二长花岗岩；2.变质砂岩、黑云片岩夹石英岩建造；3.早侏罗世碱长花岗岩；4.早侏罗世碱长花岗岩；5.冲积-洪积物建造

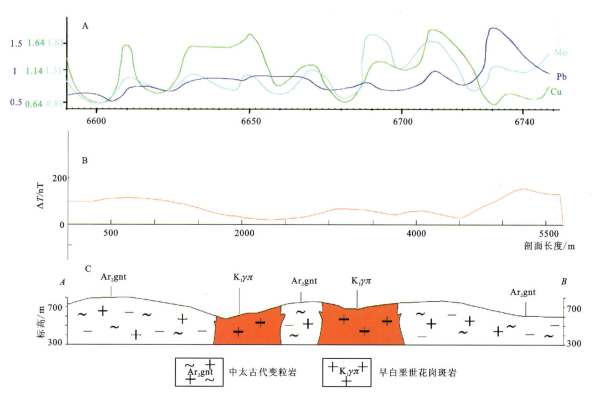

图 6-2-18 天合兴铜、钼矿典型矿床所在区域地球化学、地球物理及地质矿产综合预测模型

A.天河兴剖面化探曲线；B.天河兴剖面磁力异常(ΔT)曲线；C.地质剖面图

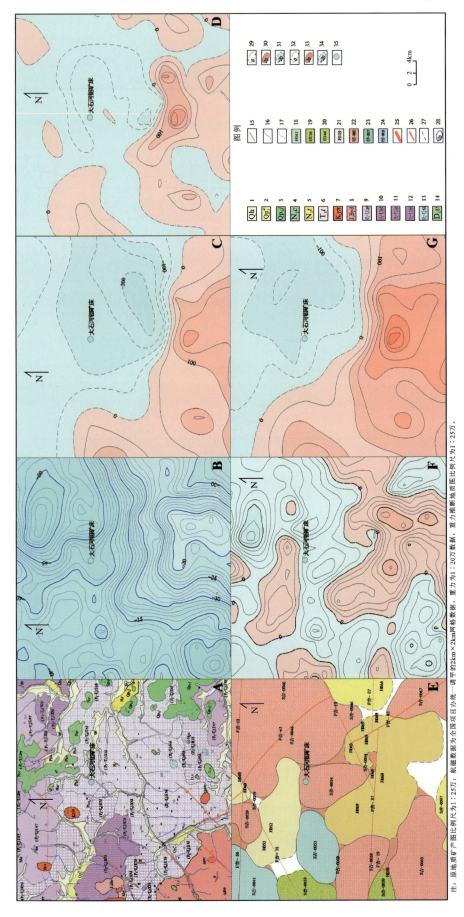

图 6-2-19 大石河钼矿典型矿床所在区域地质矿产及物探剖析图

A. 地质矿产图;B. 布格重力异常图;C. 航磁 ΔT 等值线平面图;D. 航磁 ΔT 化极平面图;E. 重磁推断地质构造图;F. 剩余重力异常图;G. 航磁 ΔT 化极 ΔT 等值线平面图
1. I 级阶地及现代河床、河漫滩、砂砾石堆积;2. 南坪组;3. 军脱山组;4. 土门子组;5. 南屯组;6. 托盘沟组;7. 花岗斑岩;8. 中细粒二长花岗岩;9. 中细粒黑云母花岗岩;10. 似斑状花岗闪长岩;11. 中细粒黑云母花岗岩及地层及注记;12. 中粒角闪石花岗闪长岩;13. 中细粒角闪石花岗闪长岩;14. 中细粒闪长岩;15. 整合岩层界线;16. 角度不整合岩层界线;18. 似斑状花岗闪长岩;19. 中细粒奥陶纪地层及注记;20. 重力推断志留纪地层及注记;21. 中细粒断新太古宙地层及注记;22. 重力推断中酸性岩体及注记;23. 重力推断基性岩体及注记;24. 重力推断盆地及注记;25. 重力推断断一级裂及注记;26. 重力推断断三级裂及注记;27. 重力推断断三级构造单元;28. 布格重力异常等值线及注记;29. 剩余重力异常零值线及注记(14km×14km);30. 剩余重力异常(14km×14km)重力推断;31. 剩余重力异常及注记;32. 航磁异常正零等值线及注记;33. 航磁异常三级值线及注记(14km×14km);34. 航磁异常负等值线及注记;35. 钼矿

注:原地质矿产图比例尺为1:25万,航磁数据来源全国项目办统一编平的2km×2km网格数据,重力为1:20万数据,重力异常图、重力推断地质图比例尺为1:25万。

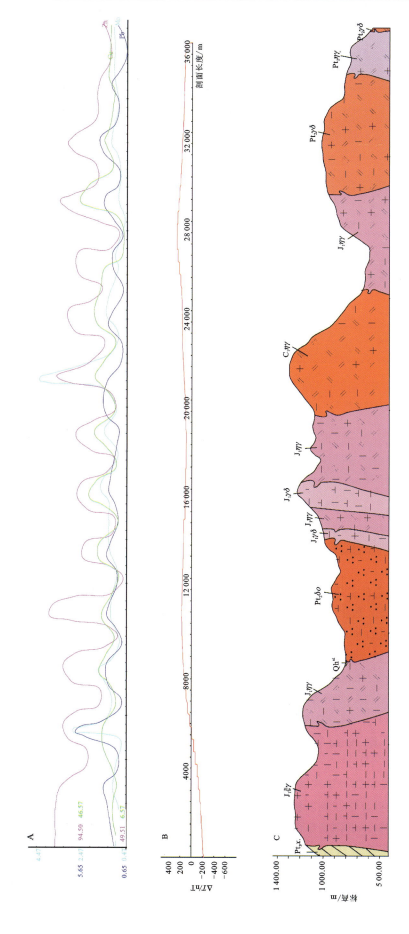

图 6-2-20 大石河钼矿典型矿床所在区域地质矿产、地球物理及地球化学综合预测模型

A. 大石河 2 剖面化探曲线;B. 大石河 2 剖面磁力异常(ΔT)曲线;C. 地质剖面图

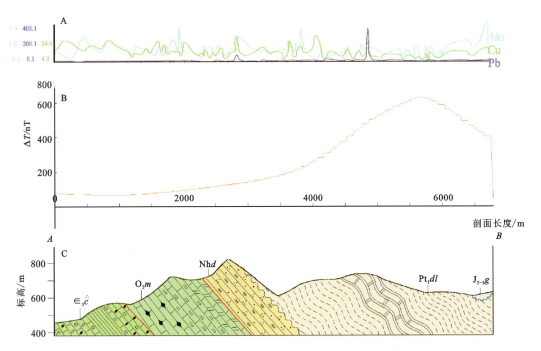

图 6-2-21 六道沟钼矿典型矿床所在区域地球化学、地球物理及地质矿产综合预测模型
A. 剖面化探曲线；B. 剖面磁力异常（ΔT）曲线；C. 地质剖面图

第三节 最小预测区圈定

一、最小预测区圈定方法及原则

最小预测区的圈定采用综合信息地质法，圈定原则如下：
(1) 与预测工作区内的模型区类比，具有相同的含矿建造。
(2) 在与模型区类比有相同的含矿建造的基础上，只有明显的钼化探异常。
(3) 同时参考重磁、自然重砂、遥感的异常区和相关的地质解释与推断。
(4) 含矿建造与化探异常的交集区圈定为初步最小预测区。
(5) 最后专家对初步确定的最小预测区进行确认。

二、最小预测区圈定操作细则

在突出表达燕山期中酸性岩体等含矿建造、矿化蚀变标志的1∶5万成矿要素图基础上，叠加1∶5万化探、航磁、重力、遥感、自然重砂异常及推断解释图层，以含矿建造和化探异常为主要预测要素和定位变量，叠加典型矿床，初步形成最小预测区范围。参考物探的重力、航磁异常、遥感的羟基铁染异常及近矿地质特征解译、自然重砂异常等信息，修改初步最小预测区，最后由地质专家确认修改，形成最小预测区。

第四节 预测要素变量的构置与选择

一、预测要素及要素组合的数字化、定量化

预测工作区预测要素构置使用潜力评价项目组提供的预测软件 MARS 进行构置和计算。主要依据含矿建造的出露与否来组合预测要素。

综合信息网格单元法进行预测时,首选对预测工作区地质及综合信息的复杂程度进行评价,从而来确定网格单元的大小,MARS 能提供网格单元大小的建议值,一般情况下都比较大,需要人工进行修正,比如,进行取整等等干预。根据本省钼矿成矿特征,矿化多数在 2km 左右,因此,人工选择时使用小一点的网格单元,以增加预测的精度,网格单元选择 20×20 网格,相当于 1km×1km 的单元网格。

对预测工作区的地质,也就是含矿建造进行提取,对矿产地和矿(化)体进行提取,提取的矿产地和矿(化)体进行缓冲区分析,形成面图层,为空间叠加准备图层。

将物探、化探、遥感、自然重砂各专题提供的异常要素进行叠加。对物探、化探、遥感、自然重砂各专题提供线要素类图层进行缓冲区分析。

对上述的图层内要素信息进行量化处理,进行有无的量化处理,形成原始的要素变量矩阵。

二、变量的初步优选研究

根据含矿建造的空间分布情况,对其他预测要素进行相关性分析,初步进行变量的优选,选择相关性好的要素参与预测。可能含矿的建造是最重要的也是必要的要素。化探异常的元素选取,一般选择 3~5 个与主成矿元素相关性好的元素参与计算。物探一般选择重力和航磁的异常要素,特别是重力梯度带,用零等值线进行缓冲区分析,分析出的缓冲区参与计算,重力和航磁数据由于多数是 1∶20 万精度的数据,对预测意义不大。自然重砂选择 3~5 个与主成矿元素有关的矿物的异常图,这些矿种的异常要素参与计算。

初步选择的要素叠加后进行初步计算,这样很多要素参与计算往往得不到理想的效果,还要进行变量的优选,再进行变量相关性研究,去掉一些相关性相对较差的要素。实践证明,参与计算的要素不能太多,一般 5~7 个要素参与计算,效果相对较好。

量化后要素为网格单元进行有无的赋值,用一定的阈值对每个网格单元进行分类,分出 A、B、C 三类,一般情况下网格单元值大于 3 的网格单元应该是 A 类网格单元,大于 2 的网格单元一般为 B 类。分析结果见图 6-4-1。

得出的网格单元分布图能够帮助地质人员更加客观地认识预测工作区,增加客观性,从而能避免一些人为的主观因素参与到预测中。

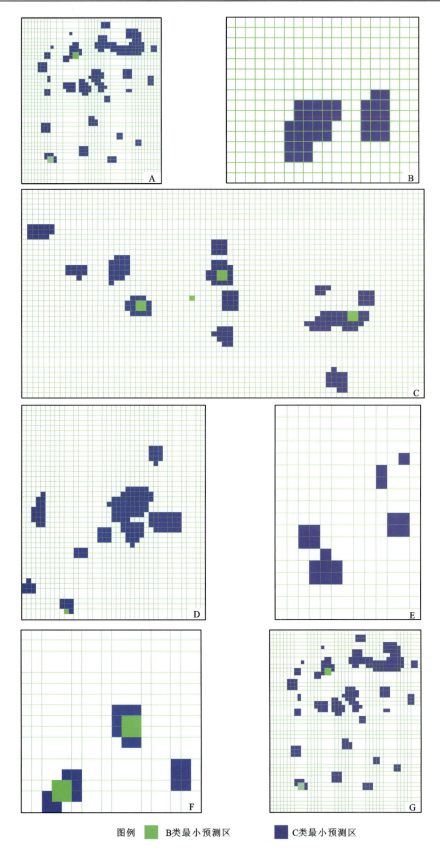

图 6-4-1 各预测工作区网格单元分布图

A.前撮落-火龙岭预测工作区;B.西苇预测工作区;C.刘生店-天宝山预测工作区;D.季德屯-福安堡预测工作区;
E.天合兴预测工作区;F.大石河-尔站预测工作区;G.六道沟-八道沟预测工作区

第五节 最小预测区优选

一、最小预测区优选类别确定

本次最小预测区的圈定主要依据地质体积法圈定。模型区提供的预测变量有燕山期中酸性侵入岩含矿建造＋矿化信息＋化探异常3个变量,其他单元用到的预测变量有不同程度增加。统计单元与模型单元的变量数基本一样,但有的内容不同,如果只是简单地应用特征分析法和神经网络法,采用公式进行计算求得成矿有力度,根据有力度对单元进行优选,势必脱离实际。因为统计单元成矿概率是同样的,都是1,无法真实反映成矿有力度。本次最小预测区的优选充分考虑典型矿床预测要素少的实际情况及成矿规律,采取优选方法,标准如下。

A类最小预测区:含有典型矿床及含矿建造,且存在化探异常预测单元。

B类最小预测区:含有矿(化)点及含矿建造,存在化探异常的预测单元。

C类最小预测区:含矿建造和化探异常的预测单元。

在网格单元图的基础上,由在预测工作区工作过的、经验丰富的老专家进行网格单元的优选。包括网格单元、级别是否合理,得出网格单元优选图,见图6-5-1。

二、最小预测区评述

(一)前撮落-火龙岭预测工作区

燕山期中酸性侵入岩分布较广泛,含矿构造和中小型矿产地存在,四方甸子矿区及外围含辉钼矿石英脉及蚀变岩和含矿构造均存在,Mo化探异常与含矿建造吻合程度较高。本次共圈定A类最小预测区2个,B类最小预测区3个,C类最小预测区1个,区域上钼矿的赋矿层位为燕山期中酸性岩体,钼矿成因为斑岩型、石英脉型。预测类型为大黑山式斑岩型。其成矿特征和圈出最小预测区地质特点与永吉大黑山钼矿床、桦甸四方甸子钼矿床模型相同,分别为侏罗纪花岗闪长岩与花岗斑岩及似斑状二长花岗岩等燕山期中酸性岩体含矿建造,与模型区具有相同的成矿构造,有大黑山钼矿床、四方甸子钼矿床、双河镇钼矿床、一心屯钼矿床、杏山钼矿床、芹菜沟钼矿床等矿化信息及化探异常浓集区存在等,资源潜力较大具有找特大型钼矿的条件。

(二)西苇预测工作区

燕山期中酸性侵入岩分布较广泛,含矿构造和中型矿产地均存在,Mo化探异常与含矿建造吻合程度较高。本次共圈定B类最小预测区1个、C类最小预测区1个,区域上钼矿的赋矿层位为侏罗纪花岗闪长岩,钼矿成因为斑岩型。本区无典型矿床,参照大黑山式斑岩型矿床进行储量计算。成矿特征和圈出最小预测区地质特点与模型大黑山钼矿相同,都为燕山期中酸性侵入岩成矿建造,具有相同的成矿构造,存在西苇矿床(点)信息及化探异常浓集区等,资源潜力较大,具有找中大型钼矿的条件。

(三)刘生店-天宝山预测工作区

燕山期中酸性侵入岩分布较广泛,含矿构造和中小型矿产地均存在,Mo化探异常与含矿建造吻合程度较高。本次共圈定A类最小预测区2个、B类最小预测区2个、C类最小预测区2个,区域上钼矿

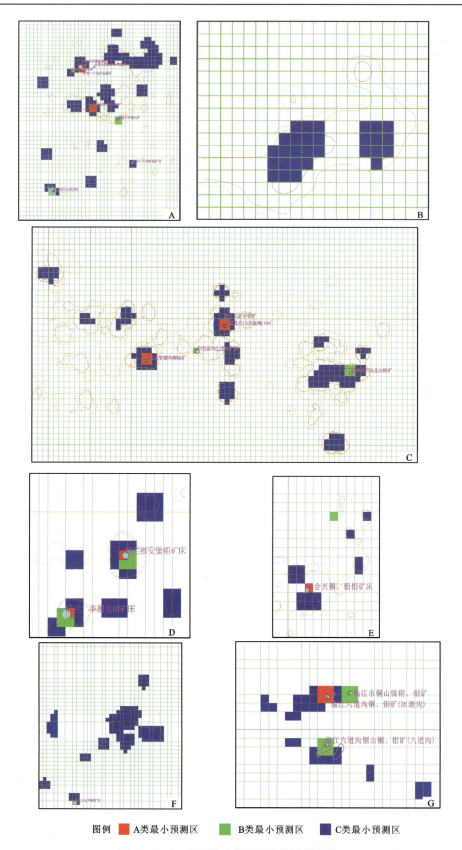

图 6-5-1 各预测工作区网格单元优选图

A. 前撮落-火龙岭预测工作区;B. 西苇预测工作区;C. 刘生店-天宝山预测工作区;D. 季德屯-福安堡预测工作区;
E. 天合兴预测工作区;F. 大石河-尔站预测工作区;G. 六道沟-八道沟预测工作区

的赋矿层位为侏罗纪斑状二长花岗岩、花岗闪长岩,钼矿成因为斑岩型。安图刘生店钼矿床、龙井天宝山多金属矿床模型的地质特征表现为燕山期中酸性岩成矿建造,与模型区具有相同的成矿构造,有安图刘生店钼矿床、龙井天宝山多金属矿床、官瞎子钼矿床、三岔子钼矿床和双山钼矿床矿化信息及化探异常浓集区存在,资源潜力较大,具有找大型钼矿的条件。

(四)季德屯-福安堡预测工作区

燕山期中酸性侵入岩分布较广泛,含矿构造和季德屯大型、福安堡中型矿产地均存在,Mo化探异常与含矿建造吻合程度较高。本次共圈定A类最小预测区1个、B类最小预测区1个、C类最小预测区1个,区域上钼矿的赋矿层位为侏罗纪似斑状二长花岗岩、花岗闪长岩,钼矿成因为斑岩型。预测工作区存在季德屯模型区,成矿特征和圈出最小预测区地质特征与模型舒兰季德屯钼矿床相同,都为燕山期中酸性侵入岩成矿建造,与模型区具有相同的成矿构造,有福安堡钼矿床等矿化信息存在,资源潜力较大,具有找特大型钼矿的条件。

(五)天合兴预测工作区

含矿建造燕山期中酸性侵入岩分布较广泛,含矿构造和中、小型矿产地均存在,Mo化探异常与含矿建造吻合程度较高。本次共圈定A类最小预测区1个、B类最小预测区1个,区域上钼矿的赋矿层位为侏罗纪花岗斑岩,钼矿成因为斑岩型。靖宇天合兴铜、钼矿床的地质成矿特征表现为燕山期中酸性岩体含矿建造与模型区具有相同的成矿构造、矿化信息等,资源潜力较大,具有找大中型钼矿的条件。

(六)大石河-尔站预测工作区

燕山期中酸性侵入岩分布较广泛,含矿构造和大、中型矿产地均存在,Mo化探异常与含矿建造吻合程度较高。本次共圈定A类最小预测区1个、C类最小预测区2个,区域上钼矿的赋矿层位为侏罗系花岗闪长岩,钼矿成因为斑岩型。成矿特征和圈出最小预测区地质特征与模型敦化大石河钼矿床相同,都为燕山期中酸性岩体含矿建造,与模型区具有相同的成矿构造、大石河钼矿床矿化信息等,资源潜力较大,具有找特大型钼矿的条件。

(七)六道沟-八道沟预测工作区

古生代灰岩、大理岩+燕山期中酸性侵入岩、含矿构造和小型矿产地均存在,Mo化探异常与含矿建造吻合程度较高。本次共圈定A类最小预测区1个、B类最小预测区1个、C类最小预测区1个,区域上钼矿的赋矿层位为寒武纪—奥陶纪灰岩,钼矿成因为矽卡岩型。成矿特征和圈出最小预测区地质特征与模型临江六道沟铜、钼矿床相同,都为结晶灰岩+大理岩含矿建造,与模型区具有相同的成矿构造,具有铜山八道沟、冰湖沟、铜山镇铜、钼矿矿化信息等,资源潜力较大,具有找中大型钼矿的条件。

吉林省各钼矿最小预测区信息统计见表6-5-1。

表6-5-1 最小预测区信息

序号	最小预测区编号	最小预测区缩写	预测工作区名称	最小预测区名称
1	A2210201001	DHA1	前撮落-火龙岭预测工作区	永吉大黑山钼矿床A类最小预测区
2	A2210203002	DHA2		桦甸四方甸子钼矿床A类最小预测区
3	B2210201009	DHB1		铁秃山B类最小预测区

续表 6-5-1

序号	最小预测区编号	最小预测区缩写	预测工作区名称	最小预测区名称
4	B2210201010	DHB2	前撮落-火龙岭预测工作区	兴隆 B 类最小预测区
5	B2210201011	DHB3		火龙岭 B 类最小预测区
6	C2210201012	DHC1		水曲柳村 C 类最小预测区
7	A2210201021	XWB1	西苇预测工作区	西苇 B 类最小预测区
8	A2210201022	XWC1		新立屯东 C 类最小预测区
9	A2210201003	LTA1	刘生店-天宝山预测工作区	安图刘生店钼矿床 A 类最小预测区
10	A2210201004	LTA2		龙井天宝山东风北山钼矿床 A 类最小预测区
11	B2210201013	LTB1		三岔子-双山 B 类最小预测区
12	B2210201014	LTB2		官瞎子 B 类最小预测区
13	C2210201015	LTC1		十八道沟村南 C 类最小预测区
14	C2210201016	JLC2		香谷村 C 类最小预测区
15	A2210201005	JDA1	季德屯-福安堡预测工作区	舒兰季德屯钼矿床 A 类最小预测区
16	B2210201017	JDB1		福安堡 B 类最小预测区
17	C2210201018	JDC1		万寿堡 C 类最小预测区
18	A2210202008	THA1	天合兴预测工作区（伴生）	靖宇天合兴铜、钼矿床 A 类最小预测区
19	B2210202025	THC1		沙河子村南 C 类最小预测区
20	A2210204006	DSA1	大石河-尔站预测工作区	敦化大石河钼矿床 A 类最小预测区
21	C2210204019	DSC1		海浪河林场西 C 类最小预测区
22	C2210204020	DSC2		团北林场南 C 类最小预测区
23	A2210501007	LDA1	六道沟-八道沟预测工作区（伴生）	临江铜山铜、钼矿床 A 类最小预测区
24	B2210501023	LDB1		临江八道沟 B 类最小预测区
25	C2210501024	LDC1		不大远村 C 类最小预测区

第六节 资源量定量估算

一、最小预测区预测资源量及估算参数

最小预测区预测资源量的估算方法采用地质体积法。应用含矿地质体预测资源量公式：

$$Z_{体} = S_{体} \times H_{预} \times K \times \alpha$$

式中：$Z_{体}$ 为模型区中含矿地质体预测资源量；

$S_{体}$ 为含矿地质体面积；

$H_{预}$ 为含矿地质体延深（指矿化范围的最大延深），即最大预测深度；

K 为模型区含矿地质体含矿系数；

α 为相似系数。

模型区是指典型矿床所在的最小预测区，其含矿地质体含矿系数确定公式如下：

含矿地质体含矿系数＝模型区预测资源总量/模型区含矿地质体总体积

模型区建立在1∶5万的预测工作区内。

二、估算参数及结果

(一) 最小预测区参数确定

1. 最小预测区面积参数确定

侵入岩体接触带型包括斑岩型矿产与矽卡岩矿产,矿床严格位于岩体的内外接触带,面积参数经人工修正,即模型区面积参数×可信度,见表6-6-1。

2. 最小预测区预测深度参数确定

延伸依据典型矿床的实际钻探资料,含矿地质体的厚度,矿体的最大延深并结合预测工作区控矿构造、矿化蚀变、地球化学分带、物探信息,在此基础上推测含矿建造可能的延深,见表6-6-2。

3. 最小预测区含矿系数参数确定

最小预测区含矿系数确定,依据模型区含矿系数,考虑到现有工作程度,模型区之外的最小预测区工作程度低于模型区,因此,在现有工作程度情况下,这些最小预测区显然找矿条件和远景比模型差,这仅仅是在现有工作程度下的判断。根据矿产资源潜力评价项目技术要求对于模型区之外的最小预测区按照预测工作区内具体的预测要素与模型区的预测要素对比,依据各个预测要素的可信度,综合评价各个最小预测区的含矿系数,见表6-6-3。

4. 最小预测区相似系数确定

相似系数是对比模型区和预测工作区全部预测要素的总体相似程度、各定量参数的各项相似系数来确定,见表6-6-4。

5. 最小预测区参数可信度确定

最小预测区参数可信度确定原则如下：

(1) 面积可信度。有相似含矿地质建造、矿床或矿点分布、化探异常的,其面积可信度定为0.5;有地质建造、化探异常分布的,其面积可信度定为0.25。

(2) 延深可信度。最小预测区的延深是根据相同成因类型典型矿床的勘探深度、矿化信息确定的,其延深可信度定为0.50。最小预测区的延深是根据相同成因类型典型矿床的勘探深度确定的,其延深可信度定为0.25。

(3) 含矿系数可信度。对矿床深部外围资源量了解比较清楚,与模型区所处的构造环境相近、含矿建造相近、具有相同的化探异常浓集中心、有已知矿床(点)的最小预测区,其含矿系数可信度定为0.50;与模型区所处的构造环境相同、含矿建造相近、化探异常特征相同的最小预测区,其含矿系数可信度定为0.25。

(二) 最小预测区资源量

最小预测区资源量结果见表6-6-5。

表 6-6-1 最小预测区面积参数确定信息

预测工作区名称	序号	最小预测区编号	确定方法	最小预测工作区面积参数	面积可信度
前撮落-火龙岭预测工作区	1	A2210201001	大黑山模型区花岗闪长岩、二长花岗岩含矿建造+化探异常+已知矿床	0.005 385 012	1.00
	2	A2210203002	四方甸子模型区细粒花岗岩、花岗闪长岩含矿建造+化探异常+已知矿床	0.107 794 87	1.00
	3	B2210201009	与大黑山模型区对比+含矿建造+化探异常+已知矿床	0.003 590 008	0.50
	4	B2210201010	与大黑山模型区对比+含矿建造+化探异常+已知矿床	0.003 590 008	0.50
	5	B2210201011	与大黑山模型区对比+含矿建造+化探异常+已知矿床	0.003 590 008	0.50
	6	C2210201012	与大黑山模型区对比+含矿建造+化探异常	0.002 154 005	0.25
西苇预测工作区	7	A2210201021	与大黑山模型区对比+含矿建造+化探异常+已知矿点	0.003 590 008	0.50
	8	A2210201022	与大黑山模型区对比+含矿建造+化探异常	0.001 795 004	0.25
刘生店-天宝山预测工作区	9	A2210201003	刘生店模型区二长花岗岩含矿建造+化探异常+已知矿床	0.038 217 996	1.00
	10	A2210201004	天宝山东风北山模型区花岗闪长岩含矿建造+化探异常+已知矿床	0.238 141 783	1.00
	11	B2210201013	与刘生店模型区对比+含矿建造+化探异常+已知矿床	0.025 478 664	0.50
	12	B2210201014	与刘生店模型区对比+含矿建造+化探异常+已知矿床	0.025 478 664	0.50
	13	C2210201015	与刘生店模型区对比+含矿建造+化探异常	0.015 287 199	0.25
	14	C2210201016	与东风北山模型区似斑状二长花岗岩、石英闪长岩含矿建造+化探异常	0.089 303 169	0.25
季德屯-福安堡预测工作区	15	A2210201005	季德屯模型区+含矿建造+化探异常+已知矿床	0.484 727 269	1.00
	16	B2210201017	与季德屯模型区对比+含矿建造+化探异常+已知矿床	0.323 151 513	0.50
	17	C2210201018	与季德屯模型区对比+含矿建造+化探异常	0.193 890 908	0.25
天合兴预测工作区	18	A2210202008	天合兴模型区石英斑岩、花岗斑岩含矿建造+化探异常+已知矿床	0.190 881 07	1.00
	19	B2210202025	与天合兴模型区对比+含矿建造+化探异常+已知矿床	0.119 300 669	0.25
大石河-尔站预测工作区	20	A2210204006	大石河模型区花岗闪长岩含矿建造+化探异常+已知矿床	0.171 343 182	1.00
	21	C2210204019	与大石河模型区对比+含矿建造+化探异常	0.068 537 273	0.25
	22	C2210204020	与大石河模型区对比+含矿建造+化探异常	0.068 537 273	0.25
六道沟-八道沟预测工作区	23	A2210501007	六道沟模型区灰岩夹含燧石结核灰岩含矿建造+燕山期闪长岩、花岗斑岩+化探异常+已知矿床	0.017 118 326	1.00
	24	B2210501023	与六道沟模型区对比+含矿建造+化探异常+已知矿床	0.010 698 954	0.50
	25	C2210501024	与六道沟模型区对比+含矿建造+化探异常	0.006 419 372	0.25

表 6-6-2　最小预测区延深参数确定信息

预测工作区名称	序号	最小预测区编号	预测总延深/m	确定方法	勘探垂深/m	延深可信度
前撮落－火龙岭预测工作区	1	A2210201001	1000	大黑山模型区最大勘探深度＋含矿建造推断	520	1.00
	2	A2210203002	800	四方甸子模型区最大勘探深度＋含矿建造推断	290	1.00
	3	B2210201009	1000	与大黑山模型区对比		0.50
	4	B2210201010	1000	与大黑山模型区对比		0.50
	5	B2210201011	1000	与大黑山模型区对比		0.50
西苇预测工作区	6	C2210201012	1000	与大黑山模型区对比		0.25
	7	A2210201021	1000	与大黑山模型区对比		0.50
	8	A2210201022	1000	与大黑山模型区对比		0.25
	9	A2210201003	700	刘生店最大勘探深度＋含矿建造推断	360	1.00
刘生店－天宝山预测工作区	10	A2210201004	1000	天宝山东风北山最大勘探深度＋含矿建造推断	390	1.00
	11	B2210201013	700	与刘生店模型区对比		0.50
	12	B2210201014	700	与刘生店模型区对比		0.50
	13	C2210201015	700	与刘生店模型区对比		0.25
	14	C2210201016	1000	与东风北山与模型区对比		0.25
季德屯－福安堡预测工作区	15	A2210201005	1000	季德屯模型区最大勘探深度＋含矿建造推断	540	1.00
	16	B2210201017	1000	与季德屯模型区对比	180	0.50
	17	C2210201018	1000	与季德屯模型区对比		0.25
天合兴预测工作区（伴生）	18	A2210202008	1000	天合兴模型区最大勘探深度＋含矿建造推断	440	1.00
	19	B2210202025	1000	与天合兴模型区对比		0.25
大石河－尔站预测工作区	20	A2210204006	1000	大石河模型区最大勘探深度＋含矿建造推断	500	1.00
	21	C2210204019	1000	与大石河模型区对比		0.25
	22	C2210204020	1000	与大石河模型区对比		0.25
六道沟－八道沟预测工作区（伴生）	23	A2210501007	800	六道沟模型区最大勘探深度＋含矿建造推断	210	1.00
	24	B2210501023	800	与六道沟模型区对比		0.50
	25	C2210501024	800	与六道沟模型区对比		0.25

表 6-6-3 最小预测区含矿系数确定信息

预测工作区名称	序号	最小预测区编号	确定方法	预测工作区含矿系数	含矿系数可信度
前撮落-火龙岭预测工作区	1	A2210201001	大黑山模型区预测资源总量/含矿地质体总体积	0.000 042 045	1.00
	2	A2210203002	四方甸子模型区预测资源总量/含矿地质体总体积	0.000 001 901	1.00
	3	B2210201009	与大黑山模型区类比具有相似的构造环境+含矿建造+化探异常+已知矿床	0.000 021 022	0.50
	4	B2210201010	与大黑山模型区类比具有相似的构造环境+含矿建造+化探异常+已知矿床	0.000 021 022	0.50
	5	B2210201011	与大黑山模型区类比具有相似的构造环境+含矿建造+化探异常+已知矿床	0.000 021 022	0.50
	6	C2210201012	与大黑山模型区类比具有相似的构造环境+含矿建造+化探异常	0.000 010 511	0.25
西苇预测工作区	7	A2210201021	与大黑山模型区类比具有相似的构造环境+含矿建造+化探异常+已知矿床	0.000 021 022	0.50
	8	A2210201022	与大黑山模型区类比具有相似的构造环境+含矿建造+化探异常+已知矿点	0.000 010 511	0.25
	9	A2210201003	刘生店模型区预测资源总量/含矿地质体总体积	0.000 000 949	1.00
刘生店-天宝山预测工作区	10	A2210201004	模型区预测资源总量/含矿地质体总体积	0.000 000 606	1.00
	11	B2210201013	与刘生店模型区类比较具有相似的构造环境+含矿建造+化探异常+已知矿床	0.000 000 475	0.50
	12	B2210201014	与刘生店模型区类比较具有相似的构造环境+含矿建造+化探异常+已知矿床	0.000 000 475	0.50
	13	C2210201015	与刘生店模型区类比较具有相似的构造环境+含矿建造+化探异常	0.000 000 237	0.25
	14	C2210201016	与东风北山模型区类比具有相似的构造环境+含矿建造+化探异常	0.000 000 152	0.25
季德屯-福安堡预测工作区	15	A2210201005	季德屯模型区预测资源总量/含矿地质体总体积	0.000 034 044	1.00
	16	B2210201017	与季德屯模型区类比具有相同的构造环境+含矿建造+化探异常+已知矿床	0.000 017 022	0.50
	17	C2210201018	与季德屯模型区类比具有相同的构造环境+含矿建造+化探异常	0.000 008 511	0.25
天合兴预测工作区	18	A2210202008	天合兴模型区预测资源总量/含矿地质体总体积	0.000 000 286	1.00
	19	B2210202025	与天合兴模型区类比具有相似的构造环境+含矿建造+化探异常+已知矿床	0.000 000 715	0.25
大石河-尔站预测工作区	20	A2210204006	模型区预测资源总量/含矿地质体总体积	0.000 006 085	1.00
	21	C2210204019	与大石河模型区类比具有相似的构造环境+含矿建造+化探异常+已知矿床	0.000 001 521	0.25
	22	C2210204020	与大石河模型区类比具有相似的构造环境+含矿建造+化探异常+已知矿床	0.000 001 521	0.25
六道沟-八道沟预测工作区	23	A2210501007	六道沟模型区预测资源总量/含矿地质体总体积	0.000 005 999	1.00
	24	B2210501023	与六道沟模型区类比具有相似的构造环境+含矿建造+化探异常+已知矿床	0.000 003 000	0.50
	25	C2210501024	与六道沟模型区类比具有相似的构造环境+含矿建造+化探异常	0.000 001 500	0.25

表6-6-4 最小预测区相似系数确定信息

预测工作区名称	序号	最小预测区编号	确定方法	相似系数
前撮落－火龙岭预测工作区	1	A2210201001	大黑山模型区	1.00
	2	A2210203002	四方甸子模型区	1.00
	3	B2210201009	与大黑山模型区具有相似的构造环境＋含矿建造＋化探异常＋已知矿床	0.50
	4	B2210201010	与大黑山模型区具有相似的构造环境＋含矿建造＋化探异常＋已知矿床	0.50
	5	B2210201011	与大黑山模型区具有相似的构造环境＋含矿建造＋化探异常＋已知矿床	0.50
	6	C2210201012	与大黑山模型区具有相似的构造环境＋含矿建造＋化探异常＋已知矿点	0.25
西苇预测工作区	7	A2210201021	与大黑山模型区具有相似的构造环境＋含矿建造＋化探异常＋已知矿床	0.50
	8	A2210201022	与大黑山模型区具有相似的构造环境＋含矿建造＋化探异常	0.25
	9	A2210201003	刘生店模型区	1.00
刘生店－天宝山预测工作区	10	A2210201004	天宝山东风北山模型区	1.00
	11	B2210201013	与刘生店模型区具有相似的构造环境＋含矿建造＋化探异常＋已知矿床	0.50
	12	B2210201014	与刘生店模型区具有相似的构造环境＋含矿建造＋化探异常＋已知矿床	0.50
	13	C2210201015	与刘生店模型区具有相似的构造环境＋含矿建造＋化探异常	0.25
	14	C2210201016	与东风北山模型区具有相似的构造环境＋含矿建造＋化探异常	0.25
季德屯－福安堡预测工作区	15	A2210201005	季德屯模型区	1.00
	16	B2210201017	与季德屯模型区具有相似的构造环境＋含矿建造＋化探异常＋已知矿床	0.50
	17	C2210201018	与季德屯模型区具有相似的构造环境＋含矿建造＋化探异常	0.25
天合兴预测工作区	18	A2210202008	天合兴模型区	1.00
	19	B2210202025	与天合兴模型区具有相似的构造环境＋含矿建造＋化探异常＋已知矿床	0.50
大石河－尔站预测工作区	20	A2210204006	大石河模型区	1.00
	21	C2210204019	与大石河模型区具有相似的构造环境＋含矿建造＋化探异常＋已知矿床	0.50
	22	C2210204020	与大石河模型区具有相似的构造环境＋含矿建造＋化探异常	0.25
六道沟－八道沟预测工作区	23	A2210501007	六道沟模型区	1.00
	24	B2210501023	与六道沟模型区具有相似的构造环境＋含矿建造＋化探异常＋已知矿床	0.50
	25	C2210501024	与六道沟模型区具有相似的构造环境＋含矿建造＋化探异常	0.25

表 6-6-5 最小预测区预测资源量统计

预测工作区名称	序号	最小预测区编号	资源量估算方法	估算资源量级别	估算资源量综合可信度	资源量 500m 以浅资源潜力规模	资源量 1000m 以浅资源潜力规模	资源量 2000m 以浅资源潜力规模
前撮落-火龙岭预测工作区	1	A2210201001	地质体积法	334-1	1.00	大型	大型	大型
	2	A2210203002	地质体积法	334-1	1.00	中型	中型	中型
	3	B2210201009	地质体积法	334-2	0.50	中型	大型	大型
	4	B2210201010	地质体积法	334-2	0.50	大型	大型	大型
	5	B2210201011	地质体积法	334-2	0.50	中型	大型	大型
	6	C2210201012	地质体积法	334-2	0.25	大型	大型	大型
西苇预测工作区	7	A2210201021	地质体积法	334-2	0.50	中型	中型	中型
	8	A2210201022	地质体积法	334-2	0.25	小型以下	中型	中型
刘生店-天宝山预测工作区	9	A2210201003	地质体积法	334-1	1.00	中型	中型	中型
	10	A2210201004	地质体积法	334-1	1.00	小型	中型	中型
	11	B2210201013	地质体积法	334-2	0.50	小型	小型以下	小型
	12	B2210201014	地质体积法	334-2	0.50	小型	小型以下	小型
	13	C2210201015	地质体积法	334-2	0.25	小型	小型以下	小型
	14	C2210201016	地质体积法	334-2	0.25	小型	小型	小型
季德屯-福安堡预测工作区	15	A2210201005	地质体积法	334-1	1.00	大型	大型	大型
	16	B2210201017	地质体积法	334-2	0.50	大型	大型	大型
	17	C2210201018	地质体积法	334-2	0.25	中型	中型	中型
天合兴预测工作区	18	A2210202008	地质体积法	334-1	1.00	小型	小型	小型
	19	B2210202025	地质体积法	334-2	0.25	小型	小型	大型
大石河-尔站预测工作区	20	A2210204006	地质体积法	334-1	1.00	中型	大型	大型
	21	C2210204019	地质体积法	334-2	0.25	小型以下	小型	小型
	22	C2210204020	地质体积法	334-2	0.25	小型以下	小型	小型
六道沟-八道沟预测工作区	23	A2210501007	地质体积法	334-1	1.00	中型	中型	中型
	24	B2210501023	地质体积法	334-2	0.50	小型	小型	小型
	25	C2210501024	地质体积法	334-2	0.25	小型	小型	小型

第七节 最小预测区地质评价

一、最小预测区级别划分

最小预测区可分为 A 类、B 类、C 类 3 个级别。

A 类:最小预测区存在含矿建造,与已知模型区比较含矿建造相同,且存在典型矿床、化探异常,并且最小预测区的圈定是在含矿建造出露区与化探异常叠加的基础上圈定的最小区域。

B 类:最小预测区存在含矿建造,与已知模型区比较含矿建造相同,且存在矿床(矿化体)、化探异常,并且最小预测区的圈定是在含矿建造出露区与化探异常叠加的基础上圈定的最小区域。

C 类:最小预测区存在含矿建造,与已知模型区比较含矿建造有相同或相似建造,有化探异常,最小预测区的圈定是在含矿建造出露区与化探异常叠加的基础上圈定的最小区域。

二、评价结果综述

通过对吉林省钼矿产预测工作区的综合分析,依据最小预测划分条件共划分 25 个最小预测区,其中,A 类最小预测区 8 个,为成矿条件好区,具有很好的找矿前景;B 类最小预测区 8 个,为成矿条件较好区,具有较好的找矿前景;C 类最小预测区 9 个,成矿条件较差,但具有地球化学异常,可以辅助一些其他手段进一步预测。本次预测吉林省钼矿资源潜力 6 642 096.26t,从吉林省几十年钼矿的找矿经验和吉林省钼矿成矿地质条件看,在目前的经济技术条件下,吉林省钼矿找矿潜力巨大。

第七章　吉林省钼矿成矿规律总结

第一节　钼矿成矿规律

吉林省钼矿分布主要集中在燕山期岩浆活动的吉林-延边斑岩型钼矿带上,少量分布于辽东隆起成矿带上,钼矿严格受构造带控制或相对隆起和坳陷两种构造单元衔接部位控制,其矿化特点为钼或钼(铜)及多金属,一般伴有铁,不含或含少量钨。

一、钼矿床成因类型

吉林省钼矿按照成矿物质来源与成矿地质条件,将矿床成因类型划分为斑岩型、石英脉型、矽卡岩型,其中,斑岩钼矿有大黑山式、天合兴式、大石河式,石英脉型钼矿有四方甸子式,矽卡岩型钼矿有铜山式。总体上看,钼矿形成均与燕山期中酸性岩体有关,成矿岩体多为复式岩体。吉林省钼矿以斑岩型矿床为主,其次为石英脉型和矽卡岩型。

1. 斑岩型

斑岩型钼矿床是产在与成矿有成因联系的中酸性岩体内部及其近旁围岩中的网脉状,即细脉浸染状钼矿床。斑岩型矿床的形态在一定程度上取决于岩体的形态,矿体呈层状和似层状,规模厚大,矿化连续。

所发现的斑岩型钼矿床均产于深大断裂次级断裂内,矿床受构造控制明显。

钼的主要成矿作用明显地晚于岩体的成岩作用,即在主要成矿作用时岩体一般作为容矿岩石存在。矿床的容矿岩石可以主要是岩体,也可能是与赋矿岩体无成因联系的地层或基性岩脉,如大石河钼矿,天合兴铜、钼矿。

斑岩型钼矿床是吉林省钼矿床的主要成因类型,是吉中地区钼矿最主要、经济意义最大、研究程度最高的矿床,其储量占全省钼矿总资源量的90%以上。

斑岩型钼矿床赋存于小型浅成—超浅成酸性—中酸性小赋矿岩体,是同源岩浆深部分异后由大到小多次侵位的结果;成矿作用一般发生在第2~3次侵入期以后,有时,晚期侵入体本身就是矿体。由此说明,含矿的花岗质岩浆深源分异作用对斑岩的矿床形成起决定性作用。成矿花岗质岩石具I型花岗岩的特征。大黑山钼(铜)矿床为斑岩类型矿的典型。

吉林省斑岩型钼矿床可划分成大黑山式、大石河式和天合兴式斑岩型钼矿床。

1)大黑山式

成矿母岩为近矿围岩,与矿体关系较密切,赋矿岩体多为复式杂岩体,岩性为似斑状二长花岗岩、花岗闪长岩、花岗闪长斑岩、石英闪长岩等中酸性岩体。含矿中酸性岩体中矿体规模及矿量远大于围岩中的矿量,主要为单一钼矿体。

矿床的形成主要受深断裂带所在的北东向、南北向与东西向等主断裂控制，主要定位在多组次级断裂交会部位。成矿沿延吉—敦化—永吉—吉林—舒兰一带呈弧形分布。

辉钼矿呈细脉—浸染状、片状或薄膜状产于岩石裂隙中。与石英脉、长石石英脉、含萤石石英脉共生。矿脉呈细脉、网脉状。脉宽数毫米至1～2cm，构成典型的细脉浸染状矿石。钼矿成分相对简单，多数以钼（辉钼矿）为主。伴生组分较少，多数不能综合利用。

2）大石河式

钼矿化主要发生在斑岩体以外的地层中，似斑状花岗闪长岩岩体在钼矿体下部为隐伏岩体，钼矿体与成矿母岩之间有一定距离，二合屯组片岩是钼矿床的主要赋存层位，较发育的片理为辉钼矿富集提供了必要的空间，辉钼矿呈浸染状或细脉浸染状，就位于地层中，是由于斑岩的侵位对围岩的岩性和时代没有任何选择，这是成矿流体借助熔体开辟通道向上运移时，成矿流体与熔体流动速度不一致，流体被移位至熔体外，沿构造薄弱的接触带向岩体围岩两侧交代成矿的结果。

此类矿床主要成矿背景在天山-兴蒙造山带、南楼山-辽源火山盆地群，与二级控矿断裂相配套的次一级断裂交会部位，矿化与蚀变强度呈正相关关系，蚀变由里向外水平分带和网脉发育为斑岩型钼矿典型特征。

3）天合兴式

燕山期酸性岩浆控矿，以浸染状或细脉浸染状分布于石英斑岩、花岗斑岩和辉绿岩脉中，以及基性岩脉边部及构造裂隙中的铜、钼矿体，辉绿岩脉本身对成矿没有控制作用，而是它所在的构造空间。真正控矿因素为中酸性石英斑岩、花岗斑岩岩体。例如天合兴铜、钼矿床。

此类矿床主要成矿构造背景位于柳河-二密火山盆地区。

2. 石英脉型

石英脉型钼矿床以四方甸子钼矿床为代表。钼矿化主要发生在不同岩性接触带上。含矿热液在花岗岩类围岩构造空间运移时，热液处于中低温阶段，溶液呈酸性—弱酸性，络合物分解形成辉钼矿、石英沉淀，含矿物质随着构造运动和对流作用，沿构造薄弱环节上升，在与深大断裂平行的次级断裂或裂隙等成矿有利部位充填，形成平行分布的石英脉带，具较强的辉钼矿化，并富集形成了钼矿体。矿体呈脉状、透镜状产出。

3. 矽卡岩型

矽卡岩型钼矿床以临江六道沟铜、钼矿床为代表。燕山期花岗闪长岩体侵入古生代灰岩、大理岩中，在热源和水源的作用下，在花岗闪长岩体与大理岩接触带上形成矽卡岩，成矿物质在热源和水源的作用下富集成矿，呈带状分布。

二、控矿地质因素

1. 构造对成矿的控制作用

构造是控制矿床形成、分布的重要因素。它控制含矿建造的形成，提供岩浆侵位、矿液运移、富集沉淀的通道和空间。不同的构造发展阶段控制不同的矿床形成，不同级别的构造控制着不同级别的矿带、矿田的分布。对于一个矿田、矿化集中区，构造则直接控制或影响矿床和矿体的形成、产状变化及分布特征等。

吉林省钼矿不论是斑岩型矿床还是矽卡岩型和石英脉型矿床，都与一定的构造有紧密的成因联系，既是同一构造层中的钼矿随它的控矿构造条件不同，也显示出不同的成矿特征。

吉林省的钼成矿作用均与古太平洋板块向欧亚大陆的俯冲消减有关。成矿作用均与板内拉分-走滑的构造环境有关,为东北北部大陆中南北向挤压向东西向挤压的构造应力转换阶段。北东向敦化-密山深大断裂、伊通-舒兰深大断裂及一系列的次级构造在晚三叠世后活动不断加强。断裂活动引起了大规模的岩浆活动,并伴随有成矿流体活动,具有良好的成矿潜力和找矿前景,特别是燕山期与中酸性小岩体有关的钼成矿作用。

根据构造地质条件及已有矿床的分布,控矿构造主要有3组断裂,即东西向、北东向及北西向。3组断裂总体上呈网格状构造格局。东西向断裂为早期(成矿前)断裂的复活构造,北东向断裂发育于燕山中晚期,北西向断裂则为北东向断裂的配套构造。北西向断裂与东西向或北东向断裂的交会部位是钼矿床(点)的产出地段,如大黑山超大型钼矿即是产于东西向大黑山-芹菜沟断裂与北北西向大黑山-双阳树断裂的交会处。

2. 岩浆对成矿控制作用

吉林省钼矿与岩浆侵入活动有着密切的成因联系。矿床不同程度地接受了岩浆热液的控矿作用,见表7-1-1。

表7-1-1 中酸性侵入岩特征与成矿关系一览表

成因类型	矿床名称	构造背景	岩性特征	矿化蚀变特征
斑岩型	永吉大黑山钼矿床	东北叠加造山-裂谷系、南楼山-辽源火山盆地群。矿床位于东西向、北北东向压扭性断裂带在两组断裂交会处	长岗岭、前撮落及锅盔顶子杂岩体,花岗闪长岩、花岗闪长斑岩及霏细状花岗闪长斑岩与成矿关系密切	蚀变水平分带特征由内向外逐渐减弱。矿化与成矿关系密切
	季德屯钼矿	东北叠加造山-裂谷系、南楼山-辽源火山盆地群。矿床位于北西向断裂构造及岩体冷凝时产生的节理裂隙等	复式杂岩体,似斑状二长花岗岩、石英闪长岩与成矿关系密切	蚀变相互叠加无明显分带性,矿体均产在蚀变带内,而且蚀变越强矿化越好
	刘生店钼矿	东北叠加造山-裂谷系、老爷岭火山盆地群。矿床位于敦化-三道沟东西向深大断裂与北西向牛心山-刘生店断裂的交会处	复式杂岩体,二长花岗岩和二长花岗斑岩与成矿关系密切	蚀变水平分带,蚀变强度从里至外逐渐减弱特征,具水平分带性:自矿化中心向外,细脉浸染状辉钼矿、黄铁矿-脉状辉钼矿、黄铁矿
	天宝山东风北山钼矿	东北叠加造山-裂谷系、罗子沟-延吉火山盆地群。矿床处于北东向两江断裂与北西向明月镇断裂带交会部位东侧,天宝山中生代火山盆地南侧	复式杂岩体,印支晚期—燕山期花岗闪长岩与斑状二长花岗岩与成矿关系密切	分带不明显,基本属于线状蚀变,矿体上下盘为绢云母化、绿帘石化、沸石化、碳酸盐化等蚀变
	大石河钼矿床	东北叠加造山-裂谷系、南楼山-辽源火山盆地群,区内主要容矿、导矿构造为北东向黄松甸-西北岔断裂和东西向前进乡-庙岭冲断裂	深部隐伏复式杂岩体,似斑状细粒花岗岩闪长岩、二长花岗岩侵入岩体控矿	矿化与蚀变强度呈正相关关系,蚀变由里向外水平分带和网脉发育

续表 7-1-1

成因类型	矿床名称	构造背景	岩性特征	矿化蚀变特征
斑岩型	天合兴铜、钼矿	华北叠加造山-裂谷系、柳河-二密火山盆地区。东西向、南北向断裂是区域上的主要控岩和控矿构造	复式杂岩体，石英斑岩及花岗斑岩与成矿关系密切	中心以钼矿化为主，伴有铜矿化，是高一中温阶段的产物。向外渐变为铜、铅锌矿化，是中一低温阶段的产物
石英脉型	四方甸子钼矿床	南楼山-辽源火山盆地群。矿床赋存于以门头砬子-东沟断裂为主的，一组平行分布的石英脉带构造中	复式杂岩体，细粒花岗岩、花岗闪长岩、细粒黑云母石英钾长花岗岩	以石英脉为中心，两侧围岩发育宽度不等的蚀变带，靠近石英脉为硅化带，宽度一般为 0.1~2.00m，带内发育辉钼矿化石英细脉，局部富集成矿；向外为高岭土化带，宽度 0.5~5.0m，最宽处可达 10m 左右，其次局部分布钾长石化、绿泥石化、黄铁矿化等
矽卡岩型	铜山铜、钼矿	长白火山盆地群。矿床受东西向断裂构造及北东向断裂构造控制	复式杂岩体，燕山期花岗闪长岩体	矽卡岩型矿化蚀变和钾化斑岩型矿化蚀变

1）不同期次岩浆侵入活动与成矿作用关系

现有资料表明，同源不同期多次侵入的复式岩体比单一大的岩体有利成矿，不同期次侵入岩接触带比岩体内部有利成矿，岩体内外接触比岩体内部利于成矿。吉林省与钼矿有成因联系的侵入杂岩有印支期及燕山期等，其中以燕山期为主，该期岩浆活动非常频繁、强烈，这是受滨太平洋构造活动影响，中酸性岩浆以岩基、岩株产出，显示了滨太平洋构造域的成矿特征。岩浆侵入活动对钼矿的控制作用表现在提供矿源或者提供热源，具有成矿双重性，也是形成钼矿不可缺失的重要控矿因素。

2）岩体岩石化学特征与成矿关系

岩浆成矿除具备丰富的矿物质外，碱质增加可促使呈类质同象形式分散的造岩矿物中有用元素活化转移到岩浆期后热液中，硅质的增加可促使矿液在适当场所沉淀成矿。高硅富碱质岩石，有利于成矿物质的富集成矿。

3）中酸性侵入岩特征与Ⅰ型侵入岩系列与成矿关系

吉林省钼矿岩石类型主要为浅成和超浅成的中酸性岩类，主要有花岗闪长岩、花岗闪长斑岩、斑状二长花岗岩、二长花岗岩、花岗斑岩等与成矿关系密切，见表 7-1-1。

吉林省"Ⅰ"型侵入岩系列成矿以铜、钼为主，有大型矿床生成，花岗闪长岩-花岗闪长斑岩亚系列成矿特征，是一个大型铜、钼矿床岩浆作用多阶段与成矿关系的典型例证，从而揭示了岩浆活动由强到弱的演化节率与矿床规模相适应的内在联系。大黑山前撮落钼（铜）矿床为"Ⅰ"型侵入岩类型矿之典型。

3. 地层控矿

吉林省钼矿与地层有成因联系的矿床类型仅有矽卡岩型，现有资料表明，矽卡岩型钼矿矿源层主要为中酸性岩体，不纯碳酸盐岩石是良好的成矿围岩，特别在有不同岩性互层泥质岩石作为上覆盖层时，成分复杂的矽卡岩是含矿直接围岩，例如铜山铜、钼矿床，见表 7-1-2。

4. 物探、化探区域场信息与成矿的关系

对吉林省钼矿床（点）所在地的局部磁场、化探异常进行研究，根据剩余重力异常的形态、场值大小与化探异常特征及地质矿产特征，并对异常进行了评价，见表 7-1-3。

表 7-1-2 控矿地质因素与各成因类型钼矿床关系

参数	斑岩型	矽卡岩型	石英脉型
矿化特征	属岩浆热液矿床,有时与火山岩型矿床过渡变化,有时与中低温热液脉状矿床成空间分带,有时与矽卡岩型矿床同体共生。矿体产状特征:岩体接触带或岩体内细脉浸染呈块型、细脉浸染叠加带型。多数矿床规模大,平均品位较低。矿种常以铜、钼为主,经常伴生金,也有钨矿、钼矿	形成于中酸性侵入岩体和碳酸盐岩层接触带,与石榴石、透辉石等钙硅酸盐特征矿物相关的铁、锡、铜、铅锌等岩浆热液矿床,矿体形态和矿石类型复杂多样。铜矿和钼矿伴生	络合物分解形成辉钼矿、石英沉淀,主要以脉状产出,形成平行分布的石英脉带,具较强的辉钼矿化,形成似层状矿体
成矿地质体	中酸性岩浆侵入体,岩性成分受不同大地构造环境控制。由中性、酸中性到中酸性、酸性岩石组合的变化,其对应的矿种由铜、铜金、铜钼到钼铜、钨钼、钼的变化。某些矿床存在爆破角砾岩体。围岩常见火山岩类碎屑岩类。矿体主要产于岩体顶部和接触带。矿体赋存于中酸性侵入岩体接触带 500m 以内和外接触带 1000m 以内	碳酸盐岩石与中酸性小侵入体的接触带,外带 500～1000m 范围内,近处层间破碎发育铜、钼矿。中酸性岩体为主要矿源层,不纯碳酸盐岩石是良好的成矿围岩,特别当有不同岩性互层泥质岩石作为上覆盖层时;成分复杂的矽卡岩是含矿直接围岩	一般位于侵入岩体 2～3km 范围内,少数超过 3km。矿体和岩体空间距离和岩体成矿时间间隔有关。间隔短,形成上述"标准"间距,间隔层,出现交错叠加现象
成矿构造	侵入岩体构造叠加区域构造带。成矿结构面:侵入岩体构造及侵入接触结构面。有时叠加区域构造带。工业矿床一般都是多期次发育的叠加构造。受成矿成岩年龄时间间隔控制,有时为控岩继承性构造,有时岩体和矿体为不同构造体系	属侵入岩体构造系统。成矿结构面:侵入接触、捕虏体岩性界面,铜、钼矿体经常受围岩地层缓倾斜背形褶曲、层间破碎带、不整合面、硅钙地层岩性界面控制。碳酸盐类岩层界面钼矿重要的成矿结构面	属断裂构造系统。成矿结构面:以断裂结构面为主。断裂成矿构造体又分"矿、岩"继承性构造和非继承性构造两种。常见上"裂控"下"层控"的结构面
流体矿物标志	该类矿床都具有显著的面状蚀变矿物分带组合。一般平面分外带、中带、内带,剖面上分上带、中带、下带。形成下面开口的倒杯状逐层包裹的分带。外带位于矿体上盘,形成厚度较大的无矿蚀变带,厚度经常百米至数百米,面积达到 20～30km²。各带交代矿物组合主要与原岩岩性成分和成矿温度有关。在斑岩型铜、钼矿床中,矿体顶板经常出现硬石膏和脉状、浸染状、黑云母化组合,显示了高温、强酸性、强氧化的环境。一般中型矿体蚀变矿物,钼或铜、钼矿以中温、中低温为主。内带、外带一般以高温为主。3 带普遍发育稀疏浸染状细粒黄铁矿化。上述各带经常叠加过渡变化,无明显的界线,以上斑岩类矿床的蚀变分带是预测深部盲矿,或者判断矿床剥蚀程度的重要标志	成矿前期形成石榴石、透辉石或阳起石等矽卡岩类标志矿物,分含镁、含铁、含钙矽卡岩沿接触带成带状、不规则状分布,有的呈层状、似层状、顺特定岩性层分布。成矿期以绿泥石、绿帘石、硅化或绢云母等交代矿物组合和矿体共生。形成空间分带或者叠加产出。该类矿床实际上是一种围岩以碳酸盐类的特殊类型热液矿床	缓倾斜地层"硅钙"岩性界面是中低温热液型矿床的重要成矿结构面,是一个典型的物理性质、化学性质不连续面。石英脉型钼矿赋存于"硅钙"面,叠加不整合面层间破碎带构成钼矿的重要条件

表 7-1-3 吉林省重力异常、化探异常与钼矿相关性表

序号	预测工作区名称	异常编号	异常特征	地质矿产特征	化探异常特征	异常评价	备注
1	西苇预测工作区	L-9-B	为一北东向分布的不规则椭圆状重力低异常，长约 8km，宽约 6km，异常形态较复杂，最低值为 -4×10^{-5} m/s²	中三叠世黑云母花岗岩广泛分布，其中部有黑云母二长花岗岩侵入。北西向、北东向、南北向断裂发育	重力异常区有明显的 W、Mo、Bi 套合异常出现	推断异常由中酸性花岗岩引起。由异常形态结构分析，岩浆活动具有多期侵入特征，化探异常指示存在有钨、钼矿化活动，是斑岩型钨、钼成矿有利地段	Mo、W
2		L-17-A	为一似圆形重力低异常，面积约 30km²，异常低缓规整，等值线梯度东陡西缓、南北两侧与重力高异常相伴，西侧为低平的负场区，最小值为 -3×10^{-5} m/s²	区内出露岩性主要为中侏罗世斜长花岗岩复式岩体，其内晚期的斜长花岗斑岩蚀变岩化普遍，成矿岩体是本区主导因素是一个单一规模巨大的 Cu、Mo 矿床。其东侧出露有下古生界兰头群片岩和砂板岩，断裂发育为北东向、北西向、南北 4 组断裂的交会处，并形成了环带状构造，控制了本区岩浆喷发和侵入活动。区内有巨型斑岩钼矿床 1 处，其周围钼矿点多处，倒木河多金属小型矿床 1 处	出现有规模较大的 Cu、Mo、Au、Ag、As、Sb、W、Sn、Bi 等多元素套合异常	该异常由长岗岭斜长花岗岩（复式岩体）引起。该岩体控制了钼成矿活动，属岩浆内生岩体、钼成矿重要远景区	Cu、Mo
3	前撮落-火龙岭预测工作区	G-18	呈北东向分布的椭圆状重力高异常，长 10km，宽 5km，等值线均匀规整，形态向西西突出，南北两侧零值线呈近东西向，异常最高值为 3×10^{-5} m/s²，其周围除了西南侧与一小重力高异常相邻外，其余均与负重力异常相伴	区内出露地层寒武系头道沟岩组为变质海相中基性火山岩-沉积岩建造，是主要容矿岩层（Mo、Cu、Pb、Zn）海西期-燕山期多期次岩浆侵入，晚二叠世橄榄岩、辉橄岩多期发育，并见有较好的铬铁矿化。区内断裂构造以东西向和北东向发育，有明显控岩、控矿作用，褶皱为东西向-北东向向斜构造，并控制了该区矿产产出。矿产主要有头道沟砂卡岩型多金属铁矿床 1 处，此外，超基性岩体见有多处铬三家多金属矿点 1 处，铁矿化	出现有 Cu、Au、Ag、As、Sb、Cr、Ni、W、Bi、Mo 等元素异常组合	异常由下古生界寒武系头道沟岩组含矿地层引起。区内岩浆岩发育，蚀变矿化普遍，为一多金属成矿远景地段	Cu、Pb、Zn、Au、Ag、Mo、Cr

续表 7-1-3

序号	预测工作区名称	异常编号	异常特征	地质矿产特征	化探异常特征	异常评价	备注
5	前撮落－火龙岭预测工作区	L-22-C	为一横卧"丁"字形重力低异常，东西长 15km，宽 4～8km，异常东宽西窄，异常强度一般在 (-2～3)×10^{-5} m/s²。最低出现在东部。异常东部和南部与重力高异常相邻，北部和西部则与重力低异常相伴	出露岩性主要为上三叠统四合屯组中性火山熔岩、碎屑岩，在其中部有早白垩世花岗斑岩及中体罗岗闪长岩小岩株侵入。区内北西向、东西向及北东向断裂发育。在异常的东部和西部分别有钼和铜矿（化）点分布	有与 W、Sn、Bi、Mo 套合异常相吻合	推断异常由偏酸性的花岗岩质小岩体引起。化探异常指出，其属钼、钨、铋成矿元素的载体，具有较好的找矿前景	W、Mo、Bi
10	季德屯－福安堡预测工作区	L-34-A	以-2×10^{-5} m/s² 等值线圈闭重力低异常，长 10km，宽 6km，异常为低缓状，最低值是-3×10^{-5} m/s²。周边重力比较多，为负背景场	异常区出露岩性为早三叠世二长花岗岩，花岗闪长岩不同侵入期人岩体，在其北侧见有中二叠统林西组海陆交互相砂、板岩、灰岩零星出露。东西向、北西向断裂发育，主要控矿构造。该重力低异常分布有大型季德屯斑岩型钼矿床	出现有明显 W 异常，异常呈北西向椭圆形，有较好浓度分带	异常为含矿（Mo）复式岩体引起，是吉林省钼矿主要产地，亦是本区典型矿床之一，具有较大找矿潜力，对在本区寻找同类型矿床提供了有效模型	Mo
11		L-35-A	为一东西向分布带状重力低异常，长 25km，宽 4～7km，异常带中部宽而东西侧窄，低值异常中心位其中部。最低值为-3×10^{-5} m/s²。其北部、南部呈中型重力高异常相邻，北侧零值线呈东西向线状，西侧零值线平直为北东向分布	区内出露性以早三叠世二长花岗岩为主，其次为晚二叠世黑云母花岗岩。似斑状二长花岗岩为主要含矿（Mo）岩体。该区北西向、北东向构造发育，为容矿和导矿构造。福安堡中型斑岩钼矿床恰好分布在重力低异常值的中部	化探 W、Mo 元素套合异常与重力低异常相吻合	推断异常系由含矿的似斑状二长花岗岩体引起，已知钼矿床、化探异常相一致，为找矿在空间分布上一致性，为本区寻找斑岩类型钼床提供了有效模型	Mo
14	天合兴预测工作区	L-49-B	近东西向椭圆状重力低异常，长 13km，宽 7km，异常清晰规律，最低强度为-6×10^{-5} m/s²，其周围均为正重力场	异常区出露有中太古代龙岗岩群杨家店组斜长角闪岩、黑云片麻岩，磁铁石英闪长片麻岩，以及中太古代五台期云英云闪长岩、晚期斑岩人岩为早白垩世花岗闪长岩。区内北东向断裂金矿产有小型金矿床 3 处，金矿（化）点 3 处，银矿点 2 处	分布有 Au、Ag、Cu、Pb、Zn、Mo 等元素组合异常	认为异常由晚期偏酸性花岗质人岩体引起。因区内赋有杨家店组合建造，铁建造、多期岩浆活动，而一金岩浆岩化较普遍，推断认为本区成矿活动主要与岩浆活动关系密切，进而认为其找矿潜力较大	Au、Ag、Pb、Zn、Mo

三、成矿规律

1. 矿床空间分布规律

吉林省钼矿主要分布于吉中-延边中生代造山带上。在吉中地区的南楼山-辽源火山盆地群中集中分布有永吉大黑山钼矿床、永吉一心屯钼矿床、永吉芹菜沟钼矿床、永吉杏山钼矿床、永吉头道沟多金属硫铁矿床、双河镇长岗钼矿床、桦甸兴隆钼矿床、桦甸新立屯多金属矿、桦甸四方甸子钼矿床、桦甸火龙岭钼矿床、西苇钼矿床、磐石铁汞山钼矿床、季德屯钼矿床、福安堡钼矿床、大石河钼矿床等。

在延边地区太平岭-英额岭火山盆地区集中分布有安图刘生店钼矿、敦化三岔子钼矿、龙井天宝山东风北山钼矿、敦化官瞎子钼矿、安图双山多金属钼（铜）矿等。

以上钼矿床绝大多数为斑岩型，个别为石英脉型。

华北陆块北缘分布有小型的斑岩型和矽卡岩型钼矿，如天合兴铜、钼矿床，临江六道沟铜、钼矿（冰湖沟），临江市铜山镇铜、钼矿，临江六道沟铜山铜、钼矿（八道沟）等矿床。

2. 矿床时间分布规律

从矿床的成矿时间上分析，其主要为燕山早期，成矿时代小于190Ma，大于160Ma。均显示了受太平洋构造岩浆体系的控制。

四、成矿物质来源

1. 同位素地质特征

根据典型矿床研究及矿床成矿系列的研究，吉林省钼矿床形成的矿源体认为来自上地幔，硫同位素组成变化为−1.1‰～2.8‰，$\delta^{34}S$平均值为1.46‰，接近陨石硫的特征。钼矿床硫同位素组成稳定，变化范围窄，具有幔源物质$\delta^{34}S$变化小的特点，说明本区矿石中的硫主要来源于上地幔。

2. 物理化学环境

钼矿成矿温度以中高温为主，成矿酸碱度为弱酸性还原环境。

3. 成矿物质来源

研究表明，辉钼矿中的Re含量可以作为指示成矿物质来源的参考。随着成矿物质从幔源、壳幔混合到地壳的来源不同，辉钼矿中的Re含量大大降低，变化从几百微克每克、几十微克每克到几微克每克。大石河钼矿中5件辉钼矿样品中Re含量较低，为$(3.549～4.362)\times10^{-6}$，指示成矿物质为壳源。Os含量为$(10.85～13.25)\times10^{-9}$，Re含量$<20\times10^{-6}$，Os$<26.4\times10^{-9}$，也证明了成矿物质来源于地壳重熔岩浆。成矿带内大黑山钼矿Re含量为$(24.15～43.57)\times10^{-6}$，成矿物质具有壳幔混源的特点；福安堡钼矿Re含量为$(9.94～15.13)\times10^{-6}$，成矿物质具有壳幔混源特点，但更偏向于壳源，仅混有少量幔源成分。从大黑山、福安堡到大石河钼矿成矿物质从壳幔混源过渡为壳源，可能指示了成岩成矿深度由深到浅以及受深大断裂的影响程度不同所致。吉林省钼矿床成矿物质来源的物质结构见表7−1−4。

表 7-1-4 吉林省钼矿床成矿物质来源的物质结构表

矿床成矿系列	典型矿床	物化环境			矿石中常见元素及钼含量	同位素组成		物质来源	成矿年龄
		温度/℃	压力/Pa	pH值		$\delta^{34}S/‰$	$\delta^{18}O/‰$		
II-4 吉中地区与燕山期中酸性岩浆岩作用有关的钼矿床成矿系列	季德屯钼矿床、福安堡钼矿床	以中温为主		弱酸性还原环境	原矿多元素分析结果 Mo 0.08%			燕山早期富含钼矿物质的似斑状二长花岗岩和石英闪长岩岩浆及岩浆热液	(166.9±6.7)Ma(李立兴,2009),岩体同位素年龄为170Ma左右(U-Pb法)
	大石河钼矿床	中-高温		弱酸性	主要矿物相对质量分数测量结果辉钼矿 0.14%			燕山早期似斑状花岗闪长岩岩浆及岩浆热液	(185.6±2.7)Ma
	四方甸子钼矿床	140,中-低温		中略偏酸性	矿石钼精粉分析结果 Mo 44.08%			上地幔或地壳深部	燕山期
	大黑山钼矿床	240~340	100~1300	5~5.5	富 Mo, W, Ag, Sn, As, Pb, 贫 Ni, Co, V, Ba, Th	1.0~2.5	5.14~16.9	以上地幔为主	(168.2±3.2)Ma
III-1 庙岭-开山屯与古生代岩浆-沉积作用有关的钼矿床成矿系列	天宝山、东风北山钼矿床	290~490,中高温		中略偏酸性	主要有用金属组分最高为钼2.800%,伴生有色金属铜、铅、锌、钨、铋及金、银、铼、碲、硒等	-2.3	1.46	来自深部物源或上地幔,成矿热液则是大气降水和岩浆水组成的混合水	燕山期,K-Ar年龄为185Ma(彭玉鲸等,2009)
III-2 延边地区与燕山期岩浆作用有关的钼矿床成矿系列	刘生店钼矿	中低温			矿石中常见元素有 Mg, Zn, Cu, Mn, Fe, Ti, Pb, V, Co, Mo, 其中 Mg, Mn, Zn 含量最高			主要来自上地幔,并同化少量下地壳物质	燕山期
	天合兴铜矿	高-中温			靖宁天合兴铜钼矿伴生元素钼 17.64%			成矿物质主要来源于石英斑岩、花岗斑岩岩浆及岩浆热液	燕山期
IV-6 吉南地区与燕山期岩浆热液作用有关的钼矿床成矿系列	铜山铜钼矿				有益元素 Cu(平均品位0.675%),Mo(平均品位0.071%),伴生有益组分 Pb(平均品位1.8%),Zn(平均品位1.76%)		5.3~5.5	地壳深部或上地幔成矿,成矿物质主要来源于含矿层位的大理岩和燕山期上地幔花岗岩类岩浆	燕山期,岩体120.5Ma(K-Ar法测定黑云母)

五、区域成矿模式

在中生代受太平洋构造运动的影响,形成一系列北东或北东东向深断裂带,深部岩浆沿一个柱状的岩浆通道上涌,轻的富水岩浆通过岩浆通道上升,在其顶部流体从岩浆中分离。经历了去气的岩浆由于相对较大的密度而下降进入下部的岩浆房,下部轻的富水岩浆则继续沿岩浆通道上升。这一对流过程可使大量的流体及挥发分聚集于岩浆通道的顶部,当压力超过围岩压力时发生隐爆,形成角砾岩筒构造,含钼热液不断向上运移,最终在角砾岩筒的隐爆裂隙中聚集成矿。例如大黑山斑岩型钼矿床、大石河斑岩型钼矿床等。

同时,这些深断裂带与燕山期以前古老的近东西向构造的交错部位,往往控制着中酸性花岗岩类侵位的场所,形成了中生代构造-岩浆岩带和与之有关的钼成矿带。区域成矿模型见图7-1-1。

第二节 成矿区(带)划分

根据吉林省钼矿的控矿因素、成矿规律、空间分布,在参考全国成矿区(带)划分、吉林省综合成矿区(带)划分的基础上,对吉林省钼矿单矿种成矿区(带)进行了详细的划分,见表7-2-1。

第三节 区域成矿规律图编制

通过对钼矿种成矿规律研究,从典型矿床到预测工作区成矿要素及预测要素的归纳总结,编制了吉林省钼矿区域成矿规律图。

吉林省钼矿区域成矿规律图中反映了钼矿矿床及其共生矿种的规模、类型、成矿时代;成矿区(带)界线及区带名称、编号、级别;与钼矿矿种的主要和重要类型矿床勘查和预测有关的综合信息;主要矿化蚀变标志;突出显示矿床和远景区及级别。具体编图步骤如下。

(1)比例尺的选择。吉林省区域成矿规律图选择比例尺1:50万。

(2)底图的选择。采用综合地质构造图。

(3)矿床的表示。矿种、规模(超大型、大型、中型、小型、矿点、矿化点)、类型、时代、共生有益元素、伴生有益元素、矿床编号等。

(4)有关的物探、化探、自然重砂异常资料。根据具体情况决定表达的内容和方式,原则是既要体现成矿规律,又要便于成矿预测。

(5)划分成矿区(带)及成矿密集区。Ⅰ级~Ⅲ级成矿区(带)的划分由项目成矿规律综合组负责完成,前期工作参照已有的90个Ⅲ级成矿区(带)的划分方案(徐志刚等,2008)。成矿密集区(简称矿集区)与成矿区(带)的划分,成矿区(带)强调总体成矿特征和成矿条件,矿集区强调矿产资源本身的分布特征,矿集区的级别接近于Ⅳ级成矿区(带),对应于Ⅴ级,分布面积在300~800km之间,各矿集区存在已知矿床,并根据矿床的规模、数量、密集程度对矿集区进行"分类"。在全省成矿规律图上划分到Ⅴ级矿集区。

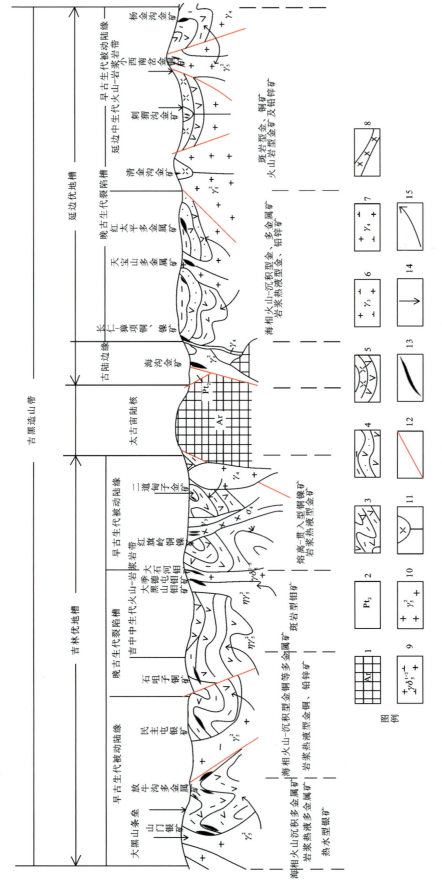

图 7-1-1 吉林省吉黑造山带钼矿区域成矿模式

1.太古宙古陆核;2.中元古界色洛河(岩)群;3.早古生代花岗闪长岩;4.晚古生代海相-火山-碎屑-碳酸盐沉积建造;5.中生代陆相中酸性火山-沉积建造;6.加里东期二长花岗岩,花岗闪长岩;7.海西期二长花岗岩-花岗岩岩类;8.海西期辉长岩、辉石岩、橄榄辉石岩;9.印支期-燕山期花岗岩岩类;10.燕山期花岗岩岩类;11.次火山岩体;12.断裂;13.矿体;14.大气降水;15.成矿物质、热液运移方向

第七章 吉林省钼矿成矿规律总结

表7-2-1 吉林省钼矿床所属成矿区(带)表

Ⅰ级	Ⅱ级	Ⅲ级	成矿亚带	Ⅳ级	Ⅴ级	代表性矿床(点)
Ⅰ-4 滨太平洋成矿域	Ⅱ-12 大兴安岭成矿省	Ⅲ-50 突泉-翁牛特铝、锌、铁、锡、稀土成矿带		Ⅳ1 万宝-那金铝、银、金、铜、钼成矿带	Ⅴ1 闹牛山-编坡营子金、铜、钼找矿远景区	闹牛山金铜钼矿点
	Ⅱ-12 大兴安岭成矿省			Ⅳ4 那丹伯—一座营金、银、铅、锌成矿带	Ⅴ7 西苇铜、银、铅找矿远景区	西苇钼矿床
	吉黑板块		Ⅲ-55-① 吉中钼、银、砷、铁、镍、铜、钨成矿亚带	Ⅳ5 山河-榆木桥子金、银、铜、铁、铅、锌成矿带	Ⅴ9 头道-吉昌金、铁、银找矿远景区	永吉头道沟钼矿床
					Ⅴ11 大黑山铜、铝、铅、锌找矿远景区	大黑山钼矿床
					Ⅴ12 倒木河金多金属找矿远景区	桦甸市兴隆钼矿床、新立屯多金属矿
					Ⅴ14 福安堡钼多金属找矿远景区	福安堡钼矿床、季德屯钼矿床
		Ⅲ-55 中吉-延边(活动陆缘)钼、铜、金、铁、锌、镍成矿带		Ⅳ6 上营-蛟河铁、钼、钨、铅、银成矿带	Ⅴ15 上营钼多金属找矿远景区	
					Ⅴ16 柳树河子-团北林场钼、银、铅找矿远景区	
					Ⅴ17 大荒顶子钼、金、银、铅找矿远景区	敦化大石河钼矿床
					Ⅴ18 火炬沟钼、铝、铅找矿远景区	
					Ⅴ19 马鹿沟钼、铁、铜、金、银找矿远景区	
			Ⅲ-55-② 延边金、铜、钨、镍成矿亚带	Ⅳ7 红旗岭-漂河川镍、金、铜成矿带	Ⅴ22 红旗岭镍、铜、金找矿远景区	桦甸火龙岭钼矿床、磐石铁禾山钨钼矿
				Ⅳ9 大蒲柴河-天桥岭铜、铅、锌、金、铁、钼、银、钨成矿带	Ⅴ25 大蒲柴河金、铜、铁、银找矿远景区	安图刘生店钼矿床、敦化三合屯铜钼矿、敦化官瞎沟铜钼矿、安图双山多金属(钼、铜)矿
					Ⅴ28 新华村铝、锌、铁、银、金、铜找矿远景区	
				Ⅳ12 天宝山-开山屯铅、锌、钼、铜成矿带	Ⅴ37 天宝山铅、锌、钼、镍、铜找矿远景区	龙井东风北山钼矿
	华北(陆块)板块	Ⅲ-56 辽东(隆起)铁、铜、铅、锌、铀、硼、磷、菱镁矿、滑石、石墨、金刚石成矿带	Ⅲ-56-① 铁岭-靖宇(次级隆起)铁、金、铜、铅、锌、硼成矿亚带	Ⅳ13 柳河-那尔轰金、铁、铜找矿成矿带	Ⅴ45 那尔轰金、铁找矿远景区	天合兴铜钼矿
				Ⅳ14 夹皮沟-金城洞金、铁、铜找矿成矿带	Ⅴ49 百里坪银、铁、铜找矿远景区	和龙石人沟钼矿
			Ⅲ-56-② 营口-长白(次级隆起,Ptᵢ裂谷)铝、锌、铁、金、银、铀、硼、磷、菱镁矿、滑石成矿亚带	Ⅳ17 集安-长白铜、铅、锌、银、钨、钼、硼、磷成矿带	Ⅴ61 六道沟金、铝、铜、铁、钼、钨找矿远景区	临江市铜山镇铜、钼矿、临江六道沟铜、钼矿(冰湖沟)、六道沟铜、钼矿(八道沟)
					Ⅴ62 长白金、铜、铁、钼、钨找矿远景区	

(6)提交与成矿规律图上表示的矿产地相对应的数据库表格及说明书,图面上仅小型矿床,没有中型以上的矿床。

根据以上内容编制成矿规律图。图件编制表达形式、图例等须按技术要求统一规定进行。成矿规律图附有本省、区编号的矿床成矿系列表和矿床统一编号表。此外还编制地球物理、地球化学异常分布及遥感解译图层、成矿远景区、找矿靶区预测图层。

在上述图件及图层的基础上,按预测子项目技术要求编制省成矿预测图及矿产勘查部署建议图。

第八章 结 论

第一节 主要成绩

(1)完成与钼矿有关的成矿地质背景、成矿规律、物探、化探、遥感、自然重砂、矿产预测等研究,钼矿典型矿床及预测工作区的重力、磁测、化探、遥感、自然重砂等资料的处理和地质解释工作。编制了相关的基础和成果图件。

(2)建立全省钼矿产资源潜力评价相关的地质、矿产、物探、化探、遥感、自然重砂空间数据库。

(3)将全省钼矿划分了7个预测工作区,建立了8个预测模型区,划分了25个最小预测区。根据全国矿产资源潜力评价项目办公室《预测资源量估算技术要求》及《预测资源量估算技术要求》(2010年补充)通知要求,采用地质体积法进行全省钼矿资源量预测。

(4)对吉林省下一步钼矿勘查开发部署提出了建议,并编制了相应的图件。

第二节 质量评述

吉林省钼矿资源潜力评价按照全国项目统一的技术要求所规定的工作程序、技术方法及工作内容进行,提交的报告和图件资料比较齐全,成果报告内容较全面,基本符合全国矿产资源潜力评价的技术质量要求和验收标准。

第三节 存在的问题及建议

将来在开展此项工作时,建议调整技术流程。开展钼矿的预测工作,首先应该在1:25万或1:20万建造构造图的基础上,叠加1:20万物探、化探异常,在此基础上圈定1:25万或1:20万尺度的预测工作区;在1:25万或1:20万尺度预测工作区的范围内编制1:5万构造建造图,叠加1:5万物探化探异常,得到1:5万最小预测区,开展资源储量预测;在1:5万最小预测区的基础上亦可开展更大比例尺的资源预测。

第四节 致 谢

本书是吉林省地质工作者集体劳动智慧的结晶,在钼矿研究及报告编写过程中参考和援引了大部分前人的科研工作成果,由于时间和通讯等因素制约,没能和每一位原作者取得联系,个别引用资料注明不够全面,在此,项目组的全体工作人员对他们的辛勤劳动表示崇高的敬意,对他们提供的科研工作成果给予深深的感谢!

吉林省国土资源厅王凤生、杨振华处长等,在项目的实施过程中积极组织领导、落实资金、组织协调,对各种问题做出的指示或指导性意见与建议,确保了项目的顺利实施,项目组全体工作人员在此表示衷心的感谢!

吉林省地质矿产勘查开发局局长,相关领导、地调院全体领导在整个项目的实施过程中给予技术上和人员上的大力支持;陈尔臻教授级高工在项目的实施过程中给予悉心的技术指导,提出了宝贵的建议,项目组全体工作人员在此一并致以诚挚的谢意!

主要参考文献

陈刚,付友山,聂立军,等,2011.敦化市大石河钼矿床地球化学及矿物学特征[J].吉林地质,30(1):69-73,80.

陈毓川,1999.中国主要成矿区带矿产资源远景评价[M].北京:地质出版社.

陈毓川,裴荣富,王登红,2006.三论矿床的成矿系列问题[J].地质学报,80(10):1501-1508.

陈毓川,王登红,陈郑辉,等,2010.重要矿产和区域成矿规律研究技术要求[M].北京:地质出版社.

陈毓川,王登红,李厚民,等,2010.重要矿产预测类型划分方案[M].北京:地质出版社.

程裕淇,陈毓川,赵一鸣,等,1983.再论矿床的成矿系列问题[J].中国地质科学院院报(6):1-64.

邸新,毕小刚,贾海明,等,2011.蛟河地区前进岩体锆石U-Pb年龄及其与吉中—延边地区钼矿成矿作用的关系[J].吉林地质,30(4):25-28.

高岫生,吴卫群,韩寿军,2010.天宝山东凤北山钼矿床地质特征及成因探讨[J].吉林地质,29(4):43-47,53.

郭朝洪,皇文俊,崔养权,等,1997.我国钼矿资源及开发[J].中国钼业,21(2/3):40-43.

国土资源部标准化技术委员会,2006.区域重力调查规范:DZ/T 0082—2006[S].[出版地址不详]:[出版者不详].

黄凡,陈毓川,王登红,等,2011.中国钼矿主要矿集区及其资源潜力探讨[J].中国地质,38(5):1111-1134.

霍孟申,杨建业,张晰,2007.中国钼矿开发现状及其尾砂的处理[J].矿业快报(8):1-3,54.

吉林省地质矿产局,1989.吉林省区域地质志[M].北京:地质出版社.

贾汝颖,1988.吉林省的矿产资源[J].吉林地质(2):36-45.

金艳峰,刘凤英,郎伟民,2007.延边三岔钼矿床地质特征及找矿方向[J].吉林地质,26(3):22-28.

金艳峰,张传乐,寇秀峰,2004.延边中西部地区钼矿成矿地质特征[J].吉林地质,23(3):53-59.

鞠楠,任云生,王超,等,2012.吉林敦化大石河钼矿床成因与辉钼矿Re-Os同位素测年[J].世界地质,31(1):68-76.

李春昱,汤耀庆,1983.古亚洲板块划分以及有关问题[J].地质学报,57(1):1-9.

李景朝,董国臣,王季顺,等,2010.自然重砂资料应用技术要求[M].北京:地质出版社.

李立兴,松权衡,王登红,等,2009.吉林福安堡钼矿中辉钼矿铼-锇同位素年龄及成矿作用探讨[J].岩矿测试,28(3):283-287.

刘洪文,邢树文,周永昶,2002.吉南地区斑岩-热液脉型金多金属矿床成矿模式[J].地质与勘探,38(2):28-32.

刘兴桥,刘俊斌,张俊影,2009.吉林省敦化市大石河钼矿地质特征及找矿方向[J].吉林地质,28(3):39-42.

孟祥金,侯增谦,董光裕,等,2007.江西金溪熊家山钼矿床特征及其Re-Os年龄[J].地质学报,81(7):946-950.

宁奇生,李永森,刘兰笙,等,1979.中国斑岩铜(钼)矿的主要特征及分布规律[J].地质论评,25(2):36-46.

潘桂棠,肖庆辉,陆松年,等,2009.中国大地构造单元划分[J].中国地质,36(1):1-28.

彭玉鲸,苏养正,1997.吉林中部地区地质构造特征[J].沈阳地质矿产研究所所刊(5/6):335-376.

彭玉鲸,王友勤,刘国良,等,1982.吉林省及东北部邻区的三叠系[J].吉林地质(3):1-19.

彭玉鲸,翟玉春,张鹤鹤,2009.吉林省晚印支期—燕山期成矿事件年谱的拟建及特征[J].吉林地质,28(3):1-5,14.

朴清龙,孙淑云,2000.天宝山多金属矿床地球化学模式[J].吉林地质(1):38-47.

朴英姬,张忠光,李国瑞,2010.吉林省安图县刘生店钼矿地质特征及找矿远景[J].吉林地质,29(4):53-58.

邵克忠,王宝德,李洪阳,1985."华北地台"斑岩钼矿"成矿"侵入体地质特征[J].河北地质学院学报(1):1-18.

施俊法,唐金荣,周平,等,2010.世界找矿模型与矿产勘查[M].北京:地质出版社.

史致元,周志恒,王玉增,等,2008.吉林省中部大中型钼矿发现过程中勘查地球化学方法的应用效果[J].吉林地质,27(2):90-96.

王辉,任云生,侯鹤楠,2011.延边大石河钼矿床成因及成矿时代[J].矿物学报(s1):96-97.

王建业,1983.斑岩铜矿与斑岩钼矿的地质特征及成因[J].冶金工业部地质研究所学报(3):75-82.

王景德,陈惠鹏,赵娟,2007.安图县刘生店钼矿床地质特征及找矿标志[J].吉林地质(2):6-9.

王奎良,包延辉,张业春,等,2006.吉林省桦甸火龙岭钼矿床地质特征及其成因[J].吉林地质,25(3):11-14.

王鑫春,于锡伟,刘媛媛,等,2010.伊通县新立屯钼矿床地质特征及找矿方向[J].吉林地质,29(3):47-49.

吴福元,李献华,杨进辉,等,2007.花岗岩成因研究的若干问题[J].岩石学报,23(6):1217-1238.

徐志刚,陈毓川,王登红,等,2008.中国成矿区带划分方案[M].北京:地质出版社.

杨合群,李英,杨建国,等,2006.北山造山带的基本成矿特征[J].西北地质,39(2):78-95.

杨庆洪,王翠娟,赵明悦,2008.吉林省磐石三个顶子钼锌矿床地质特征及找矿标志[J].地质与资源,17(3):186-189,228.

叶天竺,姚连兴,董南庭,1984.吉林省地质矿产局普查找矿工作总结及今后工作方向[J].吉林地质(3):74-78.

翟裕生,1999.区域成矿学[M].北京:地质出版社.

张明华,乔计花,刘宽厚,等,2010.重力资料解释应用技术要求[M].北京:地质出版社.

张文钲,1986.我国钼矿资源的特点及其选矿现状[J].中国地质(8):11-14.

张勇,2013.吉林省中东部地区侏罗纪钼矿床的地质、地球化学特征与成矿机理研究[D].长春:吉林大学.

张兆昆,1988.吉林省有色金属矿床类型及其典型矿床的地质特征[J].吉林地质(2):102-114.

中国矿床发现史编纂委员会,1996.中国矿床发现史:吉林卷[M].北京:地质出版社.

周伶俐,曾庆栋,刘建明,等,2010.吉林大黑山斑岩型钼矿床成矿阶段及含矿裂隙分布规律[J].地质与勘探,46(3):448-454.

内部参考资料

陈尔臻,彭玉鲸,韩雪,等,2001.中国主要成矿区(带)研究(吉林省部分)[R].长春:吉林省地质矿产勘查开发局.

董学才,等,2007.吉林省磐石市加兴顶子-永吉县杏山屯地区(加兴顶子,杏山屯,太平屯,大乔屯)钼矿普查报告[R].长春:吉林省第五地质调查所.

吉林省第二地质调查所,1984.吉林省永吉县杏山钼矿普查评价报告[R].长春:吉林省第二地质调查所.

吉林省第六地质调查所,2002.吉林省安图县双山多金属(钼铜)矿体(0—8勘探线矿段)详查报告[R].延边:吉林省第六地质调查所.

吉林省第六地质调查所,2003.和龙市石人沟Ⅰ号矿段补充详查报告[R].延边:吉林省第六地质调查所.

吉林省第五地质调查所,2006.吉林省永吉县官马钼矿工作总结[R].长春:吉林省第五地质调查所.

吉林省第五地质调查所,2006.桦甸市火龙岭钼矿床详查地质报告[R].长春:吉林省第五地质调查所.

吉林省第五地质调查所,2009.吉林省桦甸市八道河子钼矿补充详查报告[R].长春:吉林省第五地质调查所.

吉林省第二地质调查所,2010.吉林省永吉县芹菜沟钼矿详查报告[R].长春:吉林省第二地质调查所.

吉林天池钼业有限公司,2008.吉林省舒兰市季德钼矿勘探报告[R].舒兰:吉林天池钼业有限公司.

金丕兴,朱子璋,1992.吉林东部山区贵金属及有色金属矿产成矿预测报告[R].长春:吉林省地质矿产局.

金艳峰,金胜国,等,2011.吉林省安图县双山钼、铜矿详查报告[R].延吉:吉林省第六地质调查所.

李炳根,2005.吉林省龙井市天宝山铅锌矿区东风北山钼矿残采储量复核报告[R].延吉:吉林省有色金属地质勘查局六〇五队.

李成,等,2010.吉林省永吉县乱木桥沟钼矿详查报告[R].长春:吉林省第二地质调查所.

欧阳祯,等,1961.吉林省浑江市六道沟矿区铜山铜钼矿床1960年年度地质勘探总结报告书[R].

宋殿富,等,1974.磐石铁汞山钼矿床初步总结报告[R].冶金608队.

陶胜辉,等,2000.吉林省靖宇县天合兴矿区铜矿普查报告(1998—2000)[R].长春:吉林省第五地质调查所.

王景德,2006.吉林省安图县刘生店钼矿床详查地质报告[R].

王启志,赵俊才,等,1999.吉林省桦甸市四方甸子钼矿南段详查及外围普查报告[R].长春:吉林省第二地质调查所.

王绪忠,等,1985.吉林省敦化县官瞎子沟铜钼矿区初步普查地质报告[R].长春:吉林省第五地质调查所.

王有志,等,1964.吉林省延吉县天宝山矿区1963年年度地质报告[R].吉林勘探公司605队.

王玉祥,等,1987.吉林省龙井县天宝山矿区东风北山钼矿地质评价报告[R].吉林勘探公司605队.

王元德,鲁中民,翟永年,等,1986.吉林省永吉县大黑山钼矿床地质研讨报告[R].长春:吉林省地质矿产局第二地质调查所.

殷长建,路孝平,王景德,等,2007.吉林省敦化市大石河钼矿区Ⅰ号矿段勘探报告[R].长春:吉林省区域地质矿产调查所.

于宏伟,等,2007.吉林省永吉县一心屯钼矿(大黑山钼矿床南部)补充勘探报告[R].吉林:吉林省第二地质调查所.